人と技術で語る天気予報史

数値予報を開いた〈金色の鍵〉

古川武彦

東京大学出版会

The History of Weather Prediction in Japan:
A Story of People and Technology
Takehiko FURUKAWA
University of Tokyo Press, 2012
ISBN 978-4-13-063709-1

はじめに

今日，お茶の間のテレビにはピンポイント予報と呼ばれる市や町など対象とした極めて局地的な天気予報が届けられ，気圧配置や雨域の変化が見事なアニメーションで表示される．大雨や竜巻が予想される場合には「大雨警報」,「竜巻注意情報」などの防災情報も緊急的に放送される．また1週間先までの天気や最高気温などの予測が日ごとに示され，もっと先の1ヵ月予報なども現れる．一方，インターネットやスマートフォンなどを用いれば，家庭やオフィスではもちろん移動しながらでも種々の天気予報のほか，気象衛星で雲の動き，気象レーダーで雨の降り具合，アメダスで気温や晴れの分布などを見ることができる．さらに，世界中の天気の実況や諸外国が行なっている天気予報さえも把握することが可能な時代にまで発展した．

現在の天気予報は，スーパーコンピュータを用いた物理法則に基づく数値予報に基盤をおく客観的な技術である．また予報の作成に至るまでの気象観測や予報センターへの観測結果の伝送，数値予報の実行，さらに予測結果の天気図へのプロットなどの諸過程も，ほとんどコンピュータを利用した自動的なシステムによって行なわれている．我々は今や数値予報時代の真っただ中に生きていると言っても過言ではない．

1959（昭和34）年1月14日の早暁，超大型電子計算機（IBM704）が大型トレーラーのコンテナーに積み込まれて，東京都千代田区竹平町の気象庁の正門をくぐった．半世紀前のことである．数値予報を実行するための計算機で，真空管式ではあったが当時では世界第1級の計算機である．3月に計算機の火入れ式が挙行され，IBMから記念として金色の飾りの鍵が気象庁に贈呈された．ここに日本における数値予報の幕が上がった．

奇しくも同じ年の4月に気象庁の門をくぐった筆者は，翌年の1960

(昭和 35) 年秋に東京で開かれた第 1 回の数値予報国際シンポジュームで初来日した米国の新進気鋭の気象学者チャーニー博士の一般向け講演会の会場で，彼のサインをもらった時の興奮を今でも鮮明に覚えている．チャーニーこそは，プリンストンの高等研究所で気象力学に基づいた数値予報を世界に先駆けて開発したパイオニアであり，その後，数十年にわたって世界の気象界をリードし続けた人物である．

半世紀前に始まった現在の数値予報は，過去百有余年を遡る明治初期から，観測および天気予報の技術と，それらを支える気象学や海洋学，さらに電子工学や通信技術などの周辺技術の発展の土台の上に誕生した．そして何よりも，今日にみる天気予報の発展は，気象に携わることを天職と心得，どちらかといえば世の中を機敏に渡ることを善としない，あるいは不得意な人々のバトンを通して受け継がれてきたと言っても過言ではない．あえて彼らを天気野郎と呼ぶ．

本書の構成は，前段でわが国の天気予報の黎明期における気象学会の創立，疎らな観測網と少ない学理のなかで天気予報に挑戦してきた明治の先達，日露戦争，昭和初期のジェット気流の発見などを点描し，次いで太平洋戦争前後における気象人の苦悩や真珠湾攻撃などに触れた．中段で主題である日本の数値予報の黎明および大型電子計算機の導入について，世界の動向も視点におきながら眺めた．後段では，若き日に数値予報の開発などに係わり，その後米国への頭脳流出組となった人々の軌跡を辿った．最終章で，数値予報の現代の到達点を基盤とする今日の天気予報に触れた．これらの時間軸の推移の中に，筆者の気象庁における体験も織り交ぜた．

天気予報や数値予報の開発や改善には，これまで数え切れないほど多くの先達が係わったが，ここでは筆者の興味と紙幅から，ほんの一握りの人々を対象にせざるをえなかった．その意味で，本書は決して天気予報や数値予報の歴史を包括的に取り上げたものではなく，むしろ，明治に遡る気象人や数値予報の開発に接点を持った限られた人物やトピックスを対象に，論文や回顧録，残されている手紙，関係者へのインタビュー，筆者の見聞と体験を手がかりに描いた人間中心のドラマである．その意味で気象学史ではない．できるだけ事実に基づいて描こうと努めたが，恣意的な記述や誤認があるかも知れない．叱責を願う．

なお，新田尚ほかは，数値予報の発展と現代の気象学を学術的な観点から記述している．また，窪田正八は『気象百年史』の中で数値予報について述べている．

2008年9月初旬，筆者は数値予報のルーツを検証する一助としてアメリカを訪れ，数値予報の発祥の地であるプリンストンの高等研究所をはじめ，各地で未だ活躍しているいわゆる「頭脳流出組」や家族を訪問した．そのプリンストンでは，半世紀前にフォン・ノイマンやロスビー，チャーニー達といった世界的な先達が交わした書簡に混じって，くしくもチャーニーが岸保勘三郎へしたためた招待状のコピーも保存されていた．岸保は半世紀前にプリンストンに留学中，毎日のように手紙を書き送り，日本の数値予報開発グループにホットな情報をもたらしていたのである．招待状にあったチャーニーのサインは，先に触れた50年前の東京でのサインにまつわる筆者の記憶を再び呼び戻した．

本書の執筆にあたり，次の方々から貴重な資料や情報を頂いた．記して感謝を申しあげる（あいうえお順，敬称略）．相澤英之，相原正彦，荒川昭夫，伊藤和雄，小倉義光，磯野良徳，大山勝道夫人と令嬢，大河内芳雄，岡田りせ子，笠原彰，金光正郎，岸保勘三郎，倉島厚，駒林誠，佐々木嘉和，善如寺信行，土屋清，寺内栄一，新田尚，廣田勇，堀越高次，松野太郎，松本誠一，真鍋淑郎，都田菊郎，村上多喜雄，室井ちあし，柳井迪雄，山岬正紀，渡辺真の諸氏である．特に，岸保勘三郎氏には執筆に際して終始励ましと助言，さらに多数の貴重な資料を頂いた．また，プリンストンの高等研究所のErica女史には，関係する手紙やドキュメントの抽出や提供に多大の協力を頂いた．最後に，本書の刊行に際し，企画段階から編集に至るまで，種々の貴重な助言を頂いた東京大学出版会の岸純青氏に謝意を表する．なお，本文中では，原則として敬称などを省略した．

目次

1　天気予報の黎明

数値予報に象徴される現代の天気予報技術の総体は，明治初期の気象観測および天気予報の開始から今日まで，多くの先達によって受け継がれ，積み上げられてきた営みの積分値である．その歴史は間もなく1世紀半を迎える．予報技術はこの間，もっぱら地上天気図に基づいて予報者の経験と洞察力で行なわれた「地上天気図時代」を経て，太平洋戦争後は高層の気象データが付加されて「地上・高層天気図時代」へ，そして現代の電子計算機の導入による「数値予報時代」へと受け継がれてきた．このような予報技術の変遷はもちろん突然ではなく，その時代の人々，時代背景，科学技術などを与件として，ときには予報技術者の間に考え方の衝突さえも生みながら，今日に至っている．この章では「地上天気図時代」を今日の天気予報に至る黎明期と位置づけ，天気予報の始まりや気象学会の創立，ジェット気流の発見という主要なエポックに焦点をあてて振り返った．また，史実の1コマとして興味深いロシアのバルチック艦隊との日本海海戦時の天気予報にも触れた．

1.1　気象サービスの始まり

気象庁は，現在，東京都千代田区大手町，皇居の大手濠北端の近くに位置している．わが国の気象業務は，約140年前の明治初期に開始された．中央気象台の初代台長，荒井郁之助は，気象学なるものが日本に入って来て，晴雨計などの道具が人々の目に触れたのは，1855（安政2）年が初めてであると記している［1.1.1］．

幕府はオランダ人を招いて海軍の伝習を行なっていたが，オランダ政府は蒸気船「スーヒング」号を幕府に献上し，長崎港において日本の海軍士官に航海や操船技術を教えていた．「観光丸」と改名されたその船の備品の中に水銀晴雨計（水銀気圧計の別称），空ごう晴雨計（内部が真空の弾性を持つ金属函），寒暖計，乾湿計があり，航海日誌には天気，風力，気圧，寒暖，乾湿の観測値が記入されていた．荒井は，このとき初めて，気象観測の方法などに実地に接したという．しかしながら，船の主要な関心は帆の張り方や機関の運転などであり，気象については晴雨計の示度が著しく降下すれば暴風の恐れがあるとして，港に避難し，あるいは錨類を増すことに利用されていた．明治維新までは，西洋建造の船には気象の効用が見られたが，気象機械の校正などは知らずに，ただそれらの示度の高低が著しいときにのみ暴風襲来の恐れありとして利用していたのである．1643年にイタリア人のトリチェリー（E. Torricelli, 1608–1647）が，水銀柱を用いて行なった「真空の実験」で，大気には重さがあり，それが日々変動することを発見してから，約200年後のことである．

1875（明治8）年に至り，内務省地理寮の雇人であった英国人のマクビーンの発議によって，そこの量地課に気象係がおかれ，東京赤坂区葵町3番地において，気象観測が着手された[1)]．東京気象台の誕生である．当初，観測は，同じくお雇い外国人である英国人のジョイネル（H. B. Joyner）が担当し，その手引きを受けて，1日3回の定時観測が，正戸豹之助（後に中央気象台統計課長），下野信之（後に大阪測候所長），馬場信倫（後に商船大学教授），大塚信豊（後に長崎測候所長）らのいわゆる伝修生によって始められた．1877年にジョイネルは解雇となり，正戸が主任となった．

なお，実質的な気象観測は，すでに1872年に北海道の函館気候測量所で行なわれていたが，気象庁は1875年6月1日をもって気象業務の公式の創立としている．

さて，日本で初めての天気予報が行なわれたのは，気象台が創立され

1） 赤坂区葵町3番地は，現在の虎ノ門にあるホテルオークラ付近である．なお，大手町にある気象庁は，創立以来140年の歳月を経て，2016年頃には奇しくも再び創立の地に近い虎ノ門の3丁目に移転することになっている．

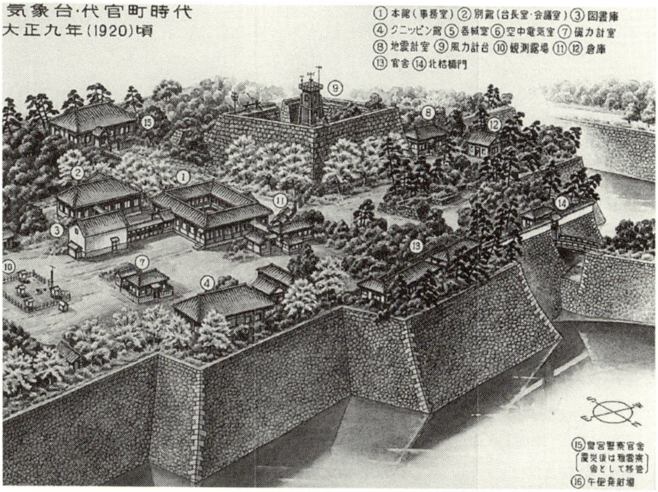

図 1.1 代官町時代の旧本丸にあった中央気象台（『気象百年史』より）

て約 10 年後の 1884（明治 17）年 6 月 1 日である．全国を対象とした全般天気予報と呼ばれる業務が開始され，予報は警視庁や巡査派出所にも掲示された．1888 年には天気予報が官報にも掲載され始め，毎日，天気図の印刷が行なわれた．1890 年には，それまで内務省地理局の配下にあった東京気象台は，独立した中央気象台としての官制が定められ，荒井郁之助が初代の中央気象台長となった．

なお，天気予報の開始に先立って，赤坂区葵町の東京気象台は，1882（明治 15）年代官町旧本丸内に移転した．図 1.1 は，1973（昭和 48）年に岡順次（81 歳）が当時の建物を描いたものである．今でも皇居の北桔梗門を入るとすぐ高い石垣があり往時が偲ばれる．

天気図を描き，天気予報を行なう事業を提案し創設したのは，お雇い外国人であるドイツ人のクニッピング（E. Knipping, 1844–1921）である．岡田武松によると，クニッピングは，オランダ・アムステルダムの航海学校を卒業して，帆船および汽船の運転士（航海士）となって，支那，日本，シベリア東部方面への航海を続けたが，操船していたクーリ

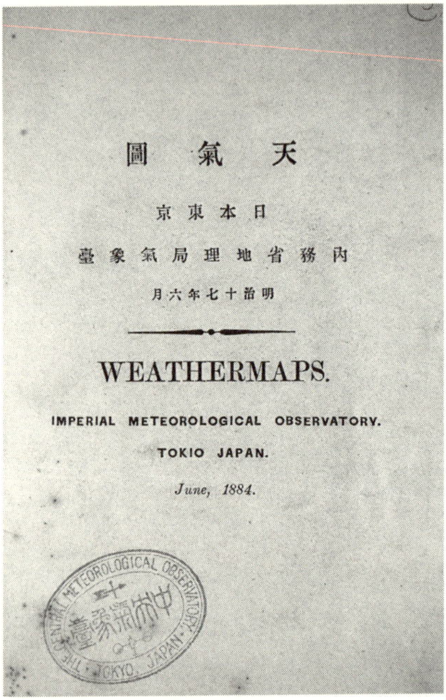

図 1.2 (a)　1884（明治 17）年 6 月の天気図帳（気象庁提供）

ェ号が日本で転売されて，下船の止むなきに至り，開成高校の数学の教師になった．彼は気象観測に興味を持ち，自分の官舎に気象測器を備え付けて定時観測を行ない，母国ドイツのハンブルクの海洋気象台に報告していた．1876 年には逓信局のお雇いとなって海員検定掛に従事し，1881 年に内務省地理局の気象台に入った．未だ 40 歳前であった．彼は，以後 10 年間にわたって，1891（明治 24）年に満期解雇となって母国の海洋気象台技師となるまで，日本の天気解析および天気予報技術を指導した．ちなみに，クニッピングの娘は，ケッペンの気候図で名高いドイツ人の気候学者ケッペン（W. P. Köppen, 1846–1940）の息子に嫁いだ［1.1.2］．

天気図の大きさや作成の基準時刻などは時代とともに変化したが，現在でも気象庁の図書室の地下には，これまでの膨大な天気図類が保管さ

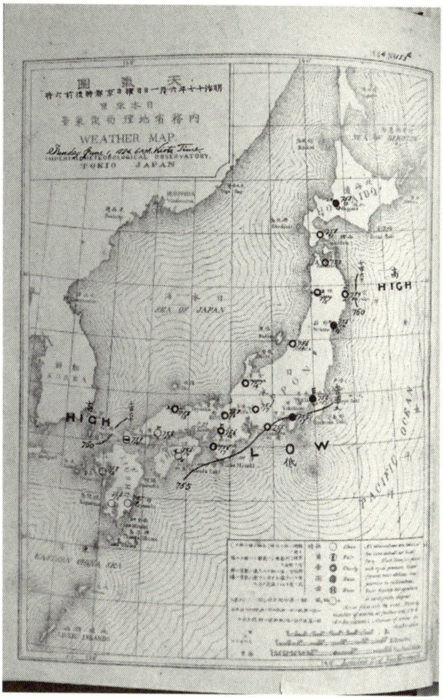

図 1.2（b） 1884（明治 17）年 6 月 1 日の最初の天気図（気象庁提供）

れている．なお，1999 年以降の天気図は電子媒体（CD-ROM）によって保存されている．

日本で初めて天気予報が発表された日，1884（明治 17）年 6 月 1 日に描かれた天気図を見てみよう．そこに現れる文字は，図 1.2（a）に示すように，印刷天気図を 1 ヵ月ごとに閉じた冊子の表紙の「臺象気局理地省務内」をはじめとして，和文（漢数字も）の横書きはすべて右から左へと綴られている．英文表記の気象台の組織名は IMPERIAL METEOROLOGICAL OBSERVATORY で，外国向けには「帝国気象台」である．東京の地名は TOKIO とドイツ流に表されており，また，標準時が KIOTO（京都）と表記されているのも興味深い[2]．

2） 日本標準時は，1888（明治 21）年 1 月 1 日より，明石を通る東経 135 度となったが，それ以前は「京都時」が日本標準時であった．

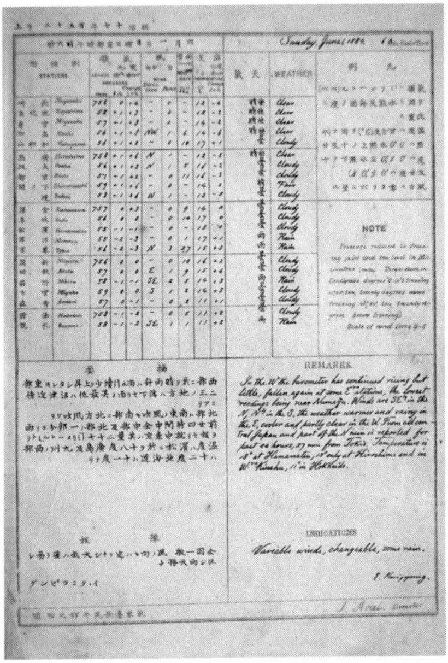

図 1.2 (c) 1884（明治 17）年 6 月 1 日の天気図の右側のページ（気象庁提供）

次に図 1.2 (b) は，クニッピングが作成（専門用語で天気図解析という）した天気図である．驚いたことには，天気図上の等圧線は，本州の南岸沿いに 1 本と九州の北西に 1 本の 2 つが描かれ，低気圧および高気圧の存在をかろうじて識別している．

その等圧線を描く根拠となる観測点は，北海道では札幌と函館，本州では青森，宮古，野蒜（現在の宮城県東松島市），秋田，新潟，東京，沼津，浜松，岐阜，金沢，境，下関，京都，大阪，広島，和歌山，四国・九州では，高知，宮崎，鹿児島，長崎の合計 22 ヵ所である．もちろん洋上はなく，朝鮮半島や中国も皆無である．

天気予報は，図 1.2 (c) に見るように，同じ天気図の右のページに和文と英文で記されており，クニッピングの署名がある．天気図の作成および予報の担当者は，年を経るにつれて，クニッピングに混じって，日本人が現れる．明治 20 (1887) 年頃になると，後に最初の予報課長となる和田雄治のほか，遠藤貞雄，馬場信倫など，今日で言えば気象庁の主任予報官級が天気図を作成しており，彼らの署名が現れてくる．技術が伝承されている様子が浮かぶ．天気図の解析方法の伝授や英文作成などは，おそらく英語を通じてなされたであろう．また，図1.2（c）に見るように，天気図の右ページにペンで書かれた観測値や予報文，天気概況を見ると，和文はもちろんのこと，英文はまるでペン習字の模範と見まがうほどの達筆で記されている．

1.2 「東京気象学会」の設立と「大日本気象学会」への発展

現在の日本気象学会は，約4000人の会員で構成されている社団法人であるが，その歴史は，遠く1世紀以上も前の1882（明治15）年の「東京気象学会」の創立に遡る．中央気象台の創立から7年後のことである．同年，気象学についての論文や論説，主たる気象および地震のデータを収めた「気象集誌」の第一号が発行された．同学会は6年後の1888（明治21）年5月に「大日本気象学会」に発展し，1941（昭和16）年組織を変更して，現在の社団法人「日本気象学会」となった．ここで他の分野の学会の設立状況を見てみると，明治10年代には，東京数学会社（(社）物理学会および（社）数学学会の前身）および化学会，1879（明治12年）には工学会（(社）土木学会の前身），東京地学協会，1880（明治13）年には山林学会と日本地震学会，1881（明治14）年には大日本農政会，1884（明治17）年には人類学会，1886（明治19）年には造家学会（(社）建築学会の前身）などが創設されている．また，電気学会は1888（明治21）年に創立され，初代の会長には，当時逓信大臣であった榎本武揚が就いている．このようにわが国における自然科学系の基礎分野に係わる学会のほとんどは，明治10年代にその創立を見る．ちなみに，医学や経済などの分野の学会が創立されたのは，ずっと後の明治の後期以降であり，日本医学会は1902（明治35年），日本経済学会は1934（昭和9）年である．

さて1888（明治21）年，近藤久次郎（後に台北測候所長）は，1882

年の「東京気象学会」の創立から1888年の「大日本気象学会」への改組発展について，気象集誌[3)]の中で，以下のように述べている[1.2.1]．これを見ると，富国強兵，文明開化という明治の新しい波の中で，中央気象台の正戸豹之助を筆頭に，他の学会の創設を眼にして，自分たちの仕事への誇りとし，世の中に気象学なるものを広めようとする明治人の意気込みが，行間からひしひしと伝わってくる．

なお，原文はカタカナ混じりの明治中期の文章であるが，その雰囲気を損なわないために，なるべく原文を尊重しつつ，適宜，句読点を入れて読み下し文に書き改めた．また，平易な漢字を用い，適宜（　）内に意味を補った．以下，この種の文章は別の箇所でも同様に扱った．

> 「事に盛衰あり物に消長あるはその揆一なれども，その生長を尋ねれば甚だしき早晩の差異あるを見るは，熟成の難易と利益の大小に関するところ少なからずといえども，またこれが必要を感ずる遅速とその利益の直接なると否とによりて懸隔（隔たりがあること）するところ大なり．試に諸種の学派が経歴の紀行を見よ．世の進化に先立つあるも敢て後れざるものは，人世その必要を感ずるの直接にその利益の見易きためにして，あるいは学派が常に諸学の后殿（殿堂）となり，文化進展を追う所以のものはその必要を感じるに間接にして，その利益を看破するの難きによらずんばあらざるなり．いわんや気象学の如き高尚なる学科（Sublime Science（原文もこのまま））に属し，凡眼その理を悟らず，通俗その益を知るに難きものに至りては，進歩のゆるやかに生長のおそきはせむるを免れざるところにして，その労の重大かつ困難なるも，その勢いのしからしむところなるかな．屈指すれば早々すでに7年吾人気象学の実務に従事するもの相集まりて謂く．斯学の拡張を謀らんと欲せば広く世間に同志を得て斯学に関する事実を諮詢（臣下の意見を求めること）するの途を開かざるべからずと．

---

3)　日本における気象学に関する唯一の学術誌であり，論文の掲載には査読制度が取り入れられている．その構成員は，昭和40年代までは気象庁職員が多数を占めていたが，現在では，大学関係者が圧倒的に多い．気象集誌には，当初は気象の論文のほかに，観測値や天気概況，さらに地震の発生状況なども併せて掲載されていた．また，言語は1922（大正11）年まで日本語であったが，その後，英語および独語の論文も掲載され始め，1960（昭和35）年からは英語となった．

ここに始めて東京気象学会なるものを起し，先ず正戸豹之助君を推して会長となし，気象集誌の第一号を発行せるは実に明治十五年五月下旬なりき．けだし気象学当時の光景たるや実に微々たるものにして，世間において気象学の何ものたるは勿論，気象学の名すらなお知るもの甚だ稀なり．したがって本会を賛成するものもまた少なく，集誌第一号を発行するの当時にありては，会員わずか四十名に満たざりし．しかれども，これもとより吾人の期するところのみならず斯界にして創業すでに這般（これら）の会員を得たるは，吾人私に満足せしところなりき．爾来，各会員熱心と役員諸君の勉励によりて，毎月云次会を開き，おおむね隔月には集誌を発行し，着々その歩を進め，翌年十六年一月に至りて大いに会則を改正し，荒井郁之助君を会長に正戸豹之助君幹事長に推薦せり．」

ここに筆者は「天気野郎」の原点を見る思いがしてならない．続いてこの後に東京気象学会が役員の多忙などで数年間中断した事情が述べられているが，この部分を省略して先に進める．

「……近来，本邦の測候事業大いに拡張し，天気図を刊行し暴風警報を発し各所に暴風標を設け，または日々各新聞紙上に天気予報を掲載するなどのことありて，直接に世間へ利益をこうらしむることとなり．これをもって各所競いて測候所を建設し，全国を通ずればその数すでに三十有余に及ばんとし，なお増設の計画を聞けり．之を吾人数名あい集まり始めて，東京気象学会を起こせし明治十五年の頃に比すればけだし同日の談にあらざるなり．いわんや政府においても大いに見るところあり．昨年勅令第四十一号をもって気象台測候所条例を発布せられ，いよいよ測候事業を拡張せらるるにおいてをや．いやしくも斯学に従事する吾人にありて，衣手傍観するの時ならんや．ここにおいて本年一月旧役員あい会して大いに会則を改正し，会名も大日本気象学会と改め，広く公衆に向かいて会員を募りしに，今日においてはすでに三百有余名の多きに達せしは，あたかも斯学の進歩著大なると世間その利益の必要性を感ずるの直接なるに帰せずんばあらざるなり．今や改めて集誌第一号を発行し，再び諸君と共に本会において斯学研究の征途に上るにあたり，いささか本会既往の経歴の一班を記して，新旧会員諸君に告ぐというなり．」

ちなみに，諸外国の気象学会の設立を眺めてみると，英国では1850

年王立気象学会（The Royal Society of Meteorology）が創立され，東京気象学会より30年を先んじる．米国気象学会（The American Meteorological Society）は1919年創立され，現在，1万4000人以上の会員を擁している．最初の *Monthly Weather Review* は1872年に合衆国通信隊（The United States Army Signal Corps）により発行されたが，その後，NOAA（大気海洋庁）に移管され，1974年から米国気象学会の発行となった．近代気象学の黎明期に重要な論文を掲載した学術誌であり，現在も継続されている．

第1回気象協議会

大日本気象学会創立という学問の高揚を背景に，この時期には官の方でも大きな動きがあった．1888（明治21）年11月11日，気象台の創立以来，初めての全国の測候所長を召集した「第1回気象協議会」が開催された．気象業務の開始からほぼ10年後で，直轄および北海道開拓使，県営の測候所の数も10ヵ所を越え，また，国際的には欧米諸国，ロシアの気象機関との間に観測データ表の交換も動き出した．当時の文部省の桜井勉地理局長は，「諸君，この度ははるばる御上京あいなり御苦労に存じます．さて，この度のこの協議会を開きまする旨趣（趣旨と同じ）はかねて道府県の長官に向かい書面をもって申し贈りましたから諸君も定めてご承知なされたことでありましょう．しかし書面というものは御存のとおり，とかく充分に人の意中を述べつくすことのできないものでありますから，今日はばかりながら右の旨趣を敷衍して申しましょう．……」と，創立以来の沿革についておそらく30分もかかっただろうと思われる長演説を行なっている．桜井は演説の最後の部分で協議会開催の経過に触れ，これまで業務の運営に当たっては本局から職員が各地に出張して個別に連絡・調整に当たってきたが，今日の発展を前に本局と地方が一堂に会して意見交換を行なう必要性が生じたので，真生（本物）の所長会議を開くべく大臣閣下に具申のうえ，道府県の長官に相談をして，実現の運びとなったことを述べている．この演説を読むと，

図1.3　第1回気象協議会での記念写真（『気象百年史』より）

前述のクニッピングや正戸，馬場たちも地方に足を運んでいることがわかる．また，桜井は「諸君は皆博学多識の方々ゆえ，欧米の事はもとより原書につきて御存でありますから，山上に山を画くようなる無機要《ぶきよう》なることはやめましょう」と述べている．クニッピングは地方への出張で，原書を読んでいた測候所長クラスに，英語を用いて指導したのだろうか．

図1.3は，この協議会の折に撮影されたものである．名前が付されているのは前列で椅子にかけている本局の幹部等のみで，左から馬場信倫，下野信之，正戸豹之助，和田雄治（内務技師），荒井郁之助（初代中央気象台長），桜井勉（地理局長），小林一知（内務技師），梶山鼎介（地理局次長）となっている．こぶしを握った手を膝においている荒井台長，その右隣に腕組みし膝を重ねている桜井局長と1人おいた梶山次長，おそらく2列目，3列目の面々は，本局のスタッフと測候所長であろう．撮影場所は，おそらく先の図1.1の代官町の庁舎の一角だと思われるが，田口克敏（後の和歌山測候所長）によれば，主な建物は田舎の小学校にも劣る粗末なものだったとされている［1.2.2］．いずれにしても，各人の衣装や所作，カメラに向かう顔つき，蓄えられた髭，光る足元，この

1枚の写真は，明治に生きた先達とその時代を見事に切り取っているように思える．ちなみに1890（明治23）年に公布された中央気象台官制によると定員は25名となっている．これに県営の測候所員が加わる．

このとき，後に中央気象台に入ることになる岡田武松は未だ14歳，東京日比谷の尋常中学校にいた．

1.3　榎本武揚，大日本気象学会の会頭に推挙

榎本武揚は，1892（明治25）年第5回大日本気象学会総会において，会頭に推挙され，以下の演説を行っている［1.3.1］．洋行の経験があり，世界の文明にも詳しかった榎本は，受諾の演説の中で，気象人の役割を高く評価し，正確な晴雨計や寒暖計を用いて気象を定常的に観測していることに触れ，西欧に並び追い越すべしと，学会員に檄を飛ばしている．また，輸入に頼っていた水銀気圧計（晴雨計）が，自前で製造できるようになったことにも触れている．ちなみに，榎本はまた，1888（明治21）年の電気学会の創立以来，1908（明治41）年まで会頭を務めている．

> 「今般，諸君のご推選により，この高尚なる大日本気象学会の会頭に挙げられたるは，野生（筆者注：自分のことをへりくだっていう語）において殊に栄誉とするところなりといえども，我が大地を包括するこの気海中に棲息する吾人は我が気海中に表わるる現象を測知し，その吾人に及ぼすべき影響如何を攻究し，もってその害を避け，その利を用いる方法を求め，もって社会の福利を増進するは，開明人種の負担すべき一大義務にてあらずや．
>
> しこうして本会はすなわちこれをもって自ら任ずる者なれば，まことに社会一般のため欠くべからざるの会と称すべし．これ野生が不敏を顧みずあえて会頭の任に当たり，もっていささか一臂の労（僅かの骨折り）を尽くさんとする所以なり．ここに第5回気象学会総会を開くにあたり，その従来の事業を調査し，その集誌に記載するところの論説を見るに，その学術の精到なるとその応用の普及を知るに足れり．殊に晴雨計寒暖計の製造確実なる者を得て，これを観測上に用いるを得るに至りしは，本邦において斯学の著しき進歩を徴すべきものにし

て，実に本会諸君の力なり，社会の幸せなり，邦家の光なり．諸君願わくはあい共に拮据（一心に努めること）勉励し，もって泰西（西洋）各国の斯学に従事する者と並びに馳せて，均しく駕せしことを，これ野生が深く本会に望むところなり．」

1.4　中央新聞ニ答フ

次に，中央気象台の創立から20年，ようやく全国的な天気予報が整い始めた1890年代の天気予報について眺めてみよう．1893（明治26）年6月7日，天気予報が連続して当たらないことに「中央新聞」が社説で噛み付いた．当時の大新聞である朝日新聞や読売新聞などと異なって，明治20年代に創刊された独立系の新聞であった．ちょうど日清戦争の直前の頃である．この報道に対して，中央気象台予報課の精鋭，馬場信倫[4]は1893年6月号の「気象集誌」の論説で，「中央新聞ニ答フ」と題して次のように反論を述べている［1.4.1］．

残念ながら，その新聞記事は見当たらなかったが，この論説を見ると，当時の天気予報の技術，内容，天気予報に関する社会の理解度，世相，気象台職員の気概，ジャーナリズムの反応がわかり，そして何よりも明治という時代が持つ闊達さなどが肌に伝わってくる．また面白いのは，新聞というジャーナリズムによる官（中央気象台）に対する非難に対して，中央気象台の職員が気象学会の会誌を通じて反論する形となっていることである．図1.4はその反論の一部である．

この時代は，国家機関である中央気象台と気象学会というソサイティがほとんど同体であることがわかる．ちなみにわが国では，気象学会の創設以来，気象台の職員の相当数が気象学会員を構成し，また気象台も学会活動に対して種々の便宜を供与してきた．気象台（気象庁），大学，学会の3者の緊密な連携は昭和40年代まで続いたが，戦後の新制大学における気象や環境系の研究者が気象学会に進出する過程でその関係は

---

4) 中条信倫，馬場と改姓．後に商船学校教授となり，1907（明治40）年に『海上気象学』（嵩山房）を著している．

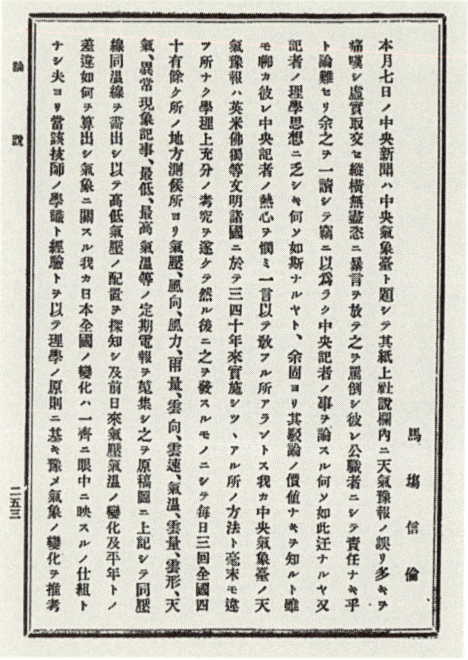

馬場信倫

本月七日ノ中央新聞ハ中央氣象臺ト題シテ其紙上社説欄内ニ天氣豫報ノ誤リ多キヲ痛嘆シ虚實取交セ縱横無盡恣ニ暴言ヲ放テ之ヲ罵倒シ彼レ公職者ニシテ責任ナキ乎ト論難セリ余之ヲ一讀シテ竊ニ以爲ラク中央記者ノ事ヲ論スル何ソ如此迂ナルヤ又記者ノ理學思想ニ乏シキ何ソ如斯ナルヤト、余固ヨリ其駁論ノ價値ナキヲ知ルト雖モ聊カ彼レ中央記者ノ熱心ヲ憫ミ一言以テ敎フル所アラントス我カ中央氣象臺ノ天氣豫報ハ英米佛獨等文明諸國ニ於テ三四十年來實施シツヽアル所ノ方法ト毫末モ違フ所ナク學理上充分ノ考究ヲ遂ケテ然ル後ニ之ヲ發スルモノニシテ毎日三回全國四十有餘ケ所ノ地方測候所ヨリ氣壓、風向、風力、雨量、雲向、雲速、氣温、雲量、雲形、天氣、異常現象記事、最低、最高氣温等ノ定期電報ヲ蒐集シ之ヲ原稿圖ニ上記シテ同壓線同温線ヲ畫出シ以テ高低氣壓ノ配置ヲ探知シ及前日來氣壓氣温ノ變化及平年トノ差違如何ヲ算出シ氣象ニ關スル我カ日本全國ノ變化ハ一齊ニ眼中ニ映スルノ仕組トナシ夫ヨリ當該技師ノ學識ト經驗トヲ以テ理學ノ原則ニ基キ豫メ氣象ノ變化ヲ推考

論説　二五三

図 1.4　馬場信倫の「中央新聞ニ答フ」の一部（日本気象学会）

次第に薄れ，現在では気象庁と学会の距離はかなり遠のいていることは否めない．

さて馬場信倫の反論の筆は走る．

「本月七日の中央新聞は，中央気象台と題して，その紙上社説欄内に，天気予報の誤り多きを痛嘆し，虚実とりまぜ縦横無尽，気ままに暴言を放って之を罵倒し，彼，公職者にして責任なきやと論難せり．余は之を一読してひそかに思うらく，中央記者の事を論ずる何ぞかくのごとく迂なるや，また記者の理学思想に乏しき何ぞかくなるやと．余もとよりその駁論の価値なきを知るといえども，いささか彼中央記者の熱心を憐れみ，一言以て教えるところあらんとす．

わが中央気象台の天気予報は米英仏独文明諸国において三，四十年来実施しつつあるところの方法と毫末も違うところなく，学理上充分の考究をつくして，しかる後にこれを発するものにして，毎日三回全国四十有余か所の地方測候所[5]より，気圧，風向，風力，雨量，雲向，雲速，気温，雲量，雲形，天気，異常気象現象記事，最低・最高気温などの定期的電報を収集し，これを原稿図に上記して同圧線同温線（等圧線等温線）を書出し，もって高低気圧の配置を探知し，および前日来の気圧気温の変化，および平年との差異いかんを算出し，気象に関するわが日本全国の変化は一斉に眼中に映ずるの仕組みとなし，それより当該技師の学識と経験とを以て，理学の原則に基づき，あらかじめ気象の変化を推考するにあり．しこうして，天気予報なるものは翌日の天候はかくなるべしと告ぐるものにあらずして，予報の天気は他の天気に比すれば多望なることを示すものなり．故に晴天と予報すれば翌日必ず晴天となる意味にあらずして，雨天曇天よりはむしろ晴天の方多望なりというにあれば，決して雨天曇天なきを保証するものにあらざるなり．今日，世界各国いずれの国を問わずいかなる博学達識の士といえども，予報もしくは予言の百発百中は得て望むべからざるものなり．記者に乞う，現世紀の学問，経験は未だこのごとく良域に達せざるを悟れ，これ記者の放言したるごとく中央気象台当局者の不学不知の致すところにあらざるなり．

天気予報の百中を期すべからざるは，記者もまた自認せしところにあらずや．ことに世人は天気予報の有効時限いかんを考えるもの少なく，翌朝の天気をもって予報の正否を判断するもの多きか，しかれども有効時限は当日午後六時より翌日午後六時に至る二十四時間にあれば，夜間のごときは適否のいかんに注目するもの稀にして，当局者の冤罪をこうむるまた思うべし．（著者注：気象庁の午後5時発表の「明日の予報」は明日の0時から24時まで）

天気の変化は人為をもって制御する能わざるをいかんせん．予報有効時間内に天気中急変を生じ来たしは，予報の不中となること止むを得ざるなり，急変は何時これ有るか．中央気象台の技師といえども，いささかも鬼神にあらざる限りは，測り知らざる気流に急変多き季節にあたり，時に天気予報の不中を見ることあるも，あえてあやしむに足らざるなり．一年中四，五，六の三か月は，高低気圧の発現最も急激にして，天気予報の考定，最も難きを覚える時なり，中央記者よ少しく文明的な思想をもって天気予報の性質を玩味せよ，思い半ばに過るところあらん．

5）現在とは異なり，国営および県営の測候所．

仏	年平均	92
米国	同	88
英国	同	83
日本	同	83

右表は最近の調査に係わる仏，米，英，日４か国における天気予報適中の百分率なり．

終わりに臨んで一言すべし，中央記者にして中央気象台の天気予報を是非するは随意たるべしといえども，記者自から信ずるにたらざるものと確認せし以上は，何故これをその貴重なる紙上に登載するや．たとえ新聞売高の枚数に影響を蒙るも断然これが登載を廃止して可なり．しかるもなおこれをなす記者心にやましきところなきか．これを社会に伝えるは，すなわち新聞紙上その責任を知らざるに似たり，ああ彼果して責任を知らざるか．」

なお，この論説の中で，「……米英仏独文明諸国において三，四十年来実施しつつあるところの方法と毫末も違うところなく……」と述べているのは，後述（5.2 節参照）のクリーブランド・アッベ［後述，英 5.2.1］に照らして興味深い．的（適）中率については定義が不明確である．しかしながら，今から 100 年以上も前に，天気予報は本来確率的であること，予報には有効期間があり，それを考慮すべきことなど，現在でも，気象関係者が一般に対して啓発すべき事柄が，紙上で述べられていることには非常に驚きを覚える．

1.5 「天気予報ノ不中ハ如何ナル場合ニ在ル乎」

前節に引き続いて馬場信倫に登場を願う．1891（明治 24）年に発表された馬場の標記の論説は，その後もずっと用いられてきたシノプティック（総観気象）と呼ばれる天気予報技術の源流をなすものと思われる．彼は，天気予報の外れを引き合いに，天気予報は高低気圧の消長が基本であること，大気中に含まれる水蒸気が運動にとって重要であることを，日本の置かれた気象学的な地理環境を述べ，最後に当時は未だ実現していなかった観測網の広域化の必要を説いている［1.5.1］．

「天気予報をなす者の宜しく根拠とすべき所のものは，学理と経験の二者に外ならざるべし．この両者が誘導するところの管路に従い，敏捷なる判断力をもって未だ変化を来さざる前において，之を考定するものにして，彼の算学の数によって数を得んとするの類に非ずべし．もとより，至難の業なりと故に学理の適用経験の断定にして時の気変の異例に会い，これを認識すること能わざる時は，予報したがいてまた不中を来たすことあるべし．之れ現世の知識未だ以て紛雑なる天気の確乎たる原則を発見し得ざるに座するものにして，万やむを得ざるものというべし．しこうして，この考定をなすにあたり，先ず広き区域にわたる天気の素性を審判すること極めて大切なり．是れあたかも医者の聴診打診によって病者内患を発見すると一般にして，単に頭上における天気の外観によるが如きは，あたかも容貌血色の如何を見て疾病の原因を論断するの類にして，いささかも藪医もしくは占い者流を学ぶものにあらざるよりは，決してなすべからざるものと知るべし．現在の予報作業でも大局から順次局地に至るこの立場は踏襲されている．しからば天気の素性とはいかなるものを言うや．いわく，大気流動の形状および遅速，気圧の高低，温度，雲形の類これなり．けだし気流の不規則なるなお河流におけるが如し．河水にして高低あればたちまちにして流れを起こすべし．しからば水より遥かに運動自在なる空気に高低の差あるはその流動もとより大なるべきは論を俟たず．見よ河流に渦状あり逆流ありて大体の流向は水源より河口に至るべき気流の状態またほとんど之に異なることなし．赤道および両極相互の大流中紛乱極わまりなき空気の波瀾（低気圧や高気圧などの気象擾乱を示す）は，実に天気を浮かべつつあるところの気海なりと称すべし．この波瀾の形状を写しだすものひとり同圧線（等圧線と同義）あるのみ．同圧線は気圧の同じきところを連接するところの線なり．今これを然りとして天気の変化はいかなるものぞと言うに，泰西（西洋のこと）気象学者の論はさておき，余は断じてその主因流動にありとし，運動微せば天気なしとせん．もしそれこの地球の囲繞（囲みめぐること）するところの大気にして，流動これ無くんば，天気はいちいち固定して吾人が研究もまた容易ならんのみ．たとえ雰囲気に運動ありといえども湿気これ無くば天気の変化また至極単簡なるべし．しかれどもすでに湿気ありて温度の大源なる太陽熱を受くるにまた多少の差異あらば，気流の運動はここに起こりて遂に気圧の高低を生じるの因とならんか．しこうしてこの気圧の高低こそとりも直さず天気の変化を誘起するところの気海の波瀾なるべし．果たしてこの私見にして大過なき時は天気を知ること気圧高低の両部位（Cyclone and Anti-

Cyclone）および示度の所在を知るにしくものなかるべし．地方の天気はこの両部位の交互転換変形および生滅の間に変するものと言うも可なるべければ，天気予報の不中はおもに左の場合にあるなるべし．」

この続きは口語体に直して要点を記述する．予報が外れる場合を以下の4つに分け，それぞれについてより具体的に説明している．

1. 局地的な地形の影響を受ける天気で，小低気圧が発生するとき
2. 低気圧が急に発生するとき
3. 低気圧の衰えが急であるとき
4. 低気圧の進路が異例であるとき

そもそも天気の素性を知る場合には難易があり，識別がしやすい場合は，高低気圧の勢力が強いときであって，それは地形の特性によって変化している場合である．このときは，予報者はさほど深く考えなくとも，ほとんど天気変化の時刻まで示すことができる．識別が難しいのは，等圧線の形状がすっきりせず，どこに高気圧や低気圧が発生するかを見分けるのが容易でない場合である．この場合は予報者は鋭敏なる判断力によって，学理の示すところに従って，脳裏にそれらの出現あるいは消滅の形態を描いて，天気の区域を定めてから，予報をすべきである．

最後に，以下の点を加えている．

日本は周囲を海に囲まれ，西にアジア大陸があることから，天気はこれらの影響を受けやすい．高低気圧のよく存在する場所は，アジア大陸の中部と中部太平洋の北部であり，それらの位置は冬季と夏季における雨期で転換する．したがって，その間の春秋の天気は定まりにくいことは怪しむことではない．わが国はこのような地域の中間に位置するため，種々の性質を持った高低気圧が頻繁に通過するので，天気も非常に変化しやすい．したがって，天気予報にあたっては，かなり広く気象電報を収集すべきで，1ヵ所のみの観測で行なうことは学理に適さない．大気の流れが天気の素因であり，流れは気層の傾度によることがわかっているが，そのためには2ヵ所以上の観測データが必要である．その故に，中央気象台が浦潮港（ウラジオストック港），元山（朝鮮半島中部の東

海岸)，仁川 (朝鮮半島中部の西海岸)，那覇，小笠原島などの方面の気象電報を得られるようになれば，天気予報の進歩発達が必ずや見られるだろう．

馬場の論考を見ると，日本国内と極く限られた周辺地域の観測データに基づいて，高気圧と低気圧の存在を識別し，それと天気を結びつけていたことがわかる．

以来，天気図の蓄積と観測地域の拡大が企画されるなかで，時代は明治の後期へと進む．1899 (明治 32) 年には，後に予報課長を経て台長となる岡田武松が東大を卒業して中央気象台予報課にやってきた．

1.6 「本日天気晴朗ナレドモ浪高シ」

1905 (明治 38) 年 5 月 27 日午前 4 時 45 分，五島列島西方海域を哨戒中の「信濃丸」は，「敵艦ラシキ煤煙見ユ」との暗号電報を総艦船宛に無線で発した．この電報を受けた朝鮮半島の南部，鎮海湾に仮泊していた旗艦「三笠」にあった連合艦隊司令長官東郷平八郎は，同午前 6 時 21 分，「敵艦見ユトノ警報ニ接シ聯合艦隊ハ直ニ出動コレヲ撃沈滅セントス本日天気晴朗ナレドモ浪高シ」との暗号電報を大本営海軍軍令部長宛に至急報で発した．バルチック艦隊との日本海海戦の始まりに発せられた今も語り継がれる有名な電文である．このロシアとの海戦は，1 世紀以上も前の天気予報の技術および気象観測網，通信手段などについて教えてくれる．また，天気予報を離れても歴史の 1 コマとして興味深い．

ところで，当時，中央気象台から大本営に伝達され，「三笠」に伝えられた天気予報文は，「天気晴朗ナルモ浪高カルヘシ」で，その予報に接した「三笠」の秋山真之参謀が「ナレドモ浪高シ」と修辞したと言われている．この天気予報を実際に作成したのは当時弱冠 32 歳の中央気象台第 2 代予報課長岡田武松である．弱冠 32 歳の……と表現したのは，岡田は，今日風に言えば入省後わずか 6 年で中央官庁の課長となったエリート中のエリートであったからである．

ちなみに，司馬遼太郎は，小説『坂の上の雲』の中でこの電文の作成過程などを生き生きと描いている．

ここで岡田武松の略歴を見ておこう．岡田は1874（明治7）年8月17日，現在の千葉県我孫子市の布佐に生まれた．ちょうどその翌1875年が日本の気象業務の開始に当たる．東京日比谷の府立尋常中学校を卒後して，1892（明治25）年第一高等中学校に進み，1896（明治29）年第一高等学校大学予科を卒業し，23歳のとき東京帝国大学理科大学に入った．青年時代を利根川のほとりで育った岡田は，利根川で頻発した水害を目の当たりにして，将来は防災に役立つ人間になろうとの意思を固めたと言われている．1899（明治32）年東京帝国大学理科大学物理学科を卒業して，中央気象台に就職し予報課の技手となった．ときに26歳であった．そこには予報課長の和田雄治をはじめ，前述の馬場信倫等の猛者連中がいた．岡田は，1904（明治37）年には技師に昇格して予報課長兼臨時観測課長となった．バルチック艦隊との海戦はその翌年の1905年である．その後，1923（大正12）年中村精男の後を継いで50歳のときに第4代の中央気象台長となり，1941（昭和16）年夏，太平洋戦争の始まる半年前に，軍部の圧力に耐えかねて依願退職した．この間約20年にわたり中央気象台長を務めた．

当時の天気予報に触れる前に，通信事情について眺めてみよう[1.6.1，1.6.5]．すでにこの頃，日本とその周辺には有線電信・電話回線，海底ケーブル回線，洋上無線を利用した一種のネットワークが形成されていた．国内を見れば，電信・電話網の展開がなされていたし，洋上の無線については，1903（明治36）年10月には，最大通信距離200海里（約400 km）の無線通信機「三六式」が開発された．いわゆる火花放電式の送信機である．折しも日露関係が風雲急を告げていたことから，海軍ではすべての艦艇にこの通信機を整備し始めた．

他方，海外との通信網であった海底ケーブルは，明治初年にすでに長崎～上海，長崎～ウラジオストック間が開通していた．さらに日清戦争後は九州～台湾間にケーブルが敷設され，そこから先の中国本土へと延び，福州で英国が運用する国際回線に接続されていた．したがって，日

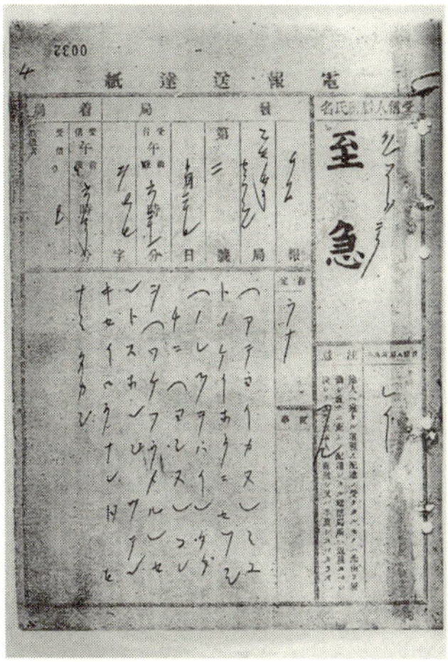

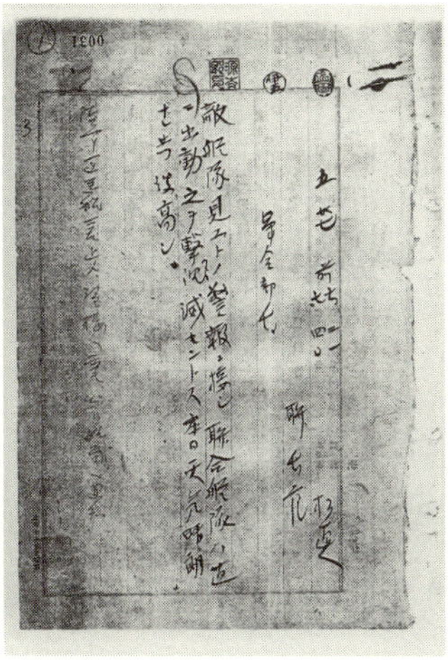

（左）図1.5（a） 東郷元帥が「三笠」から大本営に宛てた暗号電報（防衛研究所図書館所蔵）
（右）図1.5（b） 大本営で受信，解読された電報（防衛研究所図書館所蔵）

露戦争当時をみれば，ロシアが関与する長崎〜ウラジオストック回線を経由しなくても，日本は同盟国および諸外国と自由に連絡ができる環境にあったことになる．

一方，日本の海岸線や離島には多数の望楼が建設されて，艦船との連絡，海上の見張りや気象観測が行なわれており，主要な望楼には陸域の有線電信・電話回線が延び，また無線施設も整備されていた．したがって，台湾，韓国および中国方面の軍事情報および気象情報もこれらの通信網を通じて，東京に届くようになっていた．さらに軍部の中国・満州方面への展開に伴って電信・電話線が展張されたことから，気象情報の入手範囲も拡大した．加えて，東郷の率いる連合艦隊の碇泊基地として予定されていた韓国西岸と佐世保の間，韓国南岸と対馬の間には，秘かに軍用海底ケーブルが敷設されていた．

これらの通信インフラを踏まえて，再び上述の「至急電報」に戻る．日本海海戦当時の艦隊の通信記録は，艦船の日誌や戦闘情報として原本

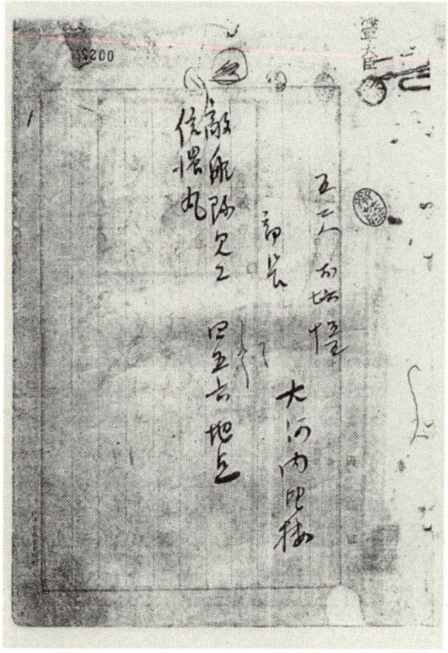

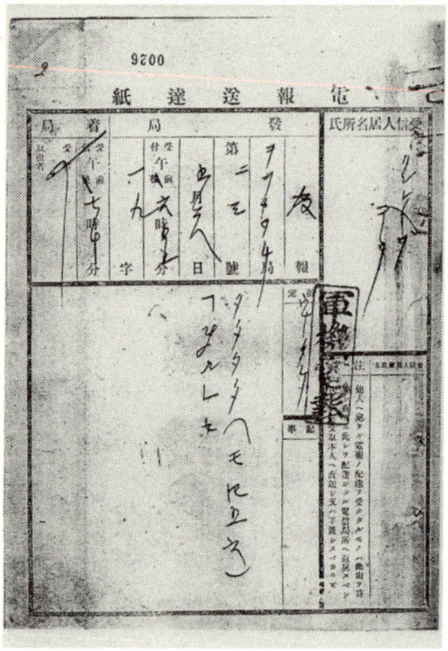

（左）図 1.5（c） 信濃丸が 5 月 28 日に，発信した暗号電報（防衛研究所図書館所蔵）
（右）図 1.5（d） 同解読された電報（防衛研究所図書館所蔵）

が現存している．図 1.5（a）と図 1.5（b）は，東郷が大本営に宛てた電報送達用紙と東京で受信された電報の翻訳である．図 1.5（a）の電報を見ると，「三笠」から無線で発信され，どこかで傍受されて，陸路で東京に届いたように思われるかもしれないが，実際の伝達は，上述の通信網を利用してすべて有線で行なわれていた．すなわち，連合艦隊に随伴して物資補給や郵便物の集配，電報の送達，人員輸送などの任務を持つ「臺中丸」に所属する通信船「千鳥丸」が「三笠」の電報を手渡しで持ち帰って，千鳥丸内の軍用電信取扱所から，そこで接続されている上記の軍用海底ケーブルを利用して，韓国南岸の巨済島の松真《しょうしん》局から下関局を経由して，東京の海軍軍令部長宛に伝達されていたのが真相である．図 1.5（b）には，宛，発信者，発信局の個所にそれぞれ軍令部長，聯長官，松真の文字が見られる．ちなみに，当時，連合艦隊の無線通信はロシアからしばしば妨害電波を受けたが，実際はこうした有線の手段で連合艦隊と東京との間では自由に通信が行なわれていたことにな

る．

ところで，信濃丸が最初に打電した電報の原本は現存していない．また，その電報は直接「三笠」には届かず，対馬に投錨していた「厳島」が午前5時5分に傍受し，中継したものが東京に送信されたものである．一方，信濃丸が翌28日に再び別の場所で敵艦隊を発見したときに打電された電報の原本は存在しており，図1.5（c）と1.5（d）にコピーを示す．これは信濃丸が発した無線電報を対馬の陸上局である上大河内望楼局で傍受し，大本営に中継されたものである．したがって，蛇足だが，この電報は世に言う「敵艦隊見ユ」の最初の電報ではない．

「天気晴朗……」の予報に戻ろう．バルチック艦隊との海戦は，その1年前に開戦となった日露戦争の帰趨を決め，かつ日本の将来をも左右する戦いであり，国民が見守る中で迎えることとなった．もちろん軍用レーダーも気象レーダーもない時代，艦砲を用いての海上での戦いでは，霧があるか波が高いかの気象および海象条件は戦局に決定的な影響を与える．岡田はこの前年，和田の後を継いで予報課長に任ぜられていたので，バルチック艦隊が現れうる海域の天候の予想を，連日にわたって，宮中に置かれた大本営に届けねばならない宿命を背負わされてしまったのである．

今から約100年前の予報技術は，前述の馬場信倫による論説の中にいみじくも述べられているように，未だ発展途上にあった学理と経験が頼りであった．とはいえ，岡田にとっては，この決戦の舞台となる対馬海峡周辺の予報を出すことは，身が震えるほどの緊張であったという．

そしてついに運命の日が訪れた．須田瀧雄はこの海戦時の岡田による天気予報について次のように述べている[6)] [1.6.2]．

> 「いつも鋭い彼の眼光は，紙の裏まで見透すように光っている．過去のすべての経験や学理を反芻するように暫く瞑目した後，戦場と推定される海域の明日の予報を一気に書き下ろした．漢詩を好む彼らし

6）須田は，後述の測候技術官養成所（現気象大学校の前身）本科第9回（昭和11年）卒で，岡田の愛弟子の1人である．

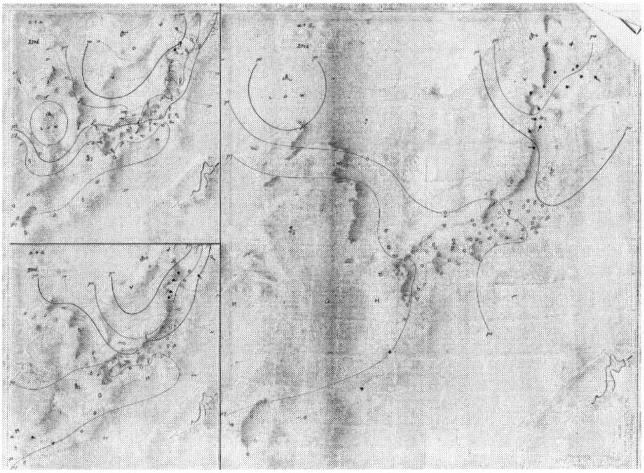

図1.6 (a) 1905（明治38）年5月23日の天気図（気象庁提供）

い文であった．“天気晴朗なるも浪高かるべし” 予報文は大本営を経て連合艦隊へ飛んだ．……．」

なお，この予報では「浪」と記されているが，先の解読電文では「波」となっている．

ここで少し時間を戻す．1899（明治32）年，大分測候所にいた佐藤順一が上京し，中央気象台を訪ねた際の予報課や岡田について述べている［1.6.3］．岡田が就職して間もない頃である．予報課の部屋は1つしかなく，6人分のテーブルが向かい合って並べられ，岡田はその一隅で黙々と過去の天気図を広げて，高・低気圧の進路などを調べていた．ときどき先輩である予報課のベテラン馬場信倫たちを相手に気象学の講義をしたが，いざ天気図を引く段になると和田雄治課長をはじめ他の連中も種々と，岡田にくちばしを入れた．天気図を引くことは学問ではないと逆らった．岡田が自分ひとりで自由に天気図を描きだしたのは，2，3年後のことであるという．

岡田が当時見ていたであろう天気図を眺めてみよう．5月23日から28日までの約1週間の天気図を順に図1.6（a)～(f）に示す．天気図の

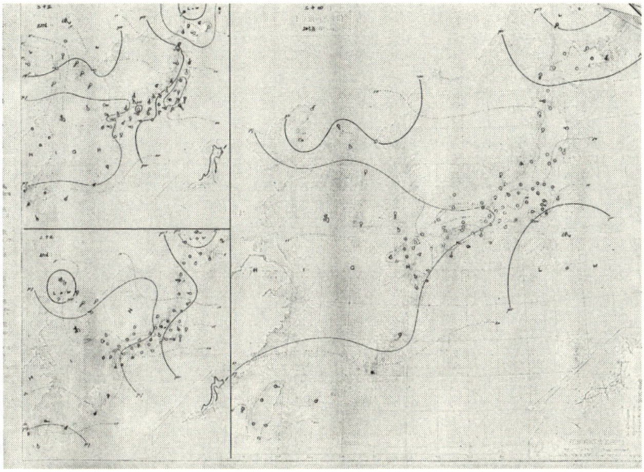

図 1.6 (b)　1905（明治 38）年 5 月 24 日の天気図（気象庁提供）

時刻は当日の午前 6 時で，左側の小さな 2 枚の天気図の上段は前日の午後 2 時，下段は同じく前日の午後 10 時である．岡田はすでに予報課長，国家の命運を左右しかねない天気予報の作成である，どう考えてもこれらの天気図（原図）は岡田自身が描いたはずである．プロットされている観測地点は，国内は約 90 ヵ所，外地を見ると，台湾（恒春，臺東，臺中，臺北，澎湖島，臺南），朝鮮半島（釜山《ぷさん》，木浦，仁川，竜岩浦，元山）であり，中国方面では，大連，天津，上海，南京，廈門など約 10 ヵ所である．このうち，朝鮮半島の観測ポイントは，この海戦の前年に臨時に開設されたばかりである．観測ポイントの数は国内では現代と遜色は見られないが，大陸方面ではロシアは皆無で，非常に乏しい状況であった．しかも台湾における観測データの入手が可能となったのは日清戦争の後である．したがって，当時，岡田の手元にあった過去の天気図の描画範囲は非常に限られており，また観測データおよび天気図類の蓄積期間も非常に短かったと言わざるをえない．

さて海戦の始まりは 27 日朝からである．当時は，定時の観測時刻に始まって，雲や風，気圧などの観測，電報の作成と中央への伝達，さら

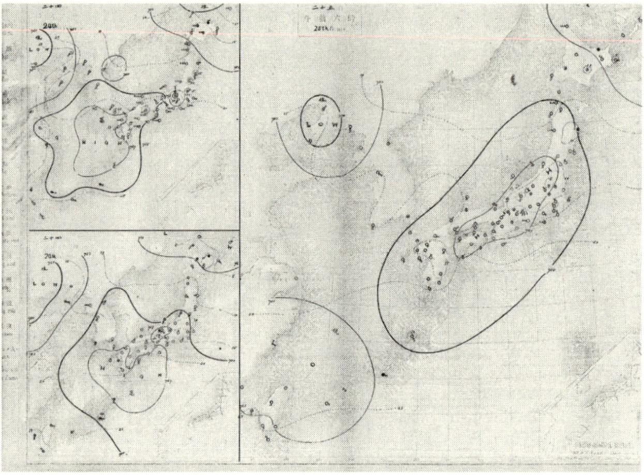

図 1.6（c） 1905（明治 38）年 5 月 25 日の天気図（気象庁提供）

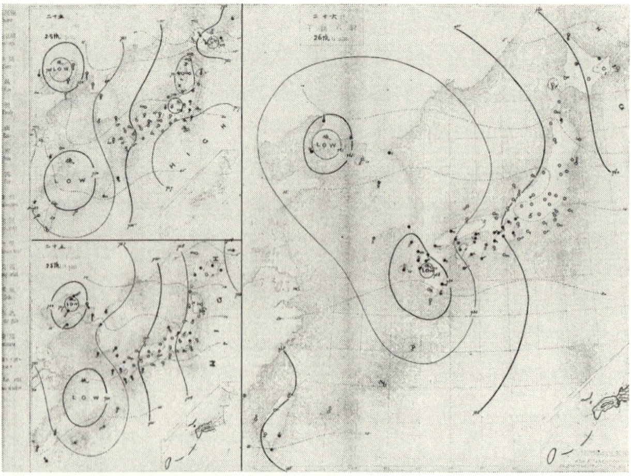

図 1.6（d） 1905（明治 38）年 5 月 26 日の天気図（気象庁提供）

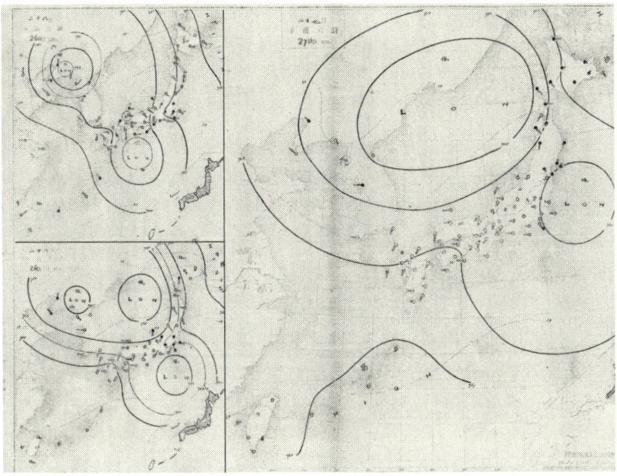

図 1.6 (e) 1905（明治 38）年 5 月 27 日の天気図（気象庁提供）

に東京でのデータのプロット，ついで等圧線の描画解析，予報の案出までに要する時間の合計は優に 5 時間程度は要したと推測される．一方，東郷司令官が大本営に宛てた電報の発信時刻が前述の 27 日午前 6 時 21 分だから，逆算するとその時刻までには岡田の予報は「三笠」に到達していなければならない．海戦前日の「26 日午前 6 時」の天気図に基づく予報は，おそらくその日の午後には三笠に届いていたはずだから，翌朝の作戦の検討には十分間に合った．ちなみに司馬遼太郎は，この予報が 27 日の朝から三笠にあったと書いていることとの矛盾はない．さらに最新の天気図である「26 日午後 10 時」のデータの解析に基づく予報まで許すならば，三笠には 27 日午前中には届いていた可能性が考えられるが，おそらく海戦には間に合わなかっただろう．したがって，岡田がある程度の時間的余裕を持って予報作業に用いることができた最新の天気図は「26 日午前 6 時」（図 1.6 (d)）と考えて間違いない．今風に言えば，ちょうど午前 5 時発表の明日予報に相当する．

これらの一連の天気図の経過を眺めてみよう．23 日 (a) から 25 日 (c) にかけては，西日本から東日本まで，中国大陸からの移動性高気圧

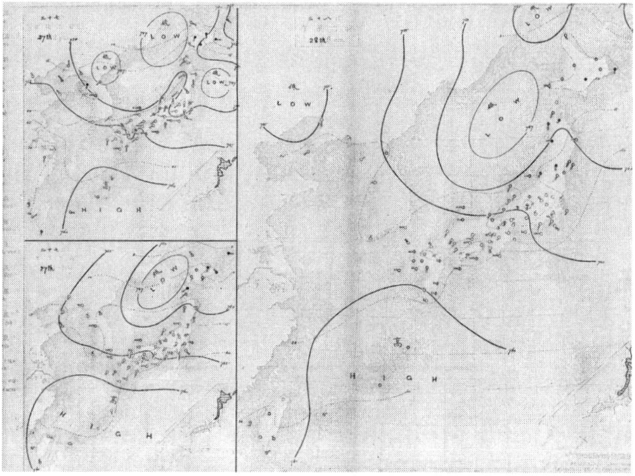

図 1.6 (f) 1905（明治 38）年 5 月 28 日の天気図（気象庁提供）

に覆われて晴天となっている．特に 25 日は日本全体が典型的な五月晴れとなっているのがわかる．しかしながら，西方の黄海付近と東シナ海方面には低気圧が現れている．26 日（d）の午前 6 時の天気図を見ると，東シナ海の低気圧が発達しながら九州付近に達している．したがって岡田は，25 日以降この低気圧が九州から四国沖に東進し，一方，黄海からの低気圧は日本海に進んでいること，さらに九州から朝鮮半島にかけて高圧帯が伸びており，南西の風が吹いていることなどを把握していたはずである．当時は未だ寒冷前線や温暖前線の概念がなかったので，前線は描画されていないが，（d）の天気図などには，気圧の尾根が意識されているように見える．

海戦当日の午前 6 時にあたる実際の天気図は 27 日（e）である．本州沖の低気圧はさらに北東に進み，日本海の低気圧はやや勢力を強めている．対馬海峡や九州付近では高圧帯に覆われ始め，日本海に進んだ低気圧に向かって，強い南西よりの風が吹いている．まさに，天気晴朗にして，風は強く，波高しの状況を示している．

当日の実際の地上観測データを調べてみた．5 月 27 日午後 2 時の観測通報を見ると，対馬海峡に近い釜山では「南西の風，風力 4，快晴」であり，対馬の厳原《いずはら》では「西の風，風力 4，XX（注：天気不明）」と報告されている．海上では白波がかなり立っていたことは間違いないと思われる．ちなみに風力 4 は平均風速が 5.5〜7.9 m/sec を意味する．予報は的中していたと見てよいだろう．

この予報について，後年，岡田武松は甥の岡田群司に「予報文の細かい字句までは覚えていないが，あの時の予報は自分がやり，ピシャリと当たった」と語っている［1.6.2］．2011 年 9 月，筆者が岡田群司の三女，岡田りせ子にインタビューした際，父が生前「武松が天気予報のことであんなに喜んだのは見たことがない，よほど嬉しかったに違いない」と言っていたのを耳にしたと述べた．それにしても岡田がこの短い漢文調の予報文を覚えていないと語っているのがやや気にかかるが，考えてみると，連日，対象海域の気象概況，予報とその根拠などを大本営に届けていたはずで，無理からぬこととも思える．ちなみに 5 月 26 日発表の天気予報の天気概況の欄に，「低気圧九州ノ西部及ヒ大連付近ニ在リ何レモ稍々ナルヲ以本州西部及ヒ韓国北部ハ風雨ヲ起コシ其他ノ地方ハ……」の記述がある．これは公式の概況だが，おそらく別途，対馬海峡を対象に概況や予想を作成していたと思われる．

最後に当時の天気予報範囲の大きさに注目すると，全国を次の 10 区に分けており，別途，東京が対象となっている．1 区（台湾・沖縄など），2 区（九州・四国・紀伊半島），3 区（瀬戸内海・大阪・京都など），4 区（九州西部・中国地方日本海側），5 区（岐阜・名古屋・横浜・東京・銚子など），6 区（高山・長野・前橋・福島など），7 区（北陸・山形・秋田など），8 区（水戸・石巻・宮古など），9 区（青森・函館・札幌・上川など），10 区（十勝・宗谷・網走・根室など）．なお，朝鮮や中国大陸沿岸に予報区は設定されていない．

これらの予報区を見ると，当時の予報技術は，低気圧や高気圧が伴っている雲域や雨域，風域の広がりを念頭に，日本の気候の特性を考慮して，予報区の広さを設定していたことがうかがえ，先の馬場信倫の論説

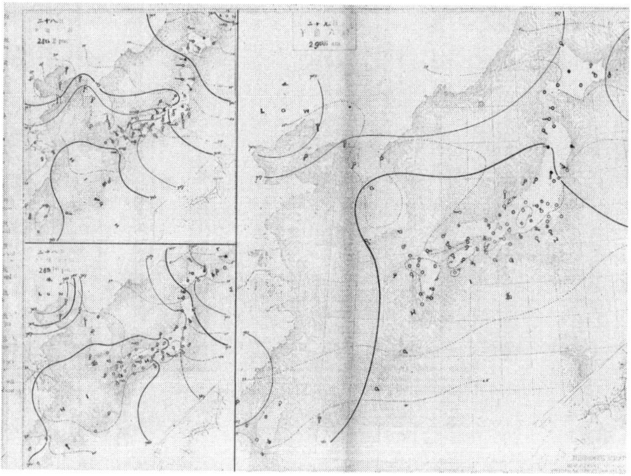

図 1.6 (g) 1905（明治 38）年 5 月 29 日の天気図（気象庁提供）

で見たように，実際の予報も高気圧や低気圧の消長で判断していたと考えられる．ここに総観気象（シノプティックと呼ばれる）の原型を見ることができる．ちなみに，現在の気象庁における天気予報の地域区分は，全国予報区・地方予報区・府県予報区という 3 階層になっている．そのうち，地方予報区は合計 11 区で，沖縄，九州南部，九州北部，四国地方，中国地方，近畿地方，北陸地方，東海地方，関東甲信地方，東北地方，北海道地方となっており，それぞれ地方予報中枢が担当している．

岡田武松は海戦の翌 1906 年 4 月，この日露戦役の功績により，勲六等旭日章を受賞した．また，戦後の 1949（昭和 24）年 11 月 3 日文化勲章を受賞している．図 1.7 は，受賞を記念した子弟交歓の 1 コマで，岡田の生家（我孫子市布佐）で撮られたものである．前列左より，大谷東平（大阪管区気象台長），肥沼寛一（札幌管区気象台長），和達清夫（中央気象台長），岡田武松，川畑幸夫（福岡管区気象台長），後列左より，畠山久尚（気象研究所長），楠宗道（岡田武松の知人），岡田群司（気象測器工場長），（　）内は当時の役職名．

図 1.7 岡田武松の文化勲章を記念する子弟交歓の 1 コマ（岡田りせ子所蔵）

「天気晴朗ナルモ浪高カルヘシ」の謎

「天気晴朗ナルモ……」に言及しているこれまでの主な著述を整理してみた．古い順から該当する部分を抜粋して見ると，須田瀧雄（『岡田武松伝』）は，「岡田は 38 年 5 月 26 日 6 時の天気図に，食い入るように見入っていた．……．過去の経験や学理を反芻するように暫く瞑目した後，戦場と推定される海域の予報を一気に書き下した．漢詩を好む彼らしい文であった．“天気晴朗なるも浪高かるべし”予報文は大本営を経て連合艦隊へ飛んだ」と述べている．須田のこの記述には引用や根拠が示されていないが，おそらく岡田本人から聞き及んだと思われる．

半澤正男（1993 年）は，「考え抜いた挙句の予報文は極めて明快，また明治初年生まれで漢籍の素養の深かった彼らしく漢文調の名文でした．『天気晴朗ナルモ波高カルヘシ』 一気に書いたといわれるこの予報文はただちに大本営に送られ……」と記している．半澤の記述は須田の記述をベースにしている．

司馬遼太郎は，1999 年の「坂の上の雲」の中で，同じく 5 月 26 日午前 6 時の天気図を前にした情景を，「岡田は考え抜いたあげく，一個の断をくだした．……．岡田は筆をとって，『天気晴朗なるも浪高かるべし』と，書いた．一気に書いたという」と記述している．明らかに須田の記述をなぞっている．

一方，伊藤和雄は2011年に，岡田の予報について次のように記述している［1.6.5］．「岡田は，天気図を作成した後，これらの解析結果を踏まえ朝鮮海峡付近における天気概況と予報文を書いた．『本部ノ気圧ハ増加ヲ示シ　七百四十五粍ノ低圧部ハ日本海北部ニアリテ暫時北東ニ進ム　アス朝鮮方面ノ日本海沿岸ハ南西ノ強風又ハ烈風吹ク』，そして，予報文の最後に書き下した．『天気晴朗ナルモ浪高カルヘシ』と」．しかしながら，最近，伊藤氏からその根拠として頂いた1枚の資料（天気図とそこに記載されている天気概況および予報）を拝見すると，天気図は手書きのもので日付は「5月27日午前6時」と書かれており，先の図1.6（d）と同じである．伊藤の言う上述の天気概況と予報文なるものは，まさにこの27日の天気図から得られる概況と予想に符合している．したがって海戦翌日の28日に対する予報と見るべきである．また，ここで問題としている「天気晴朗ナルモ浪高カルヘシ」との文言は見あたらない．

詰まるところ，前述ように東郷司令官が大本営に宛てた電文にある「天気晴朗ナレドモ浪高シ」は事実であるが，その根拠となった肝心の岡田予報課長が作成したと言われている「天気晴朗ナルモ浪高カルヘシ」の原文はどこにも見あたらない．一方，当時の中央気象台は，政府からの要請を受けて，明治37年2月より気象通報を広島・下関・佐世保鎮守府へは気象報告を，また宇品・門司の司令部へは天気予報を通報していた．また，当時は広島測候所などでも天気予報を行なっていた（『気象百年史』）．しかしながら，当時，中央気象台が大本営に宛てたはずの一連の天気概況や予報文の記録は見あたらない．

かくして，岡田武松の予報は，須田の『岡田武松伝』をなぞりながら諸所に伝播しているが，「本日天気晴朗ナレドモ浪高シ」の真相は未だ謎で，五里霧中の感を払拭できない．

1.7 ジェット気流の発見

中緯度の上空には恒常的に偏西風が吹いていることは，古くから知られていたに違いない．事実，我々は巻雲などの上層雲がゆっくり東の方向に流れるのを日常的に目にすることができる．近代の気象力学は，1940 年代に始まる上空の風の地球規模の観測に基づいて発見されたロスビー（C.-G. Rossby, 1898–1957）による偏西風の蛇行の研究（ロスビー波の発見）や温帯低気圧の発達に関するチャーニー（J. G. Charney, 1917–1981）による「傾圧不安定理論」とともに発展してきたと言っても過言ではない．

偏西風帯中の強風域であるジェット気流の発見は第二次世界大戦中の 1940 年代に，ヨーロッパおよび西太平洋方面を飛行する爆撃機が想定外の強い西風に遭遇したことによるとされている．しかしながら，それよりも十数年も前に，実際の観測によって上空に強い西風が存在することを明らかにしたのは，実は大石和三郎であることはほとんど知られていない．米国の気象学者ルイス（J. M. Lewis）は，「大石和三郎は，第二次世界大戦の始まるずっと前に，日本の上層に強い偏西風があることを観測していた」と書いている［英 1. 7. 1］.

大石は 1874（明治 7）年佐賀県に生まれ，1890（明治 23）年に第一高等学校に進み，さらに，1895 年に東京帝国大学に入学し，卒業後しばらくして，1899 年 2 月に中央気象台に就職した．岡田武松と同じ年であるが，中央気象台に入ったのは数ヵ月先である．後に高層気象台を設立し，初代の台長を務めた．

さて 20 世紀に入って航空機が誕生し，気象界の関心は上空に向かっていた．ドイツはベルリン郊外に高層気象観測所を設立し，フランスでは気象学者レオン・ティスラン・ド・ボール（L. T. de Bort, 1855–1913）が，私費を投じて高層気象観測所を設け，独力で気象観測気球を用いて，高空の温度の観測を行なった．ティスランは，1902 年，気温は地上約 11 km までは一様に低下するが，その高度を超えると温度が一定になることに気づいた．成層圏の発見である．

こうした世界の情勢を踏まえて，1911（明治 44）年，大石和三郎は上空の風などを観測する高層気象観測などの視察のためドイツのリンデンベルク高層気象台に出張を命ぜられた．帰国後，さっそく日本で最初の高層観測の適地を選定すべく関東平野を踏査していた．「この地関東平野の東部に属し筑波山を北方に二十キロに臨むの外，四望曠闊殆ど目を遮るものなし．海抜僅かに二十五米に過ぎずといえども地勢狭長なる岡阜をなして自ら高原の状を呈す．古来の呼称『長峰』の名に背かざるなり」と，茨城県筑波郡小野川村館野（現在の茨城県つくば市長峰）の場所を「高層気象台」の最適地と見定めた［1.7.1］．1 世紀前の 1914（大正 3）年 6 月，大石がドイツから帰国後の 40 歳のときである．その後，その地方の国有林を管轄する東京大林区署との数次にわたる折衝の結果，中央気象台において観測所新設の予算が成立することを条件に，敷地引渡しの承認を得たが，数年間にわたって予算が手当てされなかったため，実際に敷地の移転が行なわれたのは，1919（大正 8）年 4 月 24 日であった．観測所は，1 年の工期を経て 1920 年 10 月に概成を見たが，なお経費が不足し，観測設備と器材が整って実際の観測が緒についたのは，大石の最初の踏査から実に 8 年後の 1922 年であった．高層気象台の一般公開には，各地から 1 万人を超える見物客が押し寄せ，常磐線の土浦駅から館野に至っては，まさに門前市をなすの観を呈した．

ちなみに，現在の気象研究所は高層気象台に隣接しているが，1968（昭和 43）年に政府の筑波研究学園都市構想に応じて東京都杉並区から移転してきた．当時，気象研究所に勤務していた筆者も一緒に移った．

中央気象台は，大石の踏査に先立って，彼を「高層気象台」創設の責任者に充てていた．1920（大正 9）年，大石は米国における高層気象の事業を視察するために出張し，高層観測に必要な「経緯儀」[7]（図 1.8）などを購入して，帰国した．

7）望遠鏡で対象物の高度角および方位を追跡できる．トランシットとも呼ばれる．

図 1.8　経緯儀（気象庁高層気象台提供）

大石は，館野の地に整備された観測施設を用いて観測を開始し，高層の風についての論文を 1926（大正 15）年に発表したが驚いたことにその言葉はエスペラント語であった［1.7.2］．大石がエスペラント語で論文を書いたことには訳があった．時代は大正ロマンと呼ばれた 1920 年代である．エスペラント語は，世界共通の言語を確立すべく，ポーランド人のザメンホフが創案したもので，日本では 1906（明治 39）年に「日本エスペラント協会」が創立された．1926 年に至って，財団法人「日本エスペラント学会」が発足し，初代の理事長に中央気象台長を歴任した中村精男が就いた．中村台長の下で仕事をしていた大石は，1930（昭和 5）年に同学会の第 2 代の理事長となっている．

大石は広く世界各国と観測データの交換を考えて，早くから世界共通語であるエスペラントを用いることが最適の媒体であると考えたのである．彼は生来清貧を旨とし名利を負わず，気象観測の本質を深く体得し，常に大空を友として愛する観測精神を身をもって具現した男であると言われている．岡田武松と同様に明治人の気骨を感じる．

大石の論文は，彼が意図したようには西欧の人々に流布しなかった．しかしながら，太平洋戦争の末期になって，大石の仕事が後に触れる風船爆弾のアイディアに寄与したのは奇遇としか言いようがない．

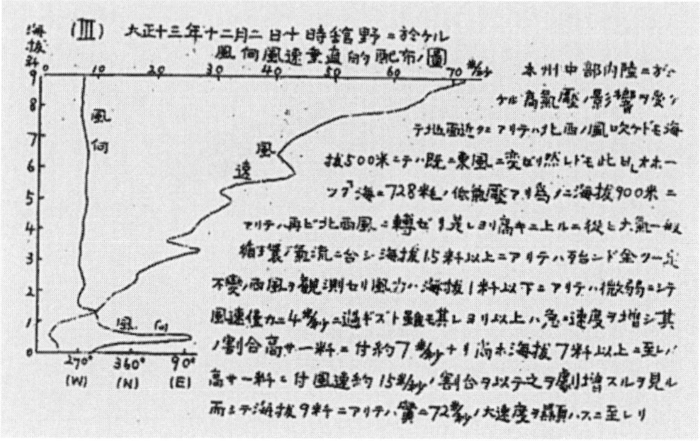

図 1.9　大石和三郎の概報の一部（気象概報第 16 号（高層気象台）より）

大石が観測した上空の風についての概報の一部を図 1.9 に示す［英 1.7.3］．この図は 12 月の観測例であるが，風は高度 1500 m あたりから上空ではまったく西風となって，風速はほぼ直線的に増加し，9 km 付近では 70 m/sec を超えているのがわかる．

ほぼ 1 世紀前に筑波の地の高層気象台で始まったわが国の高層観測は，太平洋戦争を機に，気球の軌跡を無線で追跡するラジオゾンデと呼ばれる無線テレメータ装置が開発され，国内のみならず戦地でも用いられた．近年，気球へのガスの充塡・放球・データ処理・データ伝送までを全自動で行なうラジオゾンデが開発され，また，気球に GPS を搭載して時々刻々の位置を求める GPS ゾンデも用いられている．さらに，気象衛星を利用して，上空の温度や水蒸気量，風を求めるシステムが運用されている．

かつて，上空への興味から拠点的に出発した高層観測は，その後，地球規模に拡大し，その成果は，後述のロスビーやチャーニーたちの高・低気圧や前線などの構造や発達，移動のメカニズムの解明に決定的な役割を果たし，近代気象力学とそれに基づく数値予報への道を拓いた．数値予報の毎日のオペレーションにとって，高層の風や気圧，気温などの情報は，まったく不可欠な気象要素である．現在，世界の約 700 ヵ所で 1 日 2 回，約 30 km 上空までの定時的な観測が行なわれている．

引用文献および参考文献

[1.1.1] 本邦測候沿革史（荒井郁之助，1888 年，気象集誌，Vol. 7，No. 1，p. 11–16），日本気象学会（引用文献および参考文献）

[1.1.2] 気象学の開拓者（岡田武松，1949 年），岩波書店

[1.2.1] 大日本気象学会ノ沿革（近藤久治太郎，1888 年，気象集誌，Vol. 7，No. 1，p. 7–11）日本気象学会

[1.2.2] 気象百年史（1975 年，気象庁）

[1.3.1] 会頭子爵榎本武揚君演説（1892 年，気象集誌，Vol. 12，No. 12，p. 517–518），日本気象学会

[1.4.1] 中央新聞ニ答フ（馬場信倫，1893 年，気象集誌，Vol. 12，No. 6，252–256），日本気象学会

[1.5.1]「天気予報ノ不中ハ如何ナル場合ニ在ル乎」（馬場信倫，1891 年，気象集誌，Vol. 12，No. 6，602–607）日本気象学会

[1.6.1] 太平洋学会誌　2005 年　通巻第 94 号（第 28 巻第 1 号）

[1.6.2] 岡田武松伝（須田瀧雄，1968 年），岩波書店

[1.6.3] 座談会：岡田武松先生をしのんで（I）（1957 年，天気，Vol. 4，No. 1，5–10），日本気象学会

[1.6.4] 検証 戦争と気象（半澤正男，1993 年），銀河出版

[1.6.5] まさに NCW であった日本海海戦（伊藤和雄，2011 年），光人社

[1.7.1] 長峰回顧録集（大石和三郎，1950 年，高層気象台彙報（30 年特別号付録），p. 2–102）

[1.7.2] Vento super Tateno Reporto de la Aerologia Observatorio de Tateno No.1（1926 年，高層気象台彙報，II，1–22）

[英 1.7.1] OOISHI'S OBSERVATION Viewed in the Context of Jet Stream Discovery（J. M. Lewis, March 2003, BAMS）

[1.7.3] 高層気象台気象概報（大正 13 年第 16 号）

2　岡田武松のロマン

再び岡田武松に戻る．彼が目指した気象人像は，天気予報に象徴されるわが国の気象サービスの底流として，今日風に言えば，一種の DNA として今も受け継がれていると筆者は考える．岡田武松は，明治の初期に生を受け，大正という時代の空気をどっぷりと吸い，そして 1941（昭和 16）年夏，軍部の圧力に耐えかねて中央気象台長を辞するまで，ほぼ 40 年に及ぶ在職中，自分の信念を貫き通したリベラリストと言っても過言ではない．

岡田は気象業務および気象学の発展の上で類まれな指導性を発揮したが，彼の人材の育成と中央気象台の独立性にかけた熱意に，筆者は「岡田のロマン」を見出す．前者の人材の育成は，気象の専門学校の設立に結びつき，現在の気象大学校に引き継がれ，気象業務の底流にある．後者の独立性は，次章で述べるように，ついに太平洋戦争の波に呑み込まれてしまったけれども，戦中・戦後を経て，今日，気象庁として独立した組織を保っている．

岡田のロマンを精神面で見ると，「測候精神」と呼ばれる一種の訓戒として，その後の気象台のバックボーンを形成したと筆者は考える．一方，気象学の分野でみれば，岡田の時代は未だ気象力学が開花する前の時代であったが，岡田は，英語のみならずドイツ語の著作も広く入手し，整理し，書として著し，中央気象台の観測および予報業務に反映を図るとともに，職員の啓蒙に意を用いた．一方，気象学会との係わりで見れば，岡田の時代は，官学連携というよりも，むしろ気象台の仕事と気象学が一体的であったことが特徴である．他方，天気予報技術を見ると，疎《まば》らなしかもほとんど地上のみの観測網と少ない学理の下では，観天望気と地上天気図に基づいた経験がすべてであった．この時代を，便宜的に「地上天気図時代」と呼ぶ．地上天気図時代は岡田武松を継いだ藤原咲平の時代にさらに進化を遂げた．さらに，太平洋戦争を経るなかで，高層観測の充実によって大気の振る舞いについての基本が種々解明されて，予報技術はより高度の時代（便宜的に「高度天気図時代」と呼ぶ）へと変遷・発展し，そして今日の「数値予報時代」へと変貌を遂げた．したがって，歴史的に見れば，岡田の「地上天気図時代」は，その後に踏まれなければならなかった1つの時代として位置づけられる．このことは先進諸国でもまったく同様であった．

2.1　測候精神

世の中にあまり知られていないが，気象関係者の間には「測候精神」と呼ばれる言葉がある．明示的なものは見当たらないが，単なる観測における心得に加えて，気象人のあるべき姿にまで踏み込んだ一種の精神訓である．これは岡田が主唱したもので「気象や地震などの観測に際しては予断を持たず，24時間常に虚心で対峙すべきである．そのためには普段から自己の陶冶に努めるとともに，生活に至っても自己規律が必要である．さらに，気象に携わる者は一体感あるいは和を尊ぶ必要性がある」ほどの意味であると，理解される．このように精神訓は，岡田が観測態度から人の内面にまで踏み込んだ気象人のあるべき姿として唱えられたことから「岡田イズム」と呼ぶ人もいる．他方，気象一家であるとして，部内のみならず外部から批判的に見る人もいる．

岡田の後を継いだ藤原咲平台長は，「測候精神」について，太平洋戦争が始まった半年後の1942（昭和17）年6月1日に行なわれた「気象記念日」制定の式典挨拶で，時局に立ち向かうべき職員の心得を説いた後，次のように述べている［2.1.1］．

「この際いささか測候精神について申し上げます．すなわち観測にあたっては一秒といえども忽（おろそか）にしてはいけない．いかなる天災地変といえども観測を放棄しない，一回の欠測も永久にこれを補うことは出来ない．一厘の誤観も実に後世を誤るものであることを銘記する事などであります．私はあえてこれを敷衍して次のように述べたこともありました」として，以下の 4 点を列挙している．

①観測精神は要するに至誠および確実に帰す．

②自然現象に偽りなし，観測者が常に忠実深切を旨として自然を観測記録すれば，やがてはこれを体得し，勉めずしておのずから至誠なるを得るに至る．

③自然は単純にしてしかも複雑なり，常に観測を綿密にし，観察を尖鋭ならしむれば，遂には自然の妙趣に透徹するに至る．

④自然は単純にしてしかも不規則なるが如くにしてかえって正確なり．熱心なる観測の結果は自然法のいかに峻厳にして，人智のいかに浅薄なるかを知るをうる．ひいては敬虔の念を養い傲慢と黠《カツ》詐《サ》とを除くを得べし．

この後に続けて，これらはすべて前々台長中村精男および前台長岡田などから親しく授けられたと述べている．

しかしながら，この藤原の視点は優れて観測精神と呼ぶべきものであり，岡田の測候精神のうちの観測面に言及したものと考えたい．藤原の言説を総合的に見ると，藤原もやはり岡田の測候精神の考えを受け継いでいると考えるのが自然であろう．

岡田のロマンは，藤原の協力を得て心血を注いで設立した「測候気象技術官養成所」を中心に涵養され，卒業生を通じて広く全国に広まり，組織の維持や運営にも及んだ．さらに太平洋戦争では，測候精神を体した卒業生の多くが志願して外地や戦地に赴いた．

2.2　測候技術官養成所——気象大学校

中央気象台は，明治後期に日露戦争を経験し，大正時代に入った．社会の進展と技術の進歩に伴って，業務を維持発展させる人材の確保が次第に困難となってきた．当時，中央気象台や海洋気象台などの国の機関でも大学卒が定着せず，ましてや国営あるいは県営である地方の測候所では，大学卒や高専卒などの高学歴の職員は少なかった．このことは職員の待遇とも無縁ではなかった．明治政府以来，官公庁に勤める人々はいわゆる官吏制度の下で，官吏とそうでない者に分かれ，官吏はさらに判任官と高等官に身分が格付けされ，俸給と呼ばれた給与も連動していた．1921（大正 10）年頃をみると，高等農林学校の卒業生は技師まで昇進できるが，測候所員はなれなかった．ちなみに，先に示した図 1. 3 を見ると技師はほんの数名である．

岡田武松は中央気象台長になる以前から自前の学校をつくるべしという構想を，藤原咲平らとともに台長の中村精男に進言していた．岡田は当時を振り返って以下のように述べている［2. 2. 1］．原文を適宜，口語体に直した．岡田の意図した専門学校の必要性と気象人像の一端が語られている．

> 「……元来測候技術官養成所が設けられたのは，測候職員の任命令にかなっている高等専門学校が一つも無いからであって，これがなければ測候職員になるものが具合悪い．なるほど物理学や何やかを専攻させる学校も四つや五つはあるが，測候所のように前途に大した世間的な望みが無いものは志願してくるものはない，そりゃこの節のように就職口が殆んど皆無な時には募れば随分ないでもないが，それはホンの腰掛けであって，見習を二年三年もやっている間に，良い口があると遠慮なくピョイと飛び出して仕舞って，気象台や測候所では月給を払いながら練習をさしてやっただけになり，馬鹿を見ることが多い．（中略）中央気象台は恰も大学教授の養成所であるような具合になってしまった．それも誠に結構で日本の学問が幾分でもそれで進みさえすれば決して愚痴は申さない．元来それと云うのも大学では永く勤めさえすれば誰だって高官になれるし，俸給は一見えらいようだが講座給とか職務給とか云うのがあるから合計すれば測候所や気象台の技師なぞよりは遥かに多い，それに大学教授と云えば，世間の信用も尊敬も，技師なぞよりは遥かに高く，従って主人のみでなく，夫人や子供までが肩身が広，これに反して測候所や気象台の技手や技師なぞは，何年勤めたって世間的な位置は高くならない，俸給だとて極めて低いものだから，世間からは技師やからが位にアシらわれるのだ，主人は自分は仕方がないと諦めるが，姿婆気のある細君などをもっているものでは，その方がなかなか抑えきれない．

そこで測候界に入って来るものは，もともと測候が好きで，これを道楽にやるのでなくては駄目だ，細君だってそれを理解しているようでないとこれも駄目だ．我が養成所は測候を道楽にやって見ようという青年を集めて，御用に立つ様に訓練をするところなのである，それだから単に衣食を得る道程として，測候をやろうと思う青年は，どうか入学を遠慮していただきたい，お互様に損になるから．…….」

この論説は，先に述べた測候精神の一翼をなす気象人像を言い当てているとみたい．

さて，1922（大正11）年，岡田や藤原の努力が実って，「中央気象台附属測候技術官養成所」の設立が認められ，9月には全国150名の志願者から15名が第一回生として入学した．翌年4月には10名が入学したが，9月1日の関東大震災で竹平町にあった校舎が焼失したため，岡田は皇居内の旧本丸跡の代官町に古い建物を手に入れて仮校舎とし，そこに下宿を失った学生のための寮を置き「雅雲寮」と名づけた．この場所は図1.1の施設群の一角にあった．ここに岡田がかねてから理想としていた学術および人物の教育を実践すべき場が発足した．岡田のロマンの実現である．須田瀧雄は岡田武松伝の中で，養成所の発足当時の様子を次のように描いている [2.2.1]．一部を抜粋してみよう．

「……寮の月例の茶話会には，自ら出席したり，主事[1)]の藤原をはじめ幹部や舎監の岡などを努めて出席させ，教室以外における教育のため学生との接触を図った．学生達は家庭の経済状況に恵まれないものも多かったが，どんな難しい入試の学校にも入れる才能をもっているという自負のもと，静かな環境と傑出した教師の愛情の中で，明るく心豊かに育って行った．師はこの上なく，寮は日本一であると彼らには思われた．彼らは楠の下に憩い，流れ行く雲の秘密を解くことを論じ，狭いが明るい寮室に集まって，大地や海の摂理を語り合った．彼等の希望は，青雲のようにはるかな将来に拡がって行き，当時，大学高専などで流行していた寮歌を作りその心意気を託した．一学級十数名という小規模の養成所の寮歌が，世の中一般に知られる筈もなか

1) 校長に当たる．

ったが，時に合唱する歌声は千代田の古城の跡に高く響いた．

人生の流転いずこ
古の跡美わし
千代田城頭春いや深く
憩うわれらが若き学徒
意気みなぎる　ああ雅雲寮」

その後，1933（昭和 8）年に新たに品川に「智明寮」が新設された．しかしながら，1937 年の支那事変（日中戦争）の勃発を機に技術者の養成が急務となり，さらに太平洋戦争の足音が近づくなか，陸軍および海軍からの委託生の受け入れも始まった．従前の 15 名体制から，1941（昭和 16）年 3 月卒は約 40 名，太平洋戦争の始まる頃には，全体の学生数は約 150 名の入学者に，軍の委託生を加えると 200 名を超えた．多くの卒業生がビルマやニューギニアなどの戦地の気象組織にも赴いた．第 1 回の学徒出陣が行なわれたのは 1943（昭和 18）年 12 月である．この間，1939 年に「気象技術官養成所」と改称された．また，校舎が手狭となり，1944 年に養成所の本部は現在気象大学校のある柏市に移転し，「智明寮」も新たに建設された．

養成所から気象大学校へ

気象大学校は気象技術官養成所を前身に持ち，千葉県柏市に位置する．JR 常磐線の柏駅で東武野田線に乗り換えて大宮方面に向かうと，やがて左手に真っ白の大きなドームを載せた背の高いレーダー塔が見える．気象大学校のランドマークである．約 30 m の気象レーダーサイトで，春には周囲を満開の桜並木に囲まれる校内の一角に位置している．このレーダーは，1991 年に富士山レーダーの運用終了に代わって建設されたもので，柏のほか，静岡県の牧の原，長野県の車山の合計 3 ヵ所の気象レーダーとともに関東地方一円の降水や風を観測しており，気象庁のホームページでも容易に閲覧できる．図 2.1 は気象大学校の桜並木と気象レーダー，校舎である．

図 2.1　気象大学校の桜並木と気象レーダー（気象大学校提供）

気象大学校は養成所の設立から 1 世紀に近い歴史を持つ．この間の卒業者は 1925（大正 14）年の第 1 回卒から数えて約 2000 人に達し，2011 年現在，約 700 人が気象庁の現役であり，全職員数の約 1 割を占めている．毎年 15 名の卒業生を送り出し，気象業務の技術的中核を担っているとともに，行政および研究方面の仕事にも就いている．

なお，気象技術官養成所は，太平洋戦争を挟んで毎年百数十人規模の卒業生を輩出したが，彼らは昭和 20 年代から 60 年代にかけて，中央および地方の気象台などで，観測や予報技術の開発，研究活動のほか，さらに気象学会の活動にも大きな貢献を果たした．

ここで半世紀ほど時代を遡り昭和 30 年代に戻る．戦後の 1951（昭和 26）年の第 25 回の卒業生を最後に，気象技術官養成所はその幕を降ろさざるをえなくなり，気象庁の研修機関に衣替えとなった．理由は，日本に進駐した連合軍による教育機関の文部省への一元化という学制改革の指令である．

1951 年 3 月 7 日，気象技術官養成所の第 25 回卒業式に来賓として出席した中央気象台長の和達清夫は，この衣替えには触れていないが，以下のように式辞を述べた．一部を抜粋する．気象事業の重要性となお測候精神の涵養が期待されているのを見る．もし岡田武松が臨席していれば，わが意を得たりと頷いたに相違ない文脈である．

「本日ここに地元官民を始め来賓各位の御臨席を得て盛大なる卒業式を挙行せらるるに当たり，（中略）気象事業が世界のどの国においても重要な地位を占めていますことは今更申し上げるまでもありませんが，特にわが国は大陸と大洋の間に位し，南は台風の発祥地たる南洋より，北は寒冷の北海に連なり，気象学上独特の位置にあり，一方また火山活動，地震活動などの盛んな所で屢《しばしば》大きな惨事を蒙っているという状態で，気象事業は防災とも関連し，わが国の重要なる部門を担当しておるところであります．この意味においてわれわれ気象職員の職責は実に重大なものというべきでありまして，われわれ先輩や同僚が或いは山岳に風雲と戦い，或いは海洋に風涛を冒し，極寒の僻地も絶海の孤島をもいとわずあらゆる刻苦欠点を偲び日夜観測に，通信に，又予報に満身の努力を傾けて参ったのも，この自覚に基づくものといわねばなりません．この自覚と敢斗の精神こそは我が国に気象観測が開設せられた当初より今日まで脈々として流れる一貫した気象人の魂ともいうべきでありまして，今日世界の気象界に伍して日本の気象界が堂々たる存在を保持しているのも，根本は実にここに存するものであることを確信する次第であります．（中略）今日以降気象事業の実地について働かれるにあたり願わくば良き気象人として仕事の上にも，個人的にも世間の尊敬と信頼とを克ち得て我が気象事業の声価を一層高めるべく努力されんことを切に希望いたしまして祝福の言葉といたしたいと思います．（以下省略）」．

岡田のロマンはここで一旦終焉を見たが，その後の急速な技術革新の波とそれに応える気象技術者の枯渇は再び養成所機能の復活を促した．10 年近い空白期間をおいて，1959（昭和 34）年に研修所にまず 2 年制の高等部が発足し，1964（昭和 39）年 4 月に現在の 4 年制の大学校となった．1 学年の定員は現在でも，奇しくも高等部および前身の養成所と同じ 15 名である．なお，気象大学校は 1991 年 12 月 18 日に学位審査機構による「学士」授与校に認定されている．

1959 年 4 月 11 日，第 1 回高等部の入学式では，中央気象台長の和達清夫を来賓に迎え，15 名の合格者が校門をくぐった．筆者もその一員となり，以来四十有余年気象庁に席を置いた．ちなみに，再スタートした第 1 回の入学試験に限って，募集は予算成立の時期の関係で変則的となり，すでに終了していた 1958（昭和 33）年度の国家公務員初級試験合格者および気象庁職員を対象に行われた．気象庁の部内広報誌「気象庁ニュース」によると応募者464名，受験者355名と記されている．この時代，誰しもが大学を目指せる環境ではなかった．同級生は3人が部内からで，残りもほとんどが片田舎の出身者であった．この学校は養成所時代から現在の大学校に至るまで学費が無料であり，かつ俸給が支給されることが大きな特色である．気象大学校の学生は，現在，一般行政職（高卒3種）に格付けされ，初任給は月額約15万円，卒業後は大学卒2種の扱いとなる．筆者の学んだ半世紀前は，俸給が7200円，食事や光熱水費を含む寮費は月給のちょうど半分の3600円であったことを覚えている．親の仕送りなしに学べ，いささかの貯金もできた．授業はいつも同じ教室で着席順も2年間ずっと同じ，今では考えられないことだが誰一人授業をサボる者はいなかった．柏と上野の間の電車運賃は片道70円で，休日には同級生と連れ立って神田の古本屋街を訪ね歩いたものである．ちなみに，現在でも気象が好きという以外に，家庭の事情でこの大学校を志願する者は少なくない．

1957（昭和32）年の秋，ソ連が史上初の人工衛星（スプートニク1号）の打ち上げに成功し，その予想軌道が新聞でも毎日報道された．琵琶湖のほとりで育った筆者は高校の物理で習ったばかりの「質点の力学」の実際が，眼の前の宇宙を舞台に人工衛星という形で見事に実現されていることに感動し，暮れなずむ星座の中を音もなく天空を滑るように横切る衛星を飽きずに眺めていた．天文や気象という自然への憧れが芽生えたのはこの時期で，高等部への志望につながった．1959年4月9日夜の東海道線米原駅，筆者は幼馴染に送られて東京行の急行「瀬戸」で柏に向けて故郷を後にした．この気象界への旅立ちはまた，結果としてはらからの住む故郷との訣別につながった．

しかしながら，この入学式のわずか1ヵ月前の1959年3月には，東京の気象庁の一角では，米国から輸入された日本で初めての大型電子計算機（IBM704）の火入れ式が行なわれ，日本の数値予報が産声をあげていたが，筆者にはもちろん高等部の学生にとっても，電子計算機はもちろん数値予報の意味するところを知る術はまったくなかった．彼らは，奇しくも数値予報の黎明期に気象庁の門をくぐり，以来，約 40 年にわたって数値予報に代表される気象サービスに携わる戦士の 1 人として，昭和の時代を駆け抜け，2002 年までに退職した．

引用文献および参考文献

［2. 1. 1］藤原咲平，測候時報，1933 年 12 月，4 巻 24 号，中央気象台

［2. 2. 1］岡田武松伝（須田瀧雄，1968 年），岩波書店

3 太平洋戦争の渦

岡田武松の率いる中央気象台は，文部省に属しながらも独立的な組織として，明治末期には日露戦争を経験し，昭和初期の室戸台風による未曾有の被害を契機に組織の立て直しを図り，いよいよこれからという時期に，支那事変の勃発に直面し，次第に戦時体制に組み込まれ，ついに太平洋戦争の渦に巻き込まれていった．岡田は，気象台業務に対する軍の介入の圧力に耐え切れず，ついに 1941（昭和 16）年夏に辞職して，藤原咲平へとバトンをつないだ．中央気象台は藤原の下で太平洋戦争に突入した．今日の気象業務の体系のほとんどは，皮肉にも，この時期に確立されたと見ることができる．

3.1 室戸台風と気象業務の近代化

1934（昭和 9）年 9 月 21 日の早朝，室戸岬付近に上陸した台風（室戸台風）は，室戸岬測候所の観測では，気圧 911 mb，最大風速 60 m/sec を記録し，関西地方はこの史上最大の台風の直撃を受けた．被害は 1 都 2 府 38 県に及び，死者約 3000 人，行方不明者 200 人に達する甚大な犠牲をもたらした．室戸台風は，中央気象台のそれまでの気象事業 60 年の体系を大きく揺すぶることとなり，気象知識や暴風警報，気象通知電報式，高潮予報などの抜本的な見直しを迫った．見直しの舞台は台風の約 1 ヵ月後に開催された緊急の全国気象協議会であり，中央気象台から岡田武松台長，予報掛主任藤原咲平，大谷東平らの幹部が出席し，全国の測候所長が出席した．当時，大部分の測候所は未だ県営の時代である．この会議のための資料を実質的に取り仕切ったのは 30 歳代であった大谷であった．この会議で現在の注意報にあたる「気象特報」が新設された．従来の気象通知電報の内容の充実が図られ，かつ形式が簡素化されて，天気予報や警報のすべてが関係者に通知されるように改正された．近年まで続いていたNHKとの協議の場もこのときに生まれたものである．これらの改革は1936（昭和11）年の初めまでには実施に漕ぎつけた．さらに国内の民間航空路線が次々に開設された．室戸台風を契機に中央気象台は新たな顔をもって出発した．そこに日中戦争が勃発したのである．

大谷東平は1928（昭和3）年東京帝国大学の物理学科を卒業して中央気象台の予報課に配属された．藤原咲平の直接的な指導を得て，天気予報技術の研鑽を積んで第一級の予報技術者に成長した．大谷は，上述の1934（昭和9）年の室戸台風後の体制の立て直しのほか，戦雲が近づくなかの軍部との交渉，さらに太平洋戦争の終結を満州国新京にあった中央観象台長として迎えた際の対応など，次々に気象台に押し寄せた大きな波に対して卓抜した才能を発揮して，多くの修羅場をくぐった人物である．中国から帰還して間もなくの1946（昭和21）年10月に大阪管区気象台長に就任し，以来17年の長きにわたって在勤し，その後，気象大学校長を経て，1966（昭和41）年3月気象研究所長を最後に退官した．

筆者が1961年に高等部を卒業して大阪管区気象台に赴任したとき，当時は労働運動の高揚期で，全気象労働組合関西支部の交渉相手は大谷東平であった．絶大な権力を持っていた彼は，一方では皆から東平を「トンペイ」と呼ばれていたが，そのあだ名は一種の畏敬と同時に愛着も集めていた．筆者は，大谷のそんな経歴を知るよしもなく，ただひたすらに観測課の新参者として観測露場を走り回っていた．

3.2　中央気象台，戦時体制へ

1937（昭和12）年7月7日の盧溝橋事件を発端とした日中戦争は，北支から次第に中国大陸全土へと飛火していった．この流れは中央気象台がそれまで専管的に行なってきた気象業務を，戦時体制の組織下に組み入れ，軍に従属させようとする圧力を必然的に高めた．すでに陸軍は陸軍気象部を立ち上げており，海軍は水路部において気象を担当していた．岡田武松・藤原咲平・大谷東平は海軍省，畠山久尚は陸軍省の嘱託になった．同年12月には，「全国気象機関の戦時体制に関する陸海軍協定官署」の申し合わせがなされ，軍との連携が強化された．

この当時で特筆されるべき気象事業の1つは，国内の気象無線放送施設の強化と外国の気象無線放送を受信する体制の確立である．これによって，マニラ・上海・香港・サンフランシスコなどの気象機関が行なっている短波放送の傍受が可能となり，北太平洋天気図の作成が可能となった．この事業は，結果として真珠湾攻撃の際の艦船のルート選択などにも利用されることになった．

気象機関に対する軍部の要請は，より具体的な形となって現れ始めた．陸海軍は，かながね中央気象台の制度，組織，施設などが時局の要請にあっていないとの認識をもっており，その改善を図るため，内閣総理大臣直属の政府機関であった企画院に気象協議会を設けることを提案した．1937年11月の次官会議の申し合わせによって，翌1938年1月に第1回の協議会が開催された．

気象協議会設置の趣旨は，気象事業の重点を軍事上の必要事項の充足におき，戦時の要求に即応できる体制づくりを目指すことである．この協議会では県営の気象官署の国営移管，管区制による組織の拡充強化，陸海軍気象機関の拡充整備，気象通信と気象無線放送施設の整備，航空への協力などの第1次5ヵ年計画を策定した．中央気象台の官吏の数も，明治末の約50人から，1934年の室戸台風の襲来および測候所の国営移管を機に増大を続け，国営移管が完了した1940（昭和15）年には約20倍近い800人近くに達した．

この協議会に沿った施策は今日に見る気象庁の大骨を形成した．皮肉にも，これまでなかなか実現しなかった測候所の国営移管が実施されることとなった．

ここで決定事項をさらに見ると，①戦時の中央気象台業務統括の組織を特に設置せず，平時の中央気象台，陸軍および海軍の気象機関相互の協同連携を一層緊密にする，②一般の気象実況や予報は中央気象台が行なうが，軍事作戦に係わるものは陸海軍が行ない，必要な資料は中央気象台が提供する，③中央気象台長は軍事上必要な事項については陸軍大臣，海軍大臣の区処（取り扱い）を受ける，となっている．しかしながら，気象協議会のこのような動きは，次第に「岡田のロマン」である中央気象台の独立を根底から揺さぶる事態へと進む．

中央気象台の独立

軍事における気象情報の重要性は，日露戦争当時はさほどではなかったが，日中戦争の勃発を契機に，満州，中国方面を中心に急速に高まった．特に航空機による作戦の開始に伴って，地上および上空の気象情報は不可欠となり，太平洋方面にも拡大した．陸軍は，中央気象台とは独立の気象部門を立ち上げて，気象台を配下におこうと画策し，海軍は気象台と連携する方向を選んだ．岡田は，中央気象台が国の組織として国策に貢献することは当然としながらも，陸軍による政治への介入を無謀なものとして，断固拒否の姿勢を貫いた．それは「岡田武松中央気象台」と「陸軍」との気象行政のヘゲモニーを巡る死闘とも言えるほどに達した．一方，海軍に対しては，そうでもなかった．この辺りの事情は須田の『岡田武松伝』に詳しく書かれている．

ここでは岡田の目指した中央気象台の独立に関して，陸軍とのやり取りを示す記録を見てみよう．1938（昭和 13）年 7 月，陸軍は中央気象台の推薦した顧問候補を拒否し，青島《チンタオ》などの気象観測所の撤退を気象台に申し入れてきた．下相談とはいえ，当時飛ぶ鳥を落とすような陸軍の高飛車な主張に，中央気象台が堂々と渡り合っているのがわかる．以下は，『岡田武松伝』の記述である．なお，適宜，句読点を入れた．

「陸軍ノ中央気象台ニ申シ入レ（下相談）
北支派遣軍特務機関附顧問一人ノ推薦方
顧問ノ任務
特務機関附（平田大佐ヲ補佐）トシテ北中支政権ノ気象機関樹立ヲ

計画セシメラレ度シ（若シ将来観象台様ノモノ出来ノ場合ハ，其ノ観象台長トナル決心ニテ赴カレムコトヲ希望スルモ，短期間ニテモ可ナリ，此ノ場合ハ交代員派遣ヲ希望ス）

右ニ付第一次第二次ト気象台技師中ヨリ推薦セルモ，陸軍ニテハ希望ナリト人ヲ指名シテ推薦者ヲ採ラズ

第三次推薦（陸軍希望ノ者）ニ際シテノ意見概要

気象台ノ要望

内地ニオケル気象台業務上大ナル支障アルモ短期間ニ限リ本人ノ同意アラバ需ニ応ズ

現在在支気象台観測所ノ観測通報ハ明治三十七，八年来三十数年ノ久シキに亙リ継続セルモノニシテ，今日之ヲ廃止スルハ日本ニオケル気象事業遂行上大ナル支障アリ，速ニ之ヲ（芝罘，済南）再開シ度シ

陸軍ノ主張

占領地ナルニ依リ軍ノ命令系統以外ノモノノ存在ヲ許サザル原則ナルガ故ニ，気象台観測所ノ復活ヲ認ムル能ハズ

気象台ノ主張

支那ニ於テ気象地磁気ヲ観測スル為ニ領事館附トシテ気象台職員ヲ支那ニ在勤セシムルコトハ勅令ノ規定スル所ナリ，支那政府ニテモ之ヲ認メ居タル所ニシテ，現ニ従来気象電報ヲ無料ニテ一日数回電報ヲ支那電報局ニテモ受理シ居レル事実ニ徴スルモ既得権ト称シ得ベク，之ヲ自好ンデ撤退シテ事業上困難ニ陥ルノ必要ナキヲ確信ス，気象台観測所ノ存在セシニ依リ今回ノ事変ニモ相当貢献セシコト明ラカニシテ，軍ニ於テ気象ノ絶対的必要ナル以上，既設気象台観測所ヲ培養シテ一層充実セシメ之ヲ利用スルノ便益ナルニ，何故ニ撤退セシムルノ挙ニ出ルカ到底ナシ能ハザル所ナリ

陸軍ノ主張

支那ヲ守リ立テントスルニ在リテ日本ノ何物ノ存在ヲモナサシメザルノ方針ガ故ニ，気象台機関勤務ノ職員ハ差当リハ軍属トシテ野戦気象隊ニ協力シテ観測ニ従事シ支那政権ノ気象機関ノ成立次第其ノ職員トシテ這入ラシムルコトニ致サレ度シ，是等ノ人事ハ顧問中央気象台

長ト連絡ノ下ニ特務機関附平田大佐ト協議シテ之ヲナスコト

気象台ノ主張

支那政権ノ気象機関充備シテ日々ノ気象電報並ニ諸種気象報告ノ完全ナル交換ノ見透シ付キ，本邦気象事業遂行上何等支障ナキニ於テハ気象台観測所ノ撤退ハ躊躇スルニ非ザルモ，然ラザル限リハ飽迄継続スル必要アリ，軍ニ於テハ之ヲ利用スル様致シ度シ，又職員ハ文部大臣ノ命令ニ依リ派遣シアルモノナルガ故ニ，中央気象台長限リニテ進退セシメ得ルモノニ非ラザルガ故ニ，外国政府ノ職員タラシムルコト能ハズ」

当時の中華民国政権に対する軍事政策と「岡田のロマン」との衝突とみる．結局は，顧問については，岡田が苦渋の選択として目をつけた，当時，宇都宮測候所長であった杉山一之の，1938（昭和13）年8月，北支軍特務機関付での北京への赴任が内命された．杉山は，測候技術官養成所の第1回生11名の1人で，1925（大正14）年の卒業生である．須田は，その頃の気象人は一般に，前線で散っていった兵士の報を聞くにつけ，第一線で気象事業を国の役に立てたいとの雰囲気があり，杉山も勇躍して発令の日を待っていたと述べている．

こうして，中央気象台を軍に隷属させようとする陸軍の圧力は次第に露骨となり始めた．須田によると，かたくなな岡田に対して，気象台を所管する文部省を通じての彼の追い落とし工作が図られている．また，明らかないやがらせの場面も見られた．岡田に仕えていた前述の奥山奥忠の話として，「種々の難題を持って尉官級の軍人がよく岡田を訪ね，ある時，若い将校が軍刀をガチャつかせ，『軍に協力しないなら叩っ斬るぞ』と，大声を発して脅迫した．岡田は動ずる色もなく，その将校に一瞥を与えただけであった」という．また，岡田の官舎に出入りしていた印刷工の坂本寛一の手記には，「……，わしは，熊ヶ谷飛行学校長に暗殺されそこなったよ，軍の言うとおりにならんものだからね」と語られているという．

岡田が気象台長を辞任したのはその3年後の1941（昭和16）年だか

ら，岡田のゆるぎない信念と忍耐はまったく只者ではないことがわかる．

最後に，中央気象台の独立との関係で，天気図あるいは天気に対する岡田の哲学を示す1つのエピソードを紹介しておこう．1932（昭和7）年，当時，海軍少佐で水路部員であった大田香苗は，文部省が所管する航空評議会の気象分科会を回顧している［3.2.1］．海軍の水路部長から，中央気象台が作成した天気図を無線で海軍に電送する研究課題が提案された．当時，日本電気技師長の丹羽保次郎の考案したファクシミリを使用する案である．分科会の委員である岡田武松は，真っ向からこれに反対し，「天気図は観測データを見ながら描いている間に自ずと天気判断が浮かぶものである．他人が描いたもので天気判断とはまったくけしからん」と述べたという．岡田の気象台に入って以来の観測データを通して気象を観ることに対するこだわりと，おそらく天気予報については，中央気象台という餅屋に任せろとの思いがあったかもしれない．一方，予報課長であった藤原咲平は，天気図の作成とは別に，このような電送もまた必要なものと賛成したという．

岡田台長の辞任

1939（昭和14）年7月に開催された第2回気象協議会の決定は，早くも5ヵ年計画の修正を余儀なくさせ，中央気象台を実質的に軍の指揮下におくことを加速した．すでにドイツ軍のポーランド侵攻によって始まっていた第二次世界大戦は，またたく間にヨーロッパ全土に拡大し，日本は翌1940年9月には独伊との間に三国同盟を結んだ．10月には各政党が解散を余儀なくされて大政翼賛会が発足した．1940年は紀元2600年[1)]に当たる．11月10日には皇居前で内閣主催の「紀元2600年式典」が鳴り物入りで盛大に挙行された．この頃に生まれた子の多くに「紀」「勇」「壮」「武」「勝」などの名が見られるほど，世の中は一方向に振れた．事態は日を追って岡田が危惧していた方向へと傾き，軍は中

1）　神武天皇の即位から2600年．

央気象台に対して，種々の要求を突きつけてきた．陸軍は，すでに1939年に中央気象台の所管を文部省から陸軍に移したいという接収にも似た申し入れを行なっていたが，今度は形を変えて，中央気象台に打ち込まれてくる内外からの気象電報を同時に陸軍気象部へ分岐をして欲しいという要求であった．岡田は，餅は餅屋に任せろが持論であり，気象業務が国内で2元化されることはそもそも無駄であり，気象台の影も薄くなるとの立場から，全力を挙げて抵抗した．しかしながら，陸軍との交渉に当たっていた大谷東平は「先生，もう駄目です」と岡田台長に報告した［3.2.2］．気象専用線を中央電信局から陸軍気象部へ分岐することを承知せざるをえなかったのである．岡田にとってはどうしても譲れない線が突破された．1941（昭和16）年7月2日，御前会議で「国策要綱」が採択され，岡田の進退はここに極まってしまった．

その後に，岡田が軍令部に呼び出されたときの様子について，大谷は次の要旨を回顧している［2.2.1］．

> 「昭和16年の夏頃，岡田と藤原が海軍の軍令部に呼び出され，同行した．軍令部などはその入口を入るだけでも恐ろしいことであるが，軍はついに米，英両国を相手として戦わざるを得なくなったから，協力して欲しい旨を聞かされた．皆は，協力とは人を出す，防弾建築を作る，特別な予報を出す，暗号の準備をするなどのことかと思案し，軍令部を退出した．岡田が低い声で『米国や英国となぜ戦争などをするのだろう．絶対に勝味などはありはしない．日本もここまで来たら，一度戦争に負けなければ，とても目は覚めまい』とはっきり言った．」

岡田のこの発言はもしも漏れたら生命の危険すらあった時世である．岡田にとっては，負けることがわかっている戦争に協力することは，自分の信念が許さなかったのである．これまで何度か辞任の申し出をし，そのたびに慰留をされてきた岡田が，ついに気象台を離れる日がやってきた．1941（昭和16）年7月30日，辞令は依願免本官である．なお，その前日付で，高等官から天皇の親任式を受ける親任官待遇に昇任した．

この回顧で注目すべき点は，岡田らの幹部は，この呼び出しの時点で軍令部から戦争必至との第一級の機密を聞かされていたことである．し

図 3.1 岡田武松（右）と藤原咲平（左）（岡田りせ子所蔵）

たがって，少なくとも彼らは，そのことを念頭において以後の中央気象台を指導したことは間違いない．また，岡田に同行し，その後まもなく中央気象台長を継ぐに至った藤原咲平は，その後の彼の言動を見ると，もうこうなった以上は自分たちは戦争の遂行に協力する他はなく，神命を賭すべきと決意したように思われる．

岡田は退官挨拶の中で，心底を次のように述べている．

「……私は予てから退職するときは出来得べくんば秋にならない内にしたいと願っていました．退職するときは誰しも一抹の寂しさを感じるものですから，秋になって虫の声が聞こえて来てからでは一しおの淋しさを覚えるので甚だ辛いからであります…….」

図 3.1 は，中央気象台での岡田（左）と藤原（右）を示す．

藤原台長の決意

1941（昭和 16）年 7 月 30 日，藤原咲平は，岡田を継いで中央気象台長となった．藤原は就任の挨拶で，時局の重大性に触れ，綱紀粛正の必要性を論じ，職員の一致団結などを求めている．彼の人柄がよく表れているが，筆者には真意がよくわからない部分もある．抜粋する［3.2.3］．

なお，この交代は，上述の海軍軍令部に出向いてから，何日も経っていない時点である．そして，この挨拶の半年後には真珠湾攻撃が決行され，太平洋戦争に突入した．このとき，気象台のスタッフは，外地を含めて既に3000人規模になっていた．ちなみに，現在，気象庁の職員は約6000人である．

> 「岡田前台長閣下が功成り名遂げて御退官に成りました．（中略）私はただ一途，前台長の作り上げられたこの気象界の醇風を守り，この機構を重んじ，三千の同僚諸君の御協力によりてこの国家の非常時に善処したいと思います．（中略）衆智を借りて時局に当たりたいと思うております．身分の高下などはかまいません，どなたでもお気付きの点は台長親展として何なりと御遠慮なく御申し出を願います．誠に時局柄つくづく感ずる事は敗戦国のみじめさであり，戦争にはどうしても負けてはいけないと思う事です．その敗戦のよってくる所は国内の不和であり，意見の対立であり，それが常に敵に乗ぜしめる隙を与えております．少なくとも私と全気象従業員は同業者である上にまた，岡田気象学派とも称せらるべき同学の団体でありますから，殊に容易に互譲的精神をもって協同融和一致団結して行けると思います．（中略）私は当分事務が忙しいので自分の研究は先ず不可能と思いますが，万難を排して談話会や学会に出席しうる時間だけは確保したいと思うております．それによりて諸君の新研究の成果を楽しみたいと思います．（中略）時局便乗といわば言え，国家本位，伝統尊重，公益優先の趣旨に間違いはありません．今日では自由主義時代の馬鹿が栄え，利口が衰える運命となりました．我が気象界などは以前は大馬鹿でありました．事業自体が公益以外に何もありません．新時代の脚光を浴びて，この大馬鹿も立ち上がる事を余儀なくされているのです．岡田スクールの美しい伝統を維持して全同僚諸君の一致協力を得てもって我国未曾有の国難に当たり万全を期したいと考えます．どうぞ御援助御協力を願います．之をもって就職の御挨拶と致します．」

1941年8月15日，まるで岡田の辞任を待っていたかのように，「中央気象台と陸軍および海軍気象部間の通信機構を調整し気象実況報の速達を図る」旨の訓令が中央気象台に発せられた．また，軍事作戦上最も重要な国内外の気象官署の指定が行なわれ，国内 53 ヵ所のほか，樺太 (3)，朝鮮（14)，関東州（1)，台湾（4)，南洋（全部)，支那（3）で，24 時間勤務の観測体制が確立された．ちなみに，このような 24 時間体制の官署は国内でみれば戦後の昭和 30 年代に至ってもなお引き続き維持されていたが，離島や岬が多く僻地官署と呼ばれ，職員の勤務年限や生活改善を巡って，気象庁における労務管理の大きな課題の 1 つであり続けた．筆者も 1961（昭和 36）年から 2 年間，潮岬測候所で地上気象毎時観測や高層気象観測に従事したが，後で触れる．

藤原咲平の予報者の心掛け

藤原はこうして台長に就任したが，ここで時間を数年遡る．わが国の天気予報は，明治中期における始まりから今日まで，それこそ何千何万回もの発表が繰り返し行なわれて来ており，その基盤となる技術は何世代にもわたって磨かれ継承されてきた．先に「天気図時代」と区分した昭和 10 年代頃までを見れば，その真髄は岡田武松から藤原咲平へ，そして大谷東平へと引き継がれたと言っても過言ではない．藤原は昭和が始まった頃には 40 代の半ばに達していたが，「お天気博士」や「雲博士」の名をほしいままにしていた．藤原は，天気予報作業についての考え方を彼なりに進化させ，1933（昭和 8）年，気象台の部内技術誌に「予報者の心掛け」と題して，開陳している [3.2.4].

これは岡田に始まる予報技術に携わる者の留意すべき点を網羅した，藤原の集大成とも見ることができる．予報者が踏まえるべき諸点を，それこそ微に入り細に入り説いた一種のバイブルである．予報技術の基礎がすっかり数値予報に置き換わった今日でも，予報者が持つべき心的な態度として，なお意義を持っている点が多い．

これらは「心掛け」と「心得」の 2 つのパートで述べられている．以下に，要点を掲げる．

「心掛け」として，

1. 時勢に遅れないようにするため，書物や雑誌で学問の進歩に注意する．
2. 天気の局地性を熟知することで，書物だけではなく，観察・統計によってその土地に固有の天気法則を得る．
3. 予報の成績を常に吟味し，特に外れた場合の原因を探求する．
4. 他人の予報にも注意し，他山の石とすること．他人の予報が当たって，自分が外れた場合は，忘れがちである．
5. 虎の子を作らないこと．会得することがあれば，公表すべきである．他人の発表にケチをつけることは一番よくない．

「心得」はかなり広範にわたっている．

各論に入る前に面白いことを述べている．天気予報は天文学で暦を作るようなわけにはいかない．七分の学理と三分の直感である．したがって，この三分は八卦のようにただ気持ちで決める他なく，現場ではただ10分くらいで決断しなければならない．判断や直感はともに人間のきわめて微妙な能力に属するもので，ほんのわずかの故障でも影響を与える．天気予報でも良い予報は魂の入った予報であり，魂を入れて予報する場合に，初めて心得も必要となる．したがって，この心得は規則のようにして従事者を縛るものではなく，この心得によって行なえば有利であるという意味である．これに続いて，11か条の「心得」が掲げられている．

1. 身体を健全ならしむること．わずかの病気も判断力に影響する．
2. 精神を健全にすること．家庭や役向きなどに気がかりのことがあってはいけない．
3. 予報期間中はなるべく予報のみを仕事とし，他事に携わらぬこと．精神の散逸を嫌うからである．
4. 遊戯に凝ってはいけない，碁や麻雀など強く精神を引き付けるものはよくない．
5. 同じ意味で研究もいけない．研究は楽しみなものでまた凝りやすいものであるから両者を併せて行うのは弊害がある．しかし，研究を止めれば進歩も止むから，研究は予報当番ではないときか，冬季などで天気が固まって予報の楽なときにやるがよい．

6. 睡眠不足はいけない．眠いときには良い予報は出ない．

7. 予報前の酒はよろしくない．飲んでいる間は却って頭が明晰になったように感じるが，吟味すればそれは実は妄想であることがわかる．ただ禁酒せよとは言わぬ．そうなると筆者の如きは一番困る．

8. 心を動かさぬこと．

この項では予報者が心を動かされやすい10の事柄について，懇切に助言している．キーワード的に挙げれば，世間の毀誉や祭日，台風の場合の興奮に対する戒め，予報を失敗した場合の動揺の戒め，前に出した自分の予報に引きずられないこと，他人に注意されたとき，相手の人柄を考えて影響を受けないように工夫すべきこと，自分や世間に都合よい方へ引きつけられないこと（子供の運動会だから天気にしてやりたい気持ちが動き，幾分良く発表しがち），予報の当否は眼中におかずに虚心坦懐に天気に対すること，すらすらと予報が決まるときは大概上出来，自分の発見した法則や前兆を買いかぶるな（ビヤークネスの予報の失敗は極前線を考えすぎた）[2]．

9. 天気図に対しての心得

(1) なるべく自分で気象電報を記入すること．等圧線は自分で引き，等圧線だけにとらわれるな．

(2) 気圧変化，雲の状態，風向の変化，気温分布，上層の気流はたとえ好天時でも注意を怠るな．

(3) 前日からの天気の変化する速度を数量的に見ること．

(4) その年，そのときの天気の癖を見ること．天気図が同型でも癖が違えば，同じ天気を繰り返さない．

10. 必ず空模様を見ること．朝夕，日中，夜中も常に見ること，窓か

2) ノルウェーのJ. ビヤークネス（5.3節参照）は，1918年の論文で低気圧が前線を伴うことを発見した．

らでは不十分で必ず全天が見える場所で行なうこと．

11．発表の心得

(1) 自分の範囲を確認し，その埒外に出ないこと，細かいことまで言い過ぎるな．

(2) 前に出した発表となるべく調和を保つこと．

(3) 冗長はいけないが，解りにくいのはいけない．他人に誤解される文句は避けて，なるべく口調よく．

(4) 世間の気持ちを斟酌すること．旱天のとき世間は驟雨を強く望む．一旦しっかりした見込みがついたら，最も明瞭に言い切る．迎合はよくない．

以上で，大体の心得と心掛けを述べたが，特に大切なことは心を動かさないことで，平素の稽古が必要だ．禅の方法もあるが，各自工夫して，自分に適した方法を編み出すべし．西洋流の心理学にはこのような修練について何も方法が示されていないようだ．

3.3 真珠湾攻撃と天気予報

1941（昭和16）年12月8日，真珠湾攻撃に始まる太平洋戦争によって，いわゆる「気象管制」が実施されて，この日を境に気象観測データや天気予報の一般への公開や発表が禁止となった．以来，気象サービスはひたすら戦争遂行のために行なわれ，この状態は終戦を迎えた1945（昭和20）年8月に気象管制が解かれるまで約4年間続いた．なお，8月22日に東京地方のみの天気予報が放送され，ラジオによる全国向けの気象通報の開始は，その年の12月1日からであった．ここでは戦時中の天気予報について述べるのではなく，史実の1コマとして，真珠湾前後における天気予報について触れるに留めたい．

事前調査

まず，真珠湾攻撃の事前準備を見る．元中央気象台松本測候所長の川崎酉は，「第二次世界大戦の前後」として，ひとつのエピソードを『大谷東平伝』に寄せている［3.3.1］.

「日米開戦に先立つ昭和16年の夏頃，大谷先生に言われて，永田正明氏と海軍気象部技生二名が神戸の海洋気象台に出張させられた．大谷は同行者に目的は告げず，自分だけはまるで隠密のように単独行動をとった．海洋気象台では四人がほとんど缶詰状態で仕事が終始し，極東から，中部太平洋さらにアメリカ西部にわたる大天気図に，観測データの記入が始まった[3)]．プロットした天気図は海軍の技生が持ち帰った筈である．気象台と海軍の合同出張，行き先は神戸海洋気象台，それは自分たちには両者の合同調査にしか思えなっかた．それから半年後の開戦，思えばあの天気図はその準備であった．大谷先生は戦後も神戸への出張の件は一切話したことはないし，自分自身も話したことはない．もはや遠い世界にいる先生に聞いてみたいような気がする．」

一方，先に触れた大田香苗は「海軍勤務回顧（気象関係）」の中で自分の体験を克明に残しており，その中で真珠湾攻撃の事前準備についても触れている[4)]．大田は海軍兵学校47期（1919年卒）の軍人で，在職中の大部分を気象に携わり，真珠湾攻撃当時は山本五十六連合艦隊司令長官の旗艦「長門」で中佐として「気象長」を務め，1942（昭和17）年に海軍大佐に昇任している．

大田によれば，1941（昭和16）年9月，連合艦隊は（海軍）軍令部の参加を得て海軍大学校において，対ABCなど数ヵ国作戦に関する図上演習を行なった．演習に先立ってわざわざ時間を割き，連合艦隊司令部の気象主務官が北太平洋の気象について，参加者全員を対象に講話を行なっている．以下に講話のタイトルを示す．これを見ると，太平洋および中国沿岸を対象とした気象特性が講話の題材となっており，既にその半年後に戦場となった地域が明らかに調査の対象となっている．

1. 北太平洋低気圧　シベリア低気圧，北支那低気圧，南支那低気圧，

3）天気図は前述の北半球天気図に相当し，神戸海洋気象台では前述の無線設備などを用いて世界の気象データを傍受・収集し，蓄積していた．

4）『気象百年史』にも，大田による記述がある

南洋，北太平洋中部高気圧，ホノルル群島付近低気圧，カリフォルニア西方低気圧

2. 北太平洋の霧　支那沿岸，日本海の霧，オホーツク海の霧，ベーリング海の霧，北米大陸沿岸の霧，北太平洋北部の霧など
3. 北太平洋のスコール
4. 北太平洋の海氷　ベーリング海氷など
5. 北太平洋静穏海域
6. 北太平洋における不連続線

また，海軍側の事前調査は，1941年夏頃に，海軍水路部および連合艦隊司令部で行なわれている．資料は，米国の *Monthly weather review* のほか，水路部の日本近海気象関係および水路図日誌，太平洋気象図（神戸海洋気象台刊行の日刊天気図）過去10年間が用いられた．さらに，北太平洋を航海した民間経験者による座談会も連合艦隊の旗艦「長門」で行なわれている．

これらの事前調査は，上述の大谷東平らの神戸海洋気象台への隠密的な出張調査，さらに大谷たちが海軍軍令部に呼ばれたときに聞いた機密事項（日英米決戦やむなし）に沿った動きと符合する．

連合艦隊の動きと中央気象台の予報

当時の機動部隊は，連合艦隊の旗艦「長門」にいた大田の回想と真珠湾攻撃の総隊長で空母「赤城」にいた淵田美津雄の回想［3.3.2］などを総合すると，およそ以下のような時間軸で真珠湾を目指していた．

1941年11月5日，連合艦隊司令長官山本五十六は，海軍軍令部総長の永野修身から「帝国は自存自衛のため，米国，英国，蘭国に対し開戦の已むなきに立ち至る虞大なるに鑑み，12月上旬を期し諸般の作戦準備を完備するに決す．……」との大海令（大本営海軍命令の略）第1号を極秘で受領した．これを受けて即日，山本長官は「機動部隊は極力その行動を秘匿しつつ11月22日までに単冠湾（千島列島の択捉島にあるヒトカップ）に集合補給を行なうべし」との命令を発した．関係艦船は

21日を期してヒトカップに集結し始め，翌22日には空母「加賀」を最後に入泊を終えていた．

次いで，11月25日，すでに大海令第5号で「作戦実施に必要なる部隊を適時待機海面に向けて進発せしむべし……」との命令（11月21日発）を受けていた山本長官は，南雲中将の率いる機動部隊に対して，「機動部隊は11月26日単冠湾を出撃極力その行動を秘匿しつつ，12月3日夕刻待機地点に進出し，急速補給を完了すべし」と命令を発した．待機の地点はハワイの北約1500 kmである．こうして空母「赤城」を旗艦とする総勢30の艦船で構成される機動部隊は，11月26日午前6時夜明け前の薄暗い中を，3隻の潜水艦を先頭に密やかに，単冠湾を出航し，ほぼ北緯43度線に沿って一路東方のハワイ方面に向かった．

約10日後の12月5日には，「赤城」はハワイの北700海里（約1300 km）に達し，最後の燃料補給を受けた．平均約20ノットで東に向かったことになる．明けて12月6日，赤城は山本長官から，「皇国の荒廃繫りて此の征戦に在り，各員粉骨砕身その任を完う成せよ」との有名な電文を受領し，直ちに全機動隊員に達せられた．艦隊はそこから一路真珠湾を目指して南下，12月7日午前6時（日本時間12月8日午前1時30分）には，オアフ島の真北230海里（約400 km）の地点に達した．艦上爆撃機が発進し始めたのは間もなくの午前6時15分（日本時間8日午前1時45分）であった．

ここで日本時間の12月7日夜から8日未明にかけての中央気象台の様子を見る．上松清と堀清一は『大谷東平伝』[3.3.1] の中で，次のように回想している．注目すべきことは，この時点は上述のように機動部隊がまさに攻撃に飛び立つ寸前であったことである．なお，この回想に現れる予報作業室などの配置は後ほど図7.6に示す通りで，1964（昭和39）年に現在の大手町に移転するまで続いた．

> 「昭和十六年十二月七日夕刻から，竹平町の南側の木造バラック庁舎の二階にある特別予報作業室は厚いカーテンに閉ざされて，中は電灯がこうこうと輝いていた．この庁舎の一階には予報作業室があり，

この二階の特別室は海軍の作業室に提供していた．藤原咲平・大谷東平の二人の気象台のトップと海軍の気象担当将校が額を集めていた．フィリピン近海・ハワイ沖海面の海上天気予報の協議である．気象台を代表する技術者が，経験の蓄積をもとに全知全能をしぼった作戦海面の海上天気予報の作成である．海上の天気はまずまず安定していた．風の状況も大きな急激な変化は予測されなかった．皆の意見が一致し協議は終わった．大谷にとっても彼の人生のうちでこの天気予報は大きな思い出の一つになったに違いない．藤原台長は海軍の気象担当参謀と特別に作られた天気図をもって軍令部に説明に行った．当時藤原台長は昭和十六年十月一日付大本営陸軍部附，同十二月一日付大本営海軍部附に補されていた．大谷を始め関係の幹部はそれぞれ陸軍・海軍の嘱託になっていた．大谷を始め関係者は台長の帰りを待っていた．台長が帰ったのは八日の午前一時頃であった．皆の前にその天気図を拡げ，そのはしに得意の短歌を書き入れた．大谷は筆者にその天気図を保管するよう命じた．大事に片づけたはづであるが，数回にわたる気象台の戦火のために見失ってしまった．（中略）その日の午前八時を期して，陸海軍大臣から中央気象台長に気象管制実施が命令された．かくて気象は終戦まで国民の前から姿を消したのである．」

一方，根本順吉は，この開戦前夜の藤原咲平の行動と当時の藤原の認識について記述している［3.3.3］．それによると，藤原は1941（昭和16）年11月7日から海軍筋より禁足を告げられ，同24日頃からは，北太平洋北西部についてできるだけ詳しい天気予報を出して欲しい旨と藤原の予報会議への出席を要請されていた．藤原は，予報課で大谷東平予報課長らの予報文を検討していたが，その目的を軍に尋ねたところ，給油船がその海域を航行中で風波が荒く困難を来たしているとの説明であったという．

また，開戦前後については，藤原自身の述べたこととして，以下のように記述されている．

「然るに驚いたことには十二月八日の未明に海軍の連絡将校に睡眠中をたたき起こされ，米国と開戦したから，直ちに気象管制に入ってくれと云ふのです．この管制の方法は万一の場合のためと云ふので予めの協議決定としてありましたので，直ちにそれぞれの指図をして午前八時に完了しました．そしてから開戦の次第を聞いたらハワイを空襲したと云ふのです．それであの北太平洋上の天気予報は此輸送に参考にしたのだと悟りましたが，予報の責任者は海軍所属の気象将校で，気象台のは只それらの人達（海上艦隊，航空，気象部等の部員）の各の予報を比較する場合の参考に使われたと云ふことを後で聞きました．つまり其時の功績によって海軍の予報の人達は受賞しましたが，気象台の予報は無駄奉公だったのです．」

再び上述の機動部隊の行動の時間軸に目を移すと，機動部隊は，真珠湾攻撃の X デーを 12 月 8 日として，すでに 11 月 26 日にヒトカップをハワイに向けて密かに出航し，12 月 8 日未明（日本時間）には，攻撃機の発艦の態勢にあった．筆者には，根本が語っている藤原の行動は，上述の機動部隊の航行を支援するための予報作業と理解できる．したがって，上松の回顧による中央気象台での 12 月 7 日夜の予報が攻撃に直接的に利用されたとは到底考えにくい．むしろ，このような海軍との共同予報作業は，機動部隊がヒトカップを出航した 26 日前後から，真珠湾攻撃の 12 月 8 日以降も連日継続されていた．中央気象台の予報はその 1 コマであると考えるのが自然に思われる．

天佑高気圧

真珠湾攻撃に当たっての海軍側の最大の関心事は，計画の隠密性は当然だが，機動部隊の往復航海に必要な燃料の給油，特に曳航給油がどのように可能であるかということと，空母からの爆撃機の発艦および着艦がどのように可能であるかにあった．それらはすべて当該海域の波浪，すなわち風の消長に依存する．それは同時に，風と密接な高・低気圧や前線の消長に他ならない．霧も重要であった．

大田によると，作戦が始まったとき，広島湾にあった「長門」の艦隊司令部では，洋上給油を最も心配しており，このため気象班は毎日北太平洋天気図を作成し，海上の模様を判断していた．日本国内で得られた気象報で天気図を作成していたが，中国大陸沿岸から北アメリカ西岸を含む領域の実際の描画は，東経160度以西の範囲であり，その東は想像で描いた．南部千島から三陸方面を覆う移動性高気圧が例年になく再々現れては東進した．その移動速度・方向は，予め調査した値（東南東へ25〜35ノット）を適用して，想像で天気図を描画した．実際の天候の推移は，事前の統計が示していたような荒天とは打って変わって異なっていた．比較的静穏で例外年と考えられる1936（昭和11）年12月よりさらに良好な意外な状況にぶつかり，当初，これは誤りではないかと疑われた．大田中佐は，長官と参謀長にこの「想像天気図」を示して，機動部隊の行動海面の天候を説明したが，最初は希望的状況であると受け取られる程度であった．しかし，天候東遷の理から，また過去10ヵ年の高気圧移動の状況から推して実情であると考えるより他なかった．関係の人々もこれを実情と認めるに至った．実際は11月30日の天気図（図3.2上段）に見るように移動性高気圧が機動部隊の行動海面を覆っていたと考えられる．ついに山本長官はこの高気圧を天佑高気圧と命名した．

他方，機動部隊における現地の状況は，次のように報告されている．

> 「移動性高気圧が予想以上に発達し北に寄っており，天候は良好と予想した．ヒトカップ出港後は，海軍気象部からの特別気象報を受信しつつ，天候判断を行ったが，東経160度付近から受信感度が悪くなり，その後は，ハワイの気象放送受信に努めた．しかし，この放送はごく局地的で役に立たなかった．なお，アメリカおよびカナダによる気象放送は感度がなく受信不能であった．幸いにも航行中はほとんど高気圧圏内にあり，天気良好のことが多く，六分儀を用いる天体観測による艦位決定のごときは，ほとんど連日実施可能であった．海上は平穏で給油船からの曳航給油は，逐次実施できた．12月5日，進路を南に折り，ハワイに向かう直前，最後の駆逐艦に対する洋上補給を実施したが，このときは波浪が高くやや困難であった．」

結局のところ，少なくとも中央気象台が12月7日夜に軍令部に提供した天気予報は，真珠湾攻撃のタイミングや作戦行動を律したものではなく，作戦は予め決められた日時に従って決行された．しかしながら，

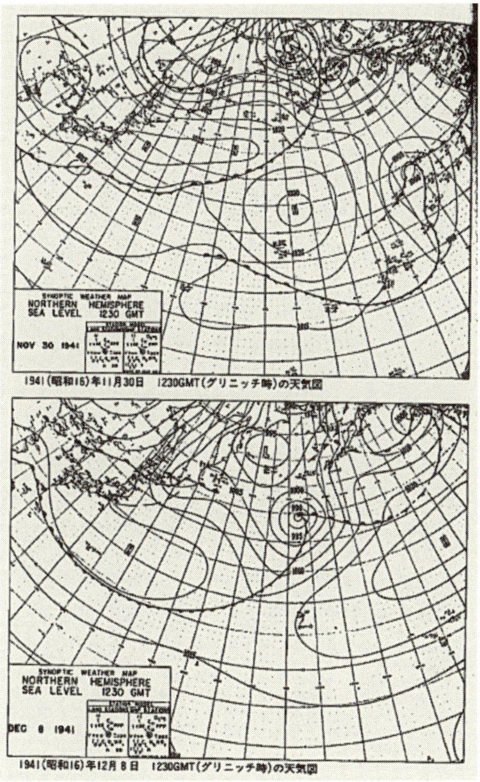

図3.2 米国によって解析された天気図（文献［1.6.4］）

ハワイに向かう航海が，事前に調べておいた気象・海洋条件とはかけ離れた，珍しいほどの好天に恵まれ，山本長官をして「天佑高気圧」と言わしめたことは事実である．

図3.2は，北太平洋天気図と呼ばれる広域の天気図で，後年，米国が過去の天気図を再現したものである．なお，この天気図は半澤正男［1.6.4］による．当時の北半球天気図は残存せず，日本における観測データの入手環境はすでに述べたとおりであるが，藤原や大谷はこれと同

等の天気図の時系列を連日眺めていたに違いない．

3.4　風船爆弾

大石和三郎のジェット気流の発見が風船爆弾につながり，また，数値予報と接点を持った．太平洋戦争が始まって1年後には，早くもミッドウェー方面で連合軍の反攻が始まった．1942（昭和17）年晩秋，荒川秀俊は病気を患った旅行者として南太平洋のパプアニューギニアの東に位置するニューブリテン島のラバウルに逗留していたが，日夜，連合国軍による激しい空爆に悩まされていた．そんななかで何とかして無人の風船を使って，米国を攻撃する手はないものかと夢に描いていた．やっとの思いでラバウルから帰国するや否や，中央気象台長の藤原咲平を介して，陸軍および海軍に，いわゆる「風船爆弾」のアイディアを具申した．

荒川秀俊は，1931（昭和6）年東京帝国大学物理学科を卒業すると中央気象台に入り，その後もずっと研究畑を歩み続け，1968（昭和43）年気象研究所長を最後に停年退官した．当時，東京都杉並区にあった気象研究所から現在の茨城県つくば市への移転を決意した人物でもある．

さて，荒川の意見具申から10ヵ月の月日が流れ，日本が連合国軍に対する勝利をほとんど諦めていた矢先，陸軍は，この状況から反転するべく風船爆弾の計画を取り上げ，荒川にその実現のための研究を要請してきた．彼は自分が係わった風船爆弾の顚末を気象研究所が発行している雑誌に書いている［英3.4.1］．1956（昭和31）年のことである．解決すべき課題はいずれも難題であった．すなわち，風船をどの高度で東へ漂流させるか，どの時期が風船の飛揚に適するか，風船の放球後，米国の中心域に達するには何日かかるか，大陸上で風船がどのように散らばるかなどである．現在の数値予報技術を援用すれば，たちまち得られる情報である．当時研究に用いた資料や成果のほとんどは，終戦時に軍の示唆によって焼却してしまったという．しかしながら，後述のように，1950年頃には米国で電子計算機を用いた数値予報が成功し，数年後の

1953年には日本でも後述の数値予報研究グループ（NPグループ）が立ち上がり，荒川自身も興味を持った．彼は，手元に残った風船爆弾の開発時のわずかの資料を基に，太平洋をまたぐ上空の風の振る舞いを明らかにすることは，未だ生れたばかりの地球規模の流れ（大気大循環）を研究するNPグループにも興味があるものと考えて，この論文を著したという．

荒川は，まず館野の高層気象台の風のデータをチェックしてみた．大石和三郎が1930年に報告していた「高層観測彙報」のデータである．最も興味のある事実は，館野上空10 kmの月平均風速が驚くべき強風であったことで，2月では76.1 m/sで，風向は西（266度）であった．1942年当時の高層気象観測点は，仙台，新潟，輪島，米子，福岡，潮岬，奄美大島の7つであったが，いずれも200 mb（上空約12 km）付近で風が最も強いことを見出した．この知見に基づいて，風船の漂流高度を12 kmとし，太平洋上をカバーする地上天気図の気圧分布と各地の平均気温の減率を仮定して，高度12 km面の気圧分布を求め，それから導かれる理論的な風である「地衡風」[5)] を求めた．図3.3は，気圧分布の一例で，空気はこの等圧線（実線）に沿って流れる．荒川は，過去データを用いて，このような解析を連続して毎日行なうことにより，おそらく放球後2, 3日で，北米大陸の中央部に到達すると結論づけた．

1944年11月より翌年4月までの間，茨城県や千葉県の海岸から約9000個の風船爆弾が放流されたが，実際に北米に到達したのは，約300個と言われている．

ここでやや横道に入るが，荒川は，東大の地球物理学教室の教授であった正野重方に対してあからさまに難癖をつけている．正野が高・低気圧を大気中の渦として「渦動論」を唱えたとき，荒川はそのアプローチが間違いであることを，1941年の『気象集誌』で論述している [3.4.1]．

> 「近来，低気圧渦動をRossbyが言い出してから，渦動論が喧しくなった．しかるにRossbyの亜流を汲むものはすべて直角座標を用い

5） 空気は等圧線に沿って流れるとする近似．

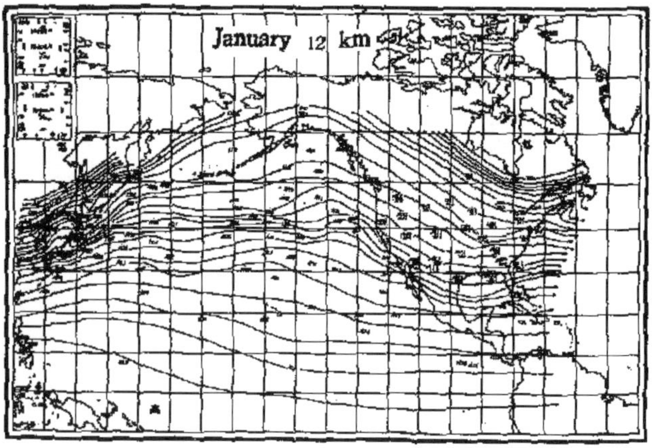

図 3.3　荒川秀俊による上空の気圧分布

ているが，そのとき緯度 ϕ の勾配を考えている．これは大いなる間違いであると思う．即ち，水平面内で x 軸を南へ，y 軸を東へ，z 軸を垂直上方に向けてとるとしよう．そうするともし緯度の変化を考えねばならぬときには，垂直上方もまた変化せねばならぬ．即ち，直角座標において垂直上方は一定なる物と考えて，しかも緯度の変化のみを考えるのは片手落ちである．……」．

筆者には，この問題は単なる近似の問題に過ぎないと思われるが，荒川にとっては看過できなかったようだ．

荒川はこのように 1955（昭和 30）年前後の数値予報の黎明期には，一時期，興味を示し，後述の数値予報の研究グループにも顔を出しており，1960 年の「第 1 回東京数値予報国際シンポジューム」では「極東域における台風の移動と海面気圧の確率的予測に関する実用テスト」と題した発表を行なっているが，その後は，数値予報の分野から離れた．荒川は，高層気象観測で用いられる「断熱図」をはじめとして，気象力学および熱力学の分野で多数の論文を発表したが，晩年に至ってからは気象災害の歴史の研究に多くを費やした．

引用文献および参考文献

[3.2.1] 海軍勤務の回顧（大田香苗，防衛研究所所蔵）

[3.2.2] 座談会：岡田武松先生を偲んで（Ⅱ）（1957年，天気，Vol. 4，No. 2，p. 5-10），日本気象学会

[3.2.3] 就任御挨拶（藤原咲平，1941年，測候時報，第12巻，第8号，p. 399），中央気象台

[3.2.4] 予報者の心掛け（藤原咲平，1923年，測候時報，第4巻，第24号，p. 377-383），中央気象台

[3.3.1] 大谷東平伝，大谷東平伝編集委員会編，1985年

[3.3.2] 真珠湾攻撃総隊長の回想（淵田美津雄自叙伝，2010年，講談社）

[3.3.3] 渦・雲・人　藤原咲平伝（根本順吉，1985年，筑摩書房）

[3.4.1] 渦度と高低気圧論（荒川秀俊，1941年，気象集誌，p. 1-4），日本気象学会

[英3.4.1] Basic Principle of the Balloon Bomb (H. Arakawa, 1956, 239-243. Papers in Meteorology and Geophysics)，気象研究所

4　「正野スクール」

正野重方は，東京（帝国）大学理学部地球物理学科の教授として，太平洋戦争の末期から約 30 年間にわたり，世に語り継がれる「正野スクール」を率いた．正野はまた，本書の主題でもある日本の数値予報の黎明期に，その研究の中核となった官学連携とも言える数値予報研究グループ，通称「NP グループ」を主宰し，その活動は 1959（昭和 34）年の気象庁への電子計算機 IBM704 の導入を後押しする決定的な力となった．

天気予報の基盤となる気象学の研究は，明治初期の中央気象台の創立以来，中央気象台（後に気象庁）自身によるほか，気象学会を中心とする大学との協力の下に発展してきた．一方，通信機器や気象測器などのハード面の開発は，主として民間によって進められてきた．この状況は現在でも続いているといえる．大学における気象研究の源は，約 1 世紀前の旧帝国大学の理学部に遡る．1940 年代以降の気象学講座などの創立以後は，次第に大学ごとにそれぞれ得意とする研究分野がスクール（学派）として形成されてきた．

たとえば昭和 30 年代を見れば，北海道大学では孫野長治や樋口敬三らの雲物理学，東北大学では大気放射の山本義一や大西外史，東京大学では気象力学の正野重方や雲物理の礒野謙治，名古屋大学では雲物理や気象レーダーの礒野（東大から）や樋口（北大から），駒林誠（東大から），武田喬男（東大から），京都大学では台風などの山本龍三郎や気象力学の廣田勇（東大から），九州大学では大気潮汐の沢田龍吉や高層大気力学の松野太郎（東大から），農業気象学などの武田京一や坂上務のスクールを挙げることができる．現在ではかなり薄まってはいるが，これらのスクールの流れは依然として引き継がれている．

正野が活躍した1940年代からの約30年間は，世界的に見ても，また日本においても，物理学に基礎をおく気象力学およびその応用である数値予報の黎明とそれに続く発展の時代に当たる．正野は数多くの気象学者を世に送り出した人物であり，その門下生は国内に留まらず，世界の気象界でも「正野スクール」と呼ばれている．正野スクールは，東京大学の気象学教室の出身者のみならず，他の大学の出身者のほか彼に師事した多くの気象学者を含んでいる．

正野スクールの多くは，若き日にNPグループの一員となり，そのうちの何人かは後に米国に移住し，いわゆる「頭脳流出組」となった．筆者が2008年に彼らを訪ねたとき，80歳を超えるような年齢にもかかわらず，まだ熱き思いを持ち続けていた．

本書の数値予報に登場する人々のほとんどは，この正野スクールに属した人たちである．正野は，不幸にも教授在職中に病に襲われ，1969（昭和44）年10月27日，59歳の生涯を閉じた．翌年の4月に，門下生の岸保勘三郎が気象庁から後任として出向した．また，正野が病床にあったとき，実質的に彼の役割を果たしていた助教授の柳井迪雄は，1970（昭和45）年UCLAの気象学科の教授に招かれて東大を後にした．

4.1　東京大学地球物理学科——気象学教室の事始め

東京大学の安田講堂の南に「三四郎池」がある．その池のほとりの小道を東に上ると，外壁をモダンなガラスで覆われたベージュ色の11階建ビルがある．理学部地球惑星学科のある理学部1号館で，かつて，地球物理学科の講義に使われた理学部3号館があった場所である．理学部はもともと東京大学の誕生時に設けられた．気象学の講義は1919（大正8）年大学令の新制定による新しい科目制度のもとで物理学科の特別講義の1つとして行なわれた．その後1923年理学部の中に地震学科が創設された．一方，同8月物理学科の中に気象学講座が開設された．地震学科は1941（昭和16）年2月地球物理学科に改称され，気象学講座もその中に移行した．その年の12月には太平洋戦争が始まった．地球物理学科は，戦後の1949（昭和24）年に新制の大学制度のもとで理学部内の学科の統合が行なわれた結果，物理学，天文学とともに物理学科の一課程に編入された．さらに地球物理学科は，1991（平成3）年に現在の地球惑星物理学科と改称された．

さて，1941（昭和16）年当時を見ると，地球物理学科では，地震学を松沢武雄，測地学を坪井忠二，地球電磁気学を永田武，海洋学を日高孝次の教授陣が受け持っていた．しかしながら，藤原咲平の担当する気象学講座は名ばかりで休講の連続であった．というのは，藤原は太平洋戦争の最中，前述のように中央気象台長の要職にあって教授を兼務していたことから，到底授業をすることができなかった．やがて正野重方が任命された．

正野は1944（昭和19）年10月12日付で，当時運輸通信省の外局であった中央気象台から，助教授として東大に出向してきた．4年後の1948（昭和23）年5月31日付で教授に昇進した．正野が講義を始めて間もなく，太平洋戦争の戦況は日に日に悪化し，ついに首都も爆撃にさらされ始めた．1945（昭和20）年3月の東京大空襲では，東大もB29の焼夷弾の攻撃を受け，正野の教室も長野県に疎開を余儀なくされた．

このような正野の着任に始まる「正野スクール」の事始めについて，当時，地球物理学教室の学生であった年長組の小倉義光の回想で辿ってみよう［4. 1. 1］．

正野研究室事始め：小倉義光

「私が地球物理学科に入学したのが1942年4月で，地震学教室が地球物理学教室に改組されてからの2期生となります（1期生には気象専攻の学生はいませんでした）．当時の地球物理学科のカリキュラムは，1年生は物理学科のそれとまったく同じで，2年生となると，カリキュラムの半分は物理学科と同じ，残りの半分は，当時5講座あった地震，重力と地球の内部構造，地球電磁気，海洋，気象の通論が必修ということでした．それが終われば，3年目から，いくつかの特論を採りつつ自分が専攻する分野の卒論を書くことになります．ところが気象を除く4講座では，それぞれ松沢，坪井，日高という錚々たる大先生と新進気鋭の永田先生が通論の講義をしているのに，気象だけは休講の連続でした．兼任教授として名を連ねている藤原咲平先生からは1回の講義も無かったのです．せっかく新しく買ったノートは真っ白のままでした．当時は第二次世界大戦の真っ直中，中央気象台長の要職にあった藤原先生には，到底大学で講義をする時間的余裕がなかったのでしょう．

しかし，いくらなんでもこれはひどすぎると，わめきだしたのは気象専攻を志望していた田中昌一，山中一郎，津川そして私の4人でした．中でも直情行動型の田中君は，全学生に配布されている学生便覧にはちゃんと藤原教授の名が明記されているのに，これでは約束違反である．皆で藤原先生に直談判に行こうと言い出し，残る3人もそうだそうだと賛成し，一緒に中央気象台に出かけました．さすがに藤原先生は理解も早いし行動も早い．講義をしなかったことを詫びた後で，どなたか専任の先生をおくことを約束されました．そうして選ばれたのが当時高層気象課長の正野重方という方と伺いました．そこで早速また一緒に高層気象台に出かけ，初めて正野先生にお逢いしたのです．たしかそのときだったと思いますが（あるいは別の機会だったかもしれません），話の中で，冬季に寒気の氾濫とともに下層の空気が低緯度に移動すれば，その補償として上層の空気が高緯度に移動するだろうから，角運動量保存の法則によって，偏西風の強さの予報ができるかもしれないなどと，詳しいことは覚えていないものの，初めていろいろな気象力学のお話を伺いました．その研究意欲に燃え情熱溢れる話しぶりに，暗く重くるしい戦時下で，知的な学問的な渇きに喘いでいた私たちは，正野先生への尊敬の念を強めたことでした．

ついでですが，当時の私たちには，日本上空に強い偏西風が流れていることは，なんとなく常識でした．だからこそ風船爆弾というアイディアも生まれたのでしょう．むしろ後になって，偏西風ジェット気流はアメリカのB29の日本爆撃行の際に発見されたという記事を読んで意外に思ったことでした．

こうして正野先生が東大に赴任されましたが，たしか初めの間は気象研究所と兼任だったと思います．一方私たちの方は半年繰上げの 1944 年 9 月末の卒業ということになり，誠に慌しい日々でした．また，当時特別大学院研究生という制度が新設され，どういう理由かわからないものの，地球物理 3 年生 13 名の中で私がそれに任命され，卒業後も大学に残って正野先生のご指導の下で戦時研究に従事することになりました．その研究題目というのが，海中で斜めに傾いた跳層の下に潜んでいる敵潜水艦が出す音波の伝播を理論的に計算して，海水面上での測定により音源の位置決定に役立たせようというものでした．正野先生の学位論文は，物理教室において田丸先生の指導の下に地中の地震波の伝播の理論でしたので，その論文を頼りに，ベッセル関数や球関数で表現された波動が水平や斜めの不連続面で反射するときの境界条件がどうとかこうとかなどの勉強から始めました．そして正野先生の指図で，物理学教室の図書室を漁り，国内外の気象関係の雑誌や資料をごっそり地球物理教室に移管してもらったり，幸いにも 1 年下の岸保勘三郎・伊藤宏・松本誠一さんが気象専攻を志望したりして，ようやく研究室らしくなってきました．

ところが 1945 年 2 月までに東京に対する空襲が激しくなり，そのたびごとに木造建て教室の前に掘った防空壕に飛び込み，寒さと頭上から絶え間なく降ってくる爆弾や焼夷弾の落下音にぶるぶる震えていました．事実，いま理学部 3 号館のある丘の下の町並みはそのころ焼けました．それよりも，中央気象台も 2 月に大きな空襲被害を受けたので，地球物理学教室でも正野・日高・坪井の 3 研究室が急遽 3 月に長野県の岩村田町に疎開しました．

疎開先での苦労話は一切省略しますが，1 つだけ述べると，物資不足は甚だしく，計算に使う用紙がまったく無くなりました．やむなく長野市の県庁におもむき，用紙の配給を懇願しましたが，結局入手できたのは，お中元やお歳暮に使う熨斗の残り 1 束でした．それでもそれを大事に抱えて帰り，その裏面に数式などを書いたりしたものでした.」

正野先生に思いを寄せて：松本誠一

松本誠一は，小倉の回想にあるように小倉の1級下で，岸保と同期である．松本は当初，数値予報に携わったが，気象研究所において「38豪雪」と呼ばれる1963（昭和38）年に北陸地方を中心に襲った豪雪機構の解明の特別研究プロジェクトを主宰した後，気象庁予報課長，海洋気象部長，気象研究所長などを歴任し，退職後，（財）日本気象協会で技術の指導にあたった．2008年，中央気象台長を歴任した藤原咲平を記念した気象学会の「藤原賞」を受賞した．松本は，気象学教室の事始めと正野教授の主導による数値予報への立ち上がりを回想している［4.1.1］．なお，松本は後で触れる元肥沼予報部長の回想を紹介してくれた．

「昭和19年正野先生は，東大助教授に就任され，地球物理教室に本格的に気象学教室を開設された．その年私達は後期学生で専門を決める時期に当たり，岸保・伊藤・森安・北村と私の計5名が新鮮な魅力に惹かれ正野先生の下に馳せ参じることとなった．戦争の厳しさが身辺に迫り，正月休みには教室に宿直するような状態であった．先生は焼夷弾を防空ヘルメットに受けるという危険な目にあわれ，3月10日の大空襲の火が教室に迫ったことで，疎開を推進され岩村田（長野県佐久市）での生活が始まったのである．戦火を逃れた岩村田での生活は落ちついていて勉学の雰囲気も生まれていたが，半年で終戦となり，我々は卒業をむかえることとなった．東京には帰らず残っていた仲間が，1人，2人と故郷に散っていった．目標も持てないまま，戦後の空白に日を過ごしていたある日，東京に出てくるようにとの先生のお誘いがあり，年が明けて早々に正野研究室にもぐりこませて頂くことになり，伊藤君と一緒に陸軍気象部の兵舎内で自炊生活が始まった．

先生から与えられたテーマは長期予報であった．私たちはグループを作り大気大循環の研究に取りかかり入手可能となっていた高層観測値を使って偏西風波動の解析を進めた．正野先生は理論気象研究室[1]第一研究室長を兼務しておられたが，昭和24年には専任の教授として，東大に移られた．この頃アメリカから続々と文献が入り，何より目を奪ったのは数値予報成功の論文であった．我々は一様に興奮したものだが，先生は自分の考えの先手を取られたと悔しがられ，新たなファイトを燃やされた．計算機の使えない我々はフーリエで追いかけようと勉強が始まった．やがて数値予報（NP）グループが結成された．正野先生を中心とするNPグループの活動は目を奪うものであり，やがて新潟，関西……へと広がっていった．

1952（昭和27）年岸保さんがプリンストンに招かれてアメリカの研究に参加し，我々に情報を大量に発信された．正野先生も翌年アメリカ・ヨーロッパに出張され著名な気象学者との交流を深められた．NPグループ活動の成果として，かつ更に盛り上げるきっかけとなったのは朝日新聞社の学術奨励金であった．資金が得られることにより，それまで手計算で立ち向かっていたのが，遅ればせながら開発が進められていた電気試験所のリレー計算機とか富士通で開発中のFACOMとかを借用し，台風進路予報とか，アメリカの向こうを張ってMay Stormの予報などに精力的に取り組んだ姿は，後に気象庁にIBM704が導入される大きな原動力となった．」

ここで，正野スクールあるいは彼の薫陶を受けた人たちとその研究分野，主な所属などをそれぞれキーワードで表しておく．時間的なスパンはおよそ昭和20年代～30年代（1945～1964年頃）である．ほぼ年齢順に並べ，*印は気象学教室の出身者を示す．

正野重方*：気象力学，気象庁／東京大学

礒野謙二*：雲物理学，名古屋大学

藤田哲也：トルネード，北九州工科大学／シカゴ大学

井上栄一*：乱流，農業技術研究所

1）中央気象台付属の気象研究所．

小倉義光*：大気乱流，MIT／東京大学／イリノイ大学／東京大学海洋研究所

岸保勘三郎*：気象力学，プリンストン高等研究所／気象研究所／気象庁／東京大学

増田善信：数値予報，気象研究所／気象庁／気象研究所

村上多喜雄：気象力学，気象研究所／ハワイ大学

荒川昭夫：大気大循環，気象研究所／カルフォルニア大学

大山勝道：ハリケーン，気象庁／ニューヨーク大学

松本誠一*：気象力学，気象研究所／気象庁／気象研究所

森安茂雄*：海洋学，気象庁／気象研究所／気象庁

伊藤宏*：数値予報，気象研究所／気象庁

佐々木嘉和*：トルネード，テキサスA＆M大学／オクラホマ大学

笠原彰*：気象力学，クーラン研究所／テキサスA＆M大学／シカゴ大学／米国大気科学研究所（NCAR）

駒林誠*：雲物理学，名古屋大学／気象大学校／気象庁

加藤喜美夫*：航空気象学，全日空

栗原宜夫：気象力学，気象庁／気象研究所／FRPGC（現在のGFDL）／海洋科学開発研究機構（JAMSTEC）

都田菊郎*：気象力学，シカゴ大学／東京大学／FRPGC（現在のGFDL）

相原正彦*：気象力学，気象研究所／気象大学校

真鍋淑郎*：大気大循環，FRPGC（現在のGFDL）／海洋科学研究機構（JAMSTEC）／GFDL

武田喬夫*：雲物理学，名古屋大学

新田尚：気象行政，気象庁／WMO／気象庁

柳井迪雄*：熱帯気象学，気象研究所／コロラド州立大学／東京大学／カルフォルニア大学

松野太郎*：気象力学，九州大学／東京大学／北海道大学／海洋科学開発研究機構（JAMSTEC）

廣田勇*：気象力学，気象研究所／京都大学
田中浩*：気象力学，電波研究所／名古屋大学
山岬正紀*：熱帯気象学，気象研究所／東京大学／海洋科学開発研究機構
近藤洋輝*：気象力学，気象庁／世界気象機関（WMO）

4.2 「弥生の空」

2000（平成12）年11月18日，「故正野先生を偲び数値予報シンポジューム40周年を記念する集まり」が東京上野の精養軒で開催され，正野スクールの門下生約25人が，浦和市の景勝寺に墓参の後，暫し一献を傾けた．2000年は1960（昭和35）年に日本で開催された後述の「第1回数値予報国際シンポジューム」から40年の節目に当たる．皆が述べた正野にまつわる思い出話は，翌年2月に記念文集「弥生の空」として取りまとめられた［4.1.1］．

「弥生の空」は，門下生が数十年の時を経て再会を果たし，それぞれの来し方を恩師の正野に重ねた回想で，私的なものである．世話人の1人廣田勇は，まえがきの中で，「弥生の空は，我々の心の故郷である文京区弥生町と，弥生の空の桜のように美しく咲いた『正野スクール』のイメージを重ねたものです」と述べ，続いて「この記念文集が，良い思い出のよすがとなるとともに，新世紀の気象学の道を志す後進たちにも貴重な示唆を与えるものとなることを願っております」と結んでいる．この記念文集は，廣田らのこうした思いをこめて他の大学の気象関係者にも届けられた．

会の冒頭，岸保勘三郎が，「本日乾杯の音頭とりに指名され，正野先生の墓参りに沢山の人々に集まって頂き，大変嬉しく思っています．この墓参りの計画・運営に関しては，松野さん，山岬さんのお2人に全面的にお世話になったこと，更に関口さん，松本さん，廣田さんにも部分的にご協力頂きましたことを報告しておきます．またこの集まりに，遠くアメリカより笠原さん，佐々木さんご夫妻，都田さんご夫妻も参加し

て頂き，さぞ正野先生も草葉の蔭で喜んでおられることと思います．みなさんと共に乾杯！」と音頭をとった．

このとき，出席者の最長老の名誉教授小倉義光は78歳，最若手の近藤洋輝は60歳，廣田は京都大学の気象学教室の教授で退官を控え，また，山岬正紀は東京大学の教授として古巣に戻っていた．

「弥生の空」は，その切り口こそ異なるが，若き日に正野スクールに席をおいて主に数値予報の黎明期に携わり，その後40年近い人生を歩んだ人々の手による実回想である．

ここでは「弥生の空」から，岸保勘三郎，笠原彰，増田善信，都田菊郎，駒林誠，真鍋淑郎の回想をほぼ原文のまま紹介する．このうち，岸保と増田，駒林を除いて，いずれも1955（昭和30）年前後に米国に招かれ，彼の地に移住したいわゆる「頭脳流出組」である．話は前後するが，前述の小倉義光と松本誠一の回想話は，実は「弥生の空」の2人の回想の一部を先に述べたものである．

岸保勘三郎の古い昔の思い出

岸保は，別途に述べるように，1952（昭和27）年，プリンストンの高等研究所のチャーニーに招聘され，帰国後は正野とともに日本の数値予報の立ち上げに係わり，1958（昭和33）年気象庁に出向し，その後，1970（昭和45）年，病に倒れた正野教授の後を継いだ．岸保は「弥生の空」の中で昭和20年代の教室を回想している．

「正野先生が助教授として，天気図1枚もない新設の地物の気象学講座に着任されたのが1944（昭和19）年10月で，私が学部の3年の時でした．その時，地物学生3年の10人のうち，松本，伊藤，森安（元気象庁），北村（元神戸大学）と私の5人が，はじめて正野先生を指導教官として気象研究室に入りました．当時若い新進気鋭の正野先生の着任にわれわれの期待がいかに大きかったかを想像して頂きたい．翌1945年3月には東京大空襲があり，すぐ長野県岩村田町に教室疎開．疎開先では地元の農業高校の建物の一室を借り，正野先生を中心に

Petterssen の "Weather Analysis and Forecasting" の輪講をしたことを憶えています.

一方, 戦前にはヨーロッパでは, ノルウェー学派の Frontal theory (ビヤークネスの提唱), ドイツのライプチッヒ学派 (?) の steering current による大気の運動支配の考え方 (Ertel の potential vorticity の提案 (1942) を含む) など気象力学の研究が行なわれていました. 学生時代の正野先生は物理教室の坂井卓三先生のもとで弾性波の伝播に関する研究をしておられた. 第二次世界大戦中 (1939〜1945 年) に上記のヨーロッパの研究グループの主であった人々は 1940 年代に連合軍への気象協力という形でシカゴ大学に集まり, そこで俗にいうシカゴ・グループを結成, このとき, ロスビーによってロスビー波 (Rossby wave) などが発見され, これが近代気象学の出発点となった (5 章参照).

上記のことは第二次世界大戦中には断片的に輸入されていたアメリカの雑誌などで日本の研究者も知ることができたわけです. しかし戦時下の当時の日本では, 上記のシカゴ・グループの考え方は日本の気象界に正しく受けつがれませんでした. そのような世界から孤立した異常な日本の気象界にあって, 正野先生は Rossby wave を渦動波としてとらえ, 正しい気象力学を日本でも打ち立てることを一生懸命考えておられたようです (一部の人からは Rossby の亜流と批判もされましたが…… (気象集誌, 1941, No. 5 p. 2) [2]) .

戦後, 正野先生は孤独感に襲われたとき (?), 当時中央気象台長を引退しておられた岡田武松先生のところにときどき会いに行かれたようです. このような背景もあったのか, 大学に移られた若い正野先生は, 外国に負けないように日本でも気象力学の研究グループの確立と質のレベルアップを大変強調され, その頃の私などを含めた気象研究室の若い人々をいつも励ましておられました. これが私が大学から気象庁に移っ

2) 2.3 節の風船爆弾と荒川秀俊を参照.

た 1950 年代以前の正野先生に対する思い出の 1 つであります.」

正野先生の思い出――Now a celebrated teacher：笠原彰

笠原は岸保の後を継いで正野研究室の助手となったが，岸保がプリンストンから戻ったとき，押し出される形で米国での研究先を獲得し，以来，後述のように米国への頭脳流出組の 1 人となった．笠原は正野研究室の当時のホットな雰囲気，数値予報グループの立ち上がり，さらに後述する数値予報国際シンポジュームなどについて回想する．

「かれこれもう 10 年も前になる或る日，オクラホマ州にある National Severe Storms Lab. のジョン・ルイス（J. Lewis）から手紙をもらいました．彼が正野先生について知りたいのでインタビューをしたいということでした．正野先生の業績について特に外国人に知ってもらうことは嬉しいことなので，長い時間にわたって彼と話し合いました．彼は同じようにいろいろな人々と話し合って，その結果を「米国気象学会誌」と日本気象学会の『天気』とにそれぞれ 1993 年に発表してくれました（回想末尾の参考文献を参照）．勿論学会誌に投稿する前，彼は原稿を送ってくれ事前に読む機会を作ってくれたのですが，『天気』に発表された文章の題目は「正野重方」となっていて，それに副題が英語で「The Uncelebrated Teacher」とついていました．日本文でどう訳すべきかとか，どうして彼がこの副題をつけたのか考えてみましたが，考えれば考えるほどこれ以外に適切な書きようはないと，彼に伝えたことを覚えています．

先日，『故正野先生を偲ぶ会』に幸い出席でき，皆さんと歓談する機会のあったことを心から嬉しく思い，主催者の方々の努力に深く感謝しています．特にこの会が数値予報国際シンポジューム 40 周年を記念して開かれたことは正野先生の業績を celebrate するこの上もないことです．というのは先生がこの国際会議を日本でもつことに限りない情熱と心からの期待をもって計画されたからです．

1940 年から 1944 年にかけて先生は「大気擾乱の研究」の題目で 9 編

の論文を主に気象集誌に発表されました．当時は戦争中であったため海外からの文献を読むことができなかったわけですが，近代気象力学を切り拓こうとされたことにはまったく敬服します．第二次大戦は1945年に終わりましたが，同時に米国からの科学文献など日比谷のGHQ占領軍情報図書館で見ることができるようになり，先生をはじめ小倉さん岸保さん井上（栄一）さんとともに新入りの私も気象教室の諸兄と，そうした海外からの気象文献をむさぼり読んだことを思い出します．今でも先生がチャーニーの偏西風帯中の波動の不安定性を扱った論文［英4.2.1］を紹介されたときの先生の興奮を忘れることはできません．先生もチャーニーと同じような環境に育ったとしたら，こうした論文を書かれたであろうことは，「大気擾乱の研究」の諸論文の内容から見て明らかです．

こうした事情から日本における近代気象学への追い着きがまたたく間のうちにできたことはおわかりでしょう．先生の反省は日本でシカゴ大学，MIT（マサチューセッツ工科大学）やUCLA（カルフォルニア大学）でなされたような大気大循環の研究が遅れたためだとして，日本でその研究グループを作るよう，先生は東大気象教室，気象研究所，中央気象台の有志に呼びかけ，グループの発足に至ったのが1953年のことです．その当時岸保さんはプリンストン高級研究所のチャーニーのグループから招かれて渡米中でしたが，数値予報の最新の情報を詳細に手紙で知らせてくれ，日本でも本格的な数値予報の研究が始まりました．この当時の数値予報（NP）グループの活動状況については，1975年に気象庁で編纂された『気象百年史』（p. 254–255; p. 393–398）から知ることができます．岸保さんは1954年に帰国され，交代に私はテキサスA&M大学の海洋気象部に移りました．

ところで1960年東京で開かれた数値予報国際会議は，日本気象界の歴史で特記すべきことでした．これが世界で初めての数値予報国際会議であったために，世界中の当時の数値予報研究者が一堂に集まり，成功裡のなかで終わったからです．いま考えると正野先生の意図は2つあったようです．1つは，すでに日本が数値予報で世界の最先端にあることを世界中に知ってもらいたかった．事実，気象庁はすでに1959年，IBM704を導入して，数値予報の現業を始めていました．もう1つは日本の若い研究者を世界の，特に米国からの，一流の学者に個人的に紹介し，できれば海外に研修に行く機会をもたせたいとされたようです．これは戦争中に先生自身が苦い経験をしたことを若い見込みのある研究者にこれからさせたくないと思われていたようでした．当時，私はシカゴ大学のプラッツマン（G. W. Platzman）教授のところにいて，彼とともにその国際会議に出席しましたが，日本を離れて6年ぶりの帰国だったので，その当時の印象はまた特別でした．

正野先生は地球物理学教室のほかの先生方と比べて，むしろ日本的な考えをもったお方で，日本での気象研究の歴史に誇りをもたれ，気象学の発展を心から願っておられました．その反面経済的に苦しい敗戦後のなかで，研究を続ける困難さを口にされ，「君達にはそういう思いをさせたくないから，研究できるなら外国でもどこでもいってやれるだけやりなさい」とよく言われていました．今からしてみると，自分でしたかったことを，弟子たちにさせたいと思われたのかもしれません．あの当時もし，私が先生の立場にいたとしたら，どうしたであろうと思うと，いまでも粛然たる気持ちになります．ルイスの次の文章が，私にとって大変印象的です．

「正野の運命は悲劇的な戦後期の気象学講座の教授として生き，気象学界のリーダーとしての重要な責任を負うことだった．」

参考文献

Lewis, J. M. 1993a: Meteorogists from the University of Tokyo: Their exodus to the United States following World War 2 Bull. Amer. Met. Soc., 74, 1451–1360.

Lewis, J. M. 1993b: 正野重方—The Unceleblated Teacher, 天気, 40, 503–511.」

正野先生の思いでと数値予報国際シンポ：増田善信

増田は，正野の門下生の1人であるが，村上多喜雄とともに気象技術官養成所の出身である．増田はNPグループの一員に加わり，その後もほとんど退職するまで一貫して数値予報に携わった．彼は，気象研究所時代における行政整理に伴う首切りの不条理さに直面して以来，気象庁の職員労働組合委員長として，労働運動にも深く係わり，現在でも反核運動などに加わっている．

「卒論のテーマをいただく

今日の正野先生を偲ぶ会にご参加の皆さんの中で，ただ1人私だけが東京大学の卒業生ではありません．私は気象技術官養成所の卒業生です．太平洋戦争が終わった翌年の1946年4月に研究科が創られ，私はその第1回として入学しました．僅か10名（卒業生は8名）で，皆さんよくご存じの村上多喜雄さんも一緒でした．この研究科は大変恵まれており，錚錚たる先生に教わりました．たとえば物理は坂井卓三先生，代数は山内恭彦先生，流体力学は今井功先生，物理数学は犬井鉄郎先生などですが，気象学は正野先生でした．当時先生は気象庁の高層課長をされていたと思いますが，気象学特論を東大の地球物理教室でなさっておられました．私たちは毎週東大に行き，寺内栄一さんたちとご一緒に先生の講義を聞きました．3年生になり，私は指導教官を正野先生にお願いしました．先生は気象研究所の理論気象研究室の室長になっておられました．先生から与えられた卒業論文のテーマは「高気圧の臨界気圧傾度の解析的研究」でした．傾度風の式を高気圧の場合にあてはめると，ある気圧傾度以上では虚数となります．先生はこれを臨界気圧傾度と名付けられたのですが，冬のシベリア高気圧の吹き出しは，気圧傾度が臨界気圧傾度以上になったときに起こるのではないか，それを天気図から確かめろ，というものでした．

実際の天気図から臨界気圧傾度を求めることは難しく，なかなかうまくいきませんでしたが，シベリア高気圧の吹き出しは黄海や朝鮮半島の東に小さな低気圧が発生するときに起こりやすいことに気がつきました．そこで戦争中の高層天気図を調べ，この低気圧の発生する前に，上層に低気圧が西から移動してくることを見つけました．これは澤田龍吉氏の「上層低気圧」と言われるものですが，地上では優勢な高気圧のためはっきりしません．しかし，気圧偏差図でははっきりと現われるので，吹き出しの予想にも使えることなども添えて卒論をまとめました．上層の気圧の谷の通過とシベリア高気圧の吹き出しを関係付けた最初ではないかと思っています．

ワーム（warm）をオーム（worm）と発音して

1943年3月に研究科を卒業し，4月から気象研究所の正野先生の研究室に勤めることになりました．当時は行政整理という名目で3割の首切りが出される寸前でしたので，気象研究所に入るのは大変困難でしたが，当時の和達台長に日参してやっと入れていただきました．先生は引続き東京大学との兼務をされていたので，研究所に来られるのは週に半分くらいだったように思います．週に1回，先生の来られる日にコロキュームが行われることになっていました．私の番が廻ってきました．ワーム（warm）をオーム（worm）と発音して大変怒られたことを今でも覚えています．

1950年に3割の首切りが強行され，気象研は大揺れに揺れました．その中で機構改革が行われ，その年11月に予報研究部が創られ，それを機会に正野先生は東大の専任教授になられたように思います．

先生は戦争中から戦後にかけて「大気擾乱の研究」をされており，毎号のように「気象集誌」にその成果を発表され，1950年5月にはこの「大気擾乱の研究」で学士院賞を受賞されました．さらにこの研究をもとに，岸保さんや佐々木さんたちと共同で，わが国で初めて「数値予報について」という論文を発表されました．その後，先生を中心に「数値予報グループ」が創られ，幸い私もその一員に加えていただきました．数値予報グループは本当に活気のあるグループで，毎回会合に出るのが待ち遠しく感じられるほどでしたが，1955年1月，先生を代表者としてこのグループに当時の金で 100 万円という多額の奨学金が朝日新聞社から与えられ，いっそう活発になりました．

しかし，このグループは研究だけのお固いグループではありませんでした．それは，先生が大変ダンスがお好きで，毎年クリマスの頃にダンスパーティを開き，夫婦同伴で参加するよう「命令」されたからです．気象研ではクリスマス前になると，講堂を使ってダンスの練習をしたものです．おかげで，私の妻も数値予報グループの皆さんとお知り合いになることができました．先生はまたパチンコが大変お好きでした．一度お宅にお伺いしたことがありますが，玄関にパチンコ台があるのには驚きました．しかし，余りお使いにはならなかったようです．やはりあのパチンコ店の騒音の中で，パチンコの玉が入ったり外れたりするときのスリルがお好きだったのではないかと思います．

数値予報シンポと大統領選挙

今年は数値予報国際シンポジュームの 40 周年の記念の年です．1960 年 11 月 7〜13 日に開かれました．このシンポ以前にも，台風シンポが開かれましたが，主としてアジア地域の国々の参加だけでしたので，こんな大きな国際シンポは，気象関係では実質的に初めてのシンポでした．IBM704 が導入され，数値予報が現業化されてちょうど 1 年半が経っており，日本で国際会議を開く意義は非常に大きかったと思います．準地衡風近似から非地衡風への問題が模索されているときであり，プリミティブ方程式が台風の発生や対流問題などにヤミクモに適用されているときでした．積雲対流の放出するエネルギーをどのようにして大規模現象の運動に組み入れるかについて萌芽的な議論がされたのもこのシンポでした．

今ちょうどアメリカの大統領選挙が行われています．40 年前の数値予報国際シンポジュームのときも大統領選挙でした．東大近くの小料理屋にアメリカの代表を招待したときでした．たまたま話が投票直前の大統領選挙に及びました．Dr. フィリップス，Dr. プラッツマン，Dr. チャーニーなどほとんどの人が民主党のケネディを推していましたが，たしか Dr. ベルコフスキーだけが共和党の支持者で，孤軍奮闘していました．その後選挙結果が判明し，ケネディが当選したので Dr. フィリップスらは大変喜んでいました．」

鹿鳴館時代を想わせる正野研究室：都田菊郎

都田は，1953（昭和 28）年東大理学部を卒業後，1963（昭和 38）年米国の地球流体研究所（GFDL）にわたり，1, 2 日先までである短期予報の予報期間を大幅に引き伸ばす延長予報と呼ばれる分野に取り組んだ学者で，その後ジョージメイソン大学に移って，1997〜2000 年のあいだ研究を続け，頭脳流失組となった．都田菊郎の回想は，研究室にも容赦なく襲った太平洋戦争後の厳しい状況をはじめ，種々のエピソードを明かしていて，非常に興味深い．都田は少し斜めに構えて振り返っており，そのことは後の第 9 章でも触れる．

「私が正野研究室に入ったのは 1950 年で，大部屋には小倉さん他，5, 6 人の先輩方が，それぞれの机に陣とっておられた．どういう経過か忘れてしまったが，最初に私は小倉さんから「乱流」のことを教えて頂くことになった．その当時，アメリカ帰りで井上栄一さんという方が変わった乱流論をやっておられた．井上さんの方法は直観的で，量子論的な雰囲気のする乱流論であった．その点，小倉さんの方法はもっと流体力学的で，私にはその方は馴染み易かったことを覚えている．しかし，私がもっとも印象深く思ったことは，小倉さんが仕事に手をつけると，論文など手品師のように難なくスルスルとできてしまうことだった．

1 年後に乱流論から気象力学のほうへ鞍替えし，岸保さんから「数値予報」を教わった．いかに気象力学が天気予報に重要であるかということを理解し始めたように思う．岸保さんはまもなくプリンストンの高等研究所にいるチャーニーに招待され，1 年間出張され，その後，笠原さんから数値予報，気象力学などに関して，色々なことを学ぶこととなった．

正野教授は私どもには雲の上の存在で，授業は受けるけれども直接に気象学のことを教わることはなかった．しかし正野先生が笠原さんと大部屋で議論されているのを横から見ていると，先生の数値予報はチャーニーの方法とは違ったやり方で，その点，日本独特であり，先生は自信満々であったように思えた．

私は旧制の学部を卒業して，大学院に残ることになり，（もっとも気象台に入るための公務員試験を落ちたのだが）アルバイトの口を探した．幸い佐々木さんのお世話で，小石川高校で時間講師の口を得た．しかしそれでは十分ではないので，渋谷の先にある広尾高校の時間講師も兼ねて働くことになった．小石川高校では，正野先生のご長男が生徒で，詩人の三好達治の息子さんもおられ，2人が何時も一緒であったような印象を持っている．今回，正野先生の墓参で帰ってみると，ご子息は既に大学教授を定年退職され，今はアメリカに行っておられる由．同じ時期に武田喬男さん（後に名古屋大学の気象学の教授）も小石川高校の生徒だったことを後で知った．その武田さんも今や定年退職である．今昔の感に堪えない．

話を1953年に戻すと，私は昼間，3つの学校を忙しくタクシーで廻るわけで，出費も多く採算が合いにくい．この状態が2年ぐらい続いたように思う．正野先生は私のスケジュールが余りにもタイトなのを見て，笠原さんがアメリカに出張された後，私に助手の口を与えて下さった．それでやっと時間も出来て，佐々木さんと一緒に「台風の数値予報」の仕事を進めたように記憶している．この研究はかなり成功で，それをきっかけに気象庁に頻繁に出入りすることになった．正野先生は，私が余りにも気象庁に入り浸って，東大に寄り付かないのを見かねて，「もっと東大におるように」と注意されたことを憶えている．

その頃，東大の地球物理教室には，坪井忠二，日高孝次先生など，国際的に知名度の高い先生方がおり，お2人の影響力は地物全体に甚大であった．つまり「鹿鳴館時代」的な雰囲気が濃厚であったように思う．いわゆる「日高パーティ」は新聞などを通して一般社会にも知られるようになっていた．正野先生も国際人の感覚が必要であるということで，先ず東京で数値予報の国際シンポジュームを開くことを考えて，精力を遣っておられた．実際，後から顧みて，この国際シンポジュームは，日本気象学会の世界への旗揚げであり，世界的にみても，数値予報の最初の国際会合であり，正野先生の一大快挙であったことは間違いない．

正野先生が考えられたもう1つの鹿鳴館的な催しは，西洋ダンスを習うことであった．私はこれにはかなりの努力を注いだように思う．山中さんという人は，正野研の学生でありながら，既にダンスの免状を持っておられたようであった．そのパートナーの女性は背が高くて，2人がダンスをはじめると，場内には名状し難い雰囲気が醸しだされた．山中さんが先生で，正野先生や私どもはその生徒である．驚いたことに，正野先生はダンスは常にホールの隅から始めなければステップが進まない，という習癖を持っておられた．私はヨーロッパ的社交ダンスより，アメリカ的なジルバとかマンボが向いており，それに熱中した．その後，アメリカに渡り，ワシントンでアフリカ・アメリカン（黒人）とジルバを手合わせしてみると，十分にやって行けるのである．そのとき，東大の鹿鳴館をありがたく思ったものである．

私は助教授になり，知らぬ間に，東大理学部の職員組合の委員長になっているのを知った．つまり，私は組合活動に熱心でなかったので，投票によって委員長に祭り上げられたのである．そんな訳で，後に安保闘争で理学部の旗をかついで，国会前に出かけて行くことになった．そのことは地球物理の同級生，清水君以外に誰も知らない．彼もどこかの旗をかついで国会前を歩いていた．

その一方，正野先生は英語をもっと身につけねばならぬと考えられておられた．たまたま府中にいる米軍気象隊のバンガード（R. C. Bungaard）大佐から，日本気象学会と交流したいという申し出があった．バンガードという人は気象の教科書も書いた人で，単なる軍人ではなかった．やがて，彼を通じて，アメリカ気象学会の東京支部を設立したいという提案がなされた．正野先生は立ちどころに承諾し，小平さん（後の気象衛星センター所長）と私が委員として参加することになった．

この分会は余り活発ではなかったが，お陰で英会話の実地訓練になった．ところが，それから意外な余得が出てきた．バンガード大佐は正野先生をアメリカ気象学会の名誉会員に推薦しようというのである．業績は日本における数値予報の発展ということであった．その背後には，国際シンポジュームの開催，日本の気象学者がアメリカの気象学会に少なからぬ貢献をしたということが挙げてあったように記憶している．後から思うには，アメリカ気象学会の名誉会員になることは至難なことで，今は日本人としては，正野先生，真鍋さん，藤田さんの 3 人だけである．

私が正野研に少しでも貢献できたことは，後輩あるいは学生の人たちと一緒に気象学を勉強したことである．それは河田，柳井，松野，廣田，山岬，といった人々で，早く亡くなった河田さんを除いて，全員が後に大学の教授になった．つまり鹿鳴館時代を経て，高度成長期を築き，元禄時代に進んだわけである．」

精養軒で正野重方先生を偲ぶ：駒林誠

1945（昭和 20）年 8 月の太平洋戦争の敗戦を機に，世の中の価値観や伝統的なものに新しい風が吹き始めて，正野スクールの研究活動も本格化し出した．駒林誠は正野の門下生の 1 人である．筆者が駒林を知ったのは，昭和 48（1973）年，気象庁の観測船「啓風丸」を利用した尾鷲付近の降雨観測に参加したときで，彼は気象大学校の学生たちを連れていた．駒林は，名古屋大学時代は雲物理学といわれる分野で独創的な研究に取り組み，その後，気象大学校に出向して教育に携わった後，行政に身を投じ，札幌管区気象台長，観測部長，気象大学校長を歴任した．彼の部長時代，筆者は部下の 1 人であったが，管理課のアフターファイブの席では，談論風発が昂じて，傍の黒板に「地球の丸を描き，もし，南極大陸の氷が全部融ければ，海面はこのように平均約 60 m 上昇する……」と，白墨が壊れそうな筆致で計算を書き進めたのを記憶している．どんな席でも笑顔を絶やさない好漢で，また酒盃も快く重ねた．退職後，一時，JICA（海外協力機構）による技術援助でモンゴル国立大学で教鞭をとった．駒林は1950（昭和25）年頃の気象学教室の雰囲気や退職後を回想する．

「非地衡風論争

あるとき，本郷の理学部1号館にある礒野助教授の室で実験を終えて，夜暗くなってから弥生町の木造教室へ行った．2階の正野研究室の大部屋には明かりがついていて，何事か大声で怒鳴りあうのが聞こえた．組合交渉のようなものが始まったとしたら珍しいことだと思って別室で待った．程なく終わって，廊下の板を踏み鳴らしながら都田さんと真鍋が入ってきて，「近頃の若い者はろくに地衡風もわからないうちに非地衡風などと言うもんだから，何を言っているのかさっぱりわからない．」「そうだ，そうだまったくだ」と興奮した面持ちでしゃべった[3)]．

そこで大部屋に行ってみると，柳井さんと松野さんの2人が上気した顔で立っていた．「組合交渉の練習でもしたんですか」とたずねると，「いや，そういうことはないんです．私どもの先輩がたは地衡風以外に聞く耳を持たないで困っているんです」と答えた．

気象力学特論のレポート提出

時代は前後するが，助手の都田さんから本郷の実験室へ電話があって，すぐに来てくれ，わけは電話ではいえないと言う．何事かと思って駆けつけると，都田さんは1枚のレポート用紙を見せた．さきほど正野先生に呼ばれてなんだこれはと叱られたと言う．見ると積分記号の付いた数式が4本並べてあり，その下に上式を解けばよいと書いてあった．それは「大気大循環について知るところを記せ」という正野先生の特論のレポートで，真鍋が提出したのだった．貴君はどう書いたかと聞かれたので，コンペンディアムとカイパーの本から大循環を拾い出し，講義で聞いたスタール・ホワイトの原論文の図を，佐々木嘉和さんが愛用している文献接写カメラセットを使った写真にとって張り付けたもので7～8ページくらいだと答えた．

3）大気中の高・低気圧などの大規模な場では，気圧傾度力と地球自転による転向力（コリオリカ）が平衡していると仮定した風（地衡風）が吹いているとみなす．

都田さんはすぐに真鍋を呼んで，「このレポートは短すぎると思う．正野先生に叱られた」と言った．「どこが悪いですか．間違っていますか」と真鍋．「いや，間違っていないが解けばよいとだけ書いてあるのは短すぎる」と都田さん．真鍋は憤然として「解きゃいいんでしょう，解きゃあ」と大声を出した．都田さんは「真鍋さん，ここで息巻いてもらっても困ります．息巻くなら正野先生の部屋に行って息巻いて下さい」と言った．

今になって考えれば，大循環を一番先に一番いい方法で解いたのは真鍋だから，言わば正野先生が真鍋を挑発して解かせたとも考えられる．それも都田さん経由の間接話法を使って．先に述べた地衡風以外に聞く耳を持たない先輩の話も，柳井さんや松野さんが熱帯気象についてその後になした仕事を見れば，ことによったら正野先生が間接的に挑発したのではないかと考えられなくもない．

メテオロ会

その頃正野研究室に左ハンドルの中古の乗用車（スチュードベーカー1937年型）があった．院生の私が赤羽駅前の自動車教習所に通って免許を取り運転していた．主な目的は人工降雨実験の機材のうち小型のものを運搬することであったが，正野先生の親友が開発に成功したばかりの大きくてズシリと重いテープレコーダーをメテオロ会と呼ぶ社交ダンスパーティーの会場に運ぶこともあった．先生は大手町，浅草や東中野でメテオロ会を開き弟子たちを踊らせた．

院生の河田好淳さんのジルバや山中義昭さんのワルツは上手で拍手がわいた．中央気象台や農業技術研究所からの参加もあって賑やかだった．農技研の井上栄一さんは馬の足と言いながらユーモラスに後ろや横へ蹴るステップをしたり，狼の首と言いながら頭を前後にゆすりながら踊った．相手の女性もまじめな顔ばかりもしておれず噴き出してしまうのを見て，ダンス嫌いで我慢して壁の前に立っている院生の藤田秀さんも思わず笑ってしまう風だった．

40年以上の歳月が流れて，ミレニアム直前の1999年12月29日の夜，私はモンゴルの首都ウランバートルで大ダンスパーティーに出席していた．国際協力事業団の長期派遣専門家を委嘱された私は1年間ウランバートルに住んで，モンゴル気象庁顧問とモンゴル国立大学教授（気象学科）を兼務していた．モンゴルでは官庁も会社も大学も年末に徹夜の大ダンスパーティーを開く風習がある．屋外はマイナス30度の寒さだが，屋内は給湯管の暖房があって，全員が盛装にダンスシューズで参加する．その日，気象庁と本省（自然科学省）と大学の年末ダンスパーティーが3つとも重なった．体力を温存するため，本省と大学には不義理をして気象庁のに専念した．

気象庁の講堂に金銀の紙テープと松の枝を飾り，エレピアンとアコーデオンのバンドが鳴るなか猛然と始まった．女性職員が男性職員の何倍も多いので，男は一曲も休むことができない．ふとメテオロ会の井上栄一さんの馬の足を思い出して使ったところ，ことのほかうまくいった．草原で踊り慣れているモンゴルの人たちは講堂の床でもすり足でなく，足を高く上げて踊る．馬の足がそれにぴったり合うのだ．その踊りが主催者委員会の目にとまり，休憩時間に表彰された．おかげで気象庁中に顔が売れて，それ以降は3階建の庁内のどこへ行っても親しくしてもらえた．これもメテオロ会のおかげ，つまり正野先生のおかげだと感じた．

フランス映画の一場面のような

40年以上戻って，本郷の理学部1号館の2階の礒野助教授の実験室に，私と小野晃さんと池邊幸正さんと3人の院生がいた頃，近隣には松沢研究室（地震学）と日高研究室（海洋学）の分室があって，佐藤良輔さん，米国人の海洋学者コックスさんや吉田耕造さんがいて，弥生町から院生や事務官，技官の女性がたが往来していた．正野先生の秘書の大久保万里子さんも，郵便物と書類を弥生町から礒野先生に届けに来ていた．

そのうち，小野晃さんが声をかけると大久保万里子さんが立ち止まって会話する姿が見られるようになった．白い実験着を着た小野さんと実験室入り口の鉄扉にどっと寄りかかった大久保さんの会話姿にはロマンチックな風情があった．礒野先生と私は「まるでフランス映画の巴里祭の青年役アルベールプレジャンと恋人役のアナベラが街角でしゃべってるみたいですね」と言い合って，その感想を正野先生に伝えた．正野先生は大変喜んで，「あの大久保さんが鉄扉にそっと寄りかかってね」と嬉しそうに言われた．ほどなく大久保万里子さんが小野万里子さんになって，40 年後の今日，精養軒の昼食会に出席なさっている姿を拝見して，私たちがいろいろな面で正野先生のお世話になっているのを，あらためて感謝の気持ちをこめて，実感する次第である．」

大部屋の思い出：真鍋淑郎

真鍋は，1958（昭和 33）年，世界的に著名な気象学者スマゴリンスキー（J. Smagorinsky）が主宰する現在の GFDL（地球流体力学研究所）に招聘され，大気大循環モデルと呼ばれる地球規模の流れを再現するモデルを用いて気候の予測などに取り組んだ．後に触れるように米国に移住し，頭脳流出組となった．真鍋は，大学院時代の苦労が，その後の自分の道を切り拓く糧になったと回想する．

「私が大学院の学生として駒林，加藤と一緒に正野先生の気象学研究室に入ったのは，1953 年の事でした．その頃の正野先生の学生指導は，一言で言えば，自由放任主義でした．学生が具体的な研究テーマを見つけ，自分で研究方針を立て，困難に遭遇した場合には自分でそれを克服するというものでした．私の場合，研究の具体的なテーマがなかなか決まらず暗中模索し，お陰で随分と苦労しました．でも，このときの苦労が一人立ちの独立研究者になってから大変役に立ち，今になって正野先生に大変感謝している次第です．

この正野研に入ってきた我々のような新入生にとって，小倉さん達先輩の指導，同僚とのディスカッションが不可欠であったことは申すまでもありません．その頃の気象研には，我々にとって懐かしい“大部屋”がありました．大部屋の一番奥には，大先輩の小倉さんがおられ，我々新入りは入り口の方に机をもらい，毎日朝から晩まで議論に花を咲かせておりました．その中に柳井さん，松野さんも加わって，実に活気あふれる環境でした．その頃，私たち（都田さん，相原さん，駒林，加藤と私）は，昼夜兼行で雨の数値予報に取り組んでいました．また，相原さんと加藤と私は岸保さんの指導の下で Double Fourier Series による Barotropic 予報の研究もしていましたが，これらの共同研究で得た経験が後で大変役に立ちました．また，同級生の駒林には毎日のようにディカッションの相手になってもらいました．彼の論理的で物理的なものの考え方，とことんまで掘り下げる研究態度は，私のその後の研究で実に参考になり，大変感謝しています．

1958 年の 9 月には博士課程を無事終えて，アメリカのワシントン D.C. の Weather Bureau のスマゴリンスキーのグループに加わり，大気大循環モデルによる気候の研究を始めました．ちょうどその頃，岸保さんは気象局に来ておられ，しばらくして，笠原さんもシカゴ大学から台風の数値予報の計算をするため頻繁に我々の研究所を訪問されました．夕食を一緒にし，ビールを飲みながらモデル開発について，実に有益なアドバイスを沢山頂きました．私は渡米したばかりでガムシャラに働いていましたが，次から次へと難しい問題に遭遇していましたので大変助かりました．今日，この席を借りてお 2 人に心から感謝を申し上げて私の話を終わらせて頂きます．」

引用文献および参考文献

[4.1.1] 弥生の空（廣田勇他，2000 年に開催された正野重方を偲ぶ会に寄せられた門下生の回顧を集めた文集）

[英 4.2.1] The dynamics of long waves in a baroclinic westerly current (J. G. Charney, 1947, Journal of Meteorological Society of America, 4, 135–162)

5 数値予報の源流

1950 年 3 月，米国ニュージャージー州プリンストンにある高等研究所のチャーニーやフォン・ノイマン（J. von Neumann, 1903–1957）たちの「プリンストン・グループ」は，世界で初めて電子計算機（ENIAC）を用いた数値予報に成功し，その結果は“Numerical Integration of the Barotropic Vorticity Equation（順圧渦度方程式の数値積分）”として，スウェーデン王立気象学会が発行している学術誌 *Tellus* の 1950 年 11 月号に掲載された［英 5. 0. 1］．この報は日本をはじめ世界の国々に大きな衝撃をもって伝播し，その後の世界の数値予報の流れを加速した．続いて，プリンストン・グループは 1952 年には高等研究所で作成された自前の電子計算機（IAS）を用いて，数値予報などに成功した．もう半世紀以上も昔である．

プリンストン・グループの開発の基本は，次章で述べるように，まず，実際の大気の振る舞いを近似する一連の気象力学的な数値モデルを組み立て，そのモデルの近似度を一歩一歩と上げていくという方針で臨むというものだった．しかしながら，1950 年のこの成功までには，長い道のりを要した．

フォン・ノイマンはチャーニーたちと一緒に高等研究所の中に ECP（Electric Computer Program）を立ち上げた．先の ENIAC をプログラム内蔵型に改良し，数値予報などを行なうことが目的である．世界から多くの著名な気象学者がプリンストンに馳せ参じ，日本からは，当時，東京大学理学部の地球物理学教室の助手であった岸保勘三郎も招かれた．

こうしたプリンストン・グループの成功を受けて，米国では気象局と海・空軍共同の予報組織である Joint Numerical Weather Prediction Unit が生まれ，1955 年 5 月 6 日，IBM 社の電子計算機 701 を用いた現業的な数値予報がスタートした．

日本では，後で触れるように，米国に遅れること4年の1959（昭和34）年に，同型機704を輸入して，数値予報を開始した．未だ戦後の当時の日本の状況を考慮すれば，画期的なスピードでの展開である．当時の金額で1日当たり40万円を超える年間レンタル料金約1.5億円，空調付きの2階建ての専用ビルの新築，30名近い運営スタッフの確保，そして，ずっと将来まで続くことになる維持運営の予算などを考えると，当時としては，文字通り破格の事業の開始と言っても決して過言ではない．

この電子計算機の導入を巡る当時の雰囲気や経過を，その渦中にいた1人の窪田正八[1]は『気象百年史』の中で，次のように述べている．

> 「日本の数値予報が芽生えたのは，戦後間もなくのことであった．東大教授正野重方を中心とした研究グループが，力学研究の指導的役割を果たしていた．同じ頃，リチャードソンの流れをくむチャーニーが力学的方法による気圧パターンの予想に成功し，その華々しい成果は，直ちに全世界に伝えられ，グループの若い血を沸き立たせた．時あたかも，戦後の混乱期であり，古い権威が音を立てて崩れ落ちていた．社会一般には，革命への期待感が満ち，戦後の失望を克服して，新しいものに革命的情熱を燃やし，若い命の生きがいを見出そうとしていた．研究方法はこれまでの個人主義から脱却して，グループ研究に進むことが唱導された．
>
> そして政府の電子計算機政策，気象庁当局の理解と激励に支えられ高揚期を迎えることになった．」

このような環境の中で，日本の数値予報の開発に係わった人々のドラマは，後章に譲ることにして，その序章として，ここでは数値予報の実用化に至る世界的な潮流を急ぎ足で辿ってみたい．

圧縮性を持つ流体の運動を支配する系に対する物理・数学的な表現は，

1）東京大学理学部を卒業後，気象研究所予報研究部で数値予報などを研究．同台風研究部長，気象庁予報部長などを経て，気象庁長官を歴任した．気象研究所時代，後述のNPグループの事務局を務めた．

すでに19世紀の中庸までに，ナビエ（H. Navier）とストークス（G. Stokes）によって運動方程式系として導かれ，さらに1835年にはコリオリ（G.-G Coriolis）によって，地球自転の影響が物体の運動に及ぼす見掛けの力，いわゆるコリオリ力（転向力）も導かれていた．しかしながら，その方程式系はあくまでも運動が時々刻々満たすべきユニバーサルな力学的原理に過ぎず，その方程式系が偏西風や低気圧の構造，それらの振る舞いの様子を我々に与えてくれるものではない．ある現象を観測し解明してみたら，その振る舞いは確かに方程式系を満足しているという関係である．

現代の天気予報を支える数値予報は，過去半世紀前に遡る低気圧や高気圧などについての気象力学的な解明，それらの現象を予測するにふさわしいアルゴリズムの開発，そして何よりもそのアルゴリズムを実行することが可能な高性能のコンピュータの開発とあい携わって進んできた．1950年代に実用化の展望が開けた数値予報は，実用化以後もモデルの精緻化などの発展が継続されており，21世紀を迎えた今なお，進化の過程にある．

我々は今や，先達が数値予報をどのように捉え，その困難性をどのように克服してきたかを歴史的事実として知ることができる．それはまた「温故知新」として将来へつながる糧でもある．

さて，まだ電子計算機がなく，その可能性すら予想されていなかった100年近く前に，果敢にも手計算で数値予報に挑んだ男がいた．上述の窪田も引用している英国の気象学者リチャードソン（L. F. Richardson, 1881–1953）による1922（大正11）年の数値実験である．日本では関東大震災の前年にあたる．確かに予測計算はできたが，得られた気圧変化は実際とは途方もなくかけ離れていた．彼は，「おそらく漠とした将来のいつの日か，実際の天気の進みより，計算の方が先んじることができるだろう，しかしそれは夢である」と記した．以来，世界を舞台に「リチャードソンの夢」の実現に向かって，東西の天気野郎の挑戦が始まった．なお，新田尚らは，数値予報の歴史と現在の気象学との関連を『数値予報と現代気象学』として著している［5.0.1］．一読を薦めたい．

リチャードソンの話は再び触れるとして，さらに20年ほど時代を遡る．

5.1　孤高の学者——北尾次郎

筆者は数年前に本書を企図し，種々の文献を渉猟するなかで，1.4節で述べたアッベの論文にDiro Kitaoの名前を見出すまでは，北尾次郎（1854–1907）についてはかすかな記憶しかなかった．『気象百年史』を開いてみたら，北尾の紹介があり，「……堂々190ページにわたる大論文であるが，ドイツ語を以って書かれていたので，国内においてほとんど読まれず，内容もまた理解されなかった．しかし，『大英百科辞典』（第11版）にも紹介されているように，ヨーロッパ，アメリカにおいては大いに注目された」と評されていた．どんな人物かと興味がわき始めていた矢先，2010年12月，廣田勇は「北尾次郎の肖像——気象学の偉大な先達」と題して，彼の出自，業績と評価，彼の現代的意義などについて論じた［5.1.1］．その中で，北尾には「孤高の学者」のイメージが残ると述べており，この節のタイトルとさせてもらった．なお，廣田氏からは，北尾の論文の一部の送付をはじめ，種々の情報を頂いた．

北尾は，1887（明治20）年，ドイツ語の論文“Beitrage zur Teorie der Bewegung der Erdatmosha re und der Wirbelstu（大気運動および台風の理論）”を発表し，以後，1889（明治22）年，1895（明治28）年と3回にわたって発表している［独5.1.2］．その中で，すでに円形の低気圧および高気圧の周りの風の吹き方などについて，物理および数学理論に基づいて論じている．

台風や低気圧では中心付近で一番気圧が低く，また風は北半球では反時計回りに吹いていることなどは，今では小学生や中学生でも習う理屈である．しかしながら，北尾は，観測データが非常に乏しかった明治中期に，大気の運動や台風について，まったく純粋に物理数学的な手法で，それらの振る舞いを論じていたのである．北尾次郎は，後で触れる近代気象力学を打ち立てた北欧の学者，V. ビヤークネスより，約 10 歳年上である．岡田武松および廣田によれば［5. 1. 1］，［5. 1. 3］，北尾次郎は松江藩医の子で，8 歳で四書五経を素読し，13 歳で『史記』や『資治通鑑』を通読していたという．1869（明治 2）年北尾漸一郎の養嗣子となり，翌年にドイツへの留学を命ぜられた．ベルリン大学の理学部では，キルヒホフやヘルムホルツのもとで物理学を学び，学位を受け，13 年間にわたる勉学の後に 1883（明治 16）年帰朝して，文部省御用掛に任ぜられた後，1885（明治 18）年に東京帝国大学教授となった．ときに 31 歳の若さである．しかし，わずか 1 年後には，東京農林学校（後に，東京帝国大学農科大学から東京大学農学部）教授になり，気象界を離れた．北尾は間違いなく当時，日本で最高級の学術レベルを有していたに違いないが，結局，その後は気象界ではなく，農科に活路を見出した．北尾はなぜ農科に転じたか素朴な疑問が湧く．

ここで当時の東京気象台を見ると，1882（明治 15）年にはクニッピングが内務省地理局に雇われて技術的中枢を担い，後に初代の中央気象台長となる荒井郁之助が課長，その下に中村精男（後に 2 代目中央気象台長），和田雄治（後に初代の予報課長）の布陣で，天気予報サービスがようやく軌道に乗りつつあった時期である．荒井が 45 歳，クニッピングが 37 歳，中村が 26 歳，和田は未だ 22 歳の並びである．第 1 章で紹介した馬場信倫は 24 歳であった．中村と和田は物理学科の出身で，クニッピングとも顔見知りの仲であったという．気象台の面々も北尾の帰国を知っていたと推察される．

北尾の転出について廣田は，当時，東大理科系の総帥は菊池大麓で英国留学の経験を持ち，北尾のようなドイツ系は傍系であり，また，教授間のいざこざが重なり，その破目になったと述べている．さらに，「もし，北尾が学閥の被害を受けず理学部に在籍を続けて気象学の研究を発表し後継者の育成を行なっていたならば，我が国の気象学の歴史は大きく違っていたのではないかと思わざるをえない」と述べている．

一方，岡田武松は北尾とは年が 20 歳も離れているが，学生時代に北尾を訪問し，さらに予報課に就職した当時には，北尾のドイツ語の論文の校正を手伝ったという．岡田は，ずっと後の 1927（昭和 2）年『気象学礎石』（岩波書店）を著しているが，そこには北尾の流れがある．北尾は 1 世紀以上も前に世界の気象界に足跡を印し，その血はこうして岡田に引き継がれたと見ることができる．

5.2 クリーブランド・アッベ

20 世紀の幕が明けたばかりの 1901 年 2 月，米国の気象学者クリーブランド・アッベ（C. Abbe, 1838–1916）は，メリーランド州ボルティモアにあるジョンズ・ホプキンス大学で行なった気象予測の基本に関する講義において，天気予報を物理法則に基づいて，科学的立場から行なうことの重要性を論述した．この論述は同 8 月にデンバーで開かれた The American Association for the Advancement of Science の会議で発表され，それを取りまとめた“THE PHYSICAL BASIS OF LONG-RANGE WEATHER FORECASTS（長期的な天気予報の物理的基礎）”が，同 12 月のアメリカ気象学会誌に掲載されている［英 5. 2. 1］．なお，ここでの LONG-RANGE という言葉は，いわゆる長期予報の意味ではなく，単に予測時間の長さの意味で用いられている．

彼は，当時観測データの蓄積に基づいて行なわれていた経験的な予報ではなく，天気予報は本質的に流体力学および熱力学の応用であるべきであるとの認識に立って，依拠すべき力学および熱力学的論拠とそのアプローチを提案している．すなわち，①気体が満たすべき状態方程式，②熱エネルギー保存則（熱力学第 1 法則），③連続の式（質量保存則），④運動方程式について，それぞれ明示的に方程式を書き下し，意味を述べている．そして，現在はこれらの方程式を解くことは無理だが，大気の研究に携わる学者たちがこの課題に本気で取り組み，いつの日かこれらの方程式を図式，解析的，あるいは数値的に解く手法を考案するだろうとの期待を込めた．なお，ウィリス（E. Willis）らは，2006 年にアッベの功績について「クリーブランド・アッベと米国の気象学」を発表し，彼の功績について述べている［英5.2.2］.

20世紀の初頭と言えば日本では明治の後期，日露戦争が始まる数年前で，前述の岡田武松が中央気象台に就職したのが1899（明治32）年である．当時の中央気象台では日本国内，朝鮮半島，台湾，中国沿岸部などの限られた観測資料で作成された地上天気図を前に，まさに経験と洞察をもとに予報を行なっていた時代である．岡田が予報課長となったのは1904（明治37）年だから，その頃にはこのアッベの論文にも接していたに違いない．なお，アッベの論文には，これまでの地球規模の大気の循環の研究が気象予測につながるものとして，北尾次郎の名（Diro Kitao）がオーバーベック（A. Oberbeck）などと並んで言及されている．

5.3 V. ビヤークネス

アッベの論文から数年後の1904年，ノルウェーの科学者，V. ビヤークネス（V. Bjerknes, 1862–1951）は，「力学および物理から見た気象予測」（原文はドイツ語）と題して気象予測の問題を科学的な見地から，より具体的な形で取り上げた［独5.3.1］．彼は，理論的な気象予測について2つのステップを考えた．最初は，診断と呼ばれるdiagnosticのステップであり，観測に基づいて大気の初期状態を決定する．次は予測であるprognosticのステップで，大気の運動を支配する法則に基づいて，初期状態が変化していく状況を計算する．この時代は，未だ観測自体に幾多の困難性があり，特に洋上や高層の観測については厳しかった．しかし，ビヤークネスは楽観的であった．というのはすでに国際的な観測プログラムが動き出し，科学的な航空に関する国際委員会によって組織化が図られており，大気の状態についての妥当な診断が得られる見通しがあったからである．

予報のステップとして，大気の状態を記述するそれぞれの従属変数について一連の方程式がまとめられた．彼は，7個の基本的な従属変数として，気圧，温度，密度，湿度，それに風ベクトルの3成分を掲げた．

さらに7つの独立の方程式を特定した．すなわち，風に関する「3つの流体力学方程式」，物体が連続で隙間がないことを規定する「連続の式」，時間に無関係に気体の状態を規定する「状態方程式」，熱エネルギーの保存などを意味する「熱力学第1法則」「同第2法則」である．ビヤークネスは，その方程式を数値的に解くことはできないし，また，解析的に解くことは論外であったことから，その方程式に対する定性的な図式解法を開発した．彼のアイディアは，多数のチャート上に各変数の分布を種々の高度に与えることによって，大気の初期状態を表すものである．基本方程式に基づいた図式による方法は，数時間後の大気を記述するようにできていた．したがって，この手法によって希望する時刻まで予報を繰り返すことができた．ビヤークネスは，この手法を予測精度が非常に高い可能性を持つ天文学と比較し，気象学をまさしく科学とするためには，大気についての真の物理的な理解が必要であると結論づけた．

なお，ビヤークネスの仕事とアッベの仕事に関して，前述のウィリスは，アッベがビヤークネスに先んじて，しかもより具体的な手法を論じているが，ビヤークネスはまったく言及していないこと，それにもかかわらず，この論文以降も，アッベはビヤークネスを支援したことを述べているのは興味深い．ちなみにアッベは，ビヤークネスより20歳以上年長であった．

5.4 リチャードソンの夢

次に舞台に現れたのが，本章の冒頭に述べた英国の科学者リチャードソンで，気象界に「リチャードソンの夢」を遺した人物である．彼は，ビヤークネスが実用化は無理だと思っていた世界——実際に方程式を解いて予報を行なうこと——に大胆にも挑戦し，その結果を1922年に『数値的手続きによる天気予報』として著した［英5.4.1］．リチャードソンは，1913年に英国のMeteorological Office[2]に就職したときに，

2） 現在でも，組織上は軍に属しているが，英国の気象サービスの主務官庁である．

初めてビヤークネスの計画を知ったという．リチャードソンは，その著書の序文の中で，その経緯を次のように述べている．

> 「ビヤークネスとその学派の精力的な研究は，きちんとした意味を持つすべての微分方程式を用いるというアイディアに満ちている．自分はこの仕事を始めて間もなくビヤークネスの著書『静力学と運動学』を読み，それは，私の仕事の全体を通じて重要な影響を及ぼした．
> 当時，オフィスで行われていた予測の手法は，過去の天気図を分類して指標化しておき，予報の時点で最も類似している天気図を抽出し，それを基に将来起こりうる天気を予測することである．この手法は，似通った初期条件（過去のある日）は，似通った結果（将来）に進展するだろうと見なすことである．この手法には，そもそも天気図の分類および類似天気図の検索過程に本質的な限界がある．」

このような考え方は，日本でもかなり近年まで予報作業の現場で用いられ，特に台風の進路予報では「類似天気図法」として，一定の価値を持っていた．

しかしながら，リチャードソンはこの手法に楽観的になれなかった．この予報は，大気が過去あるときに振る舞ったことは，今再び同じように振る舞うという前提に立つ手法に基づいている．大気の過去の歴史が，言ってみれば，現在という時点で最大級の作業モデルとして頼りにされている．他方，ビヤークネスは天文学における精度を，天気予報における根源的に不正確な手法と比較していた．リチャードソンは数値予報という原点のテーマに立ち戻った．

すばらしい正確な予測を持つ航海暦は，天体の歴史は全体として繰り返すという原理には基づいていない．ある特定の星，惑星や衛星の配列は，決して二度とは起きないということは間違いなくいえる．だのに，我々はある現在の天気図が過去の天気のカタログの中に正しく表現されていると期待すべきなのか．

リチャードソンの予測スキームは，V. ビヤークネスの予測手法の予測ステップ部分を正確に，そして詳細に達成したものであった．それは非常に入り組んだ複雑な手続きであり，リチャードソンが観察したとおり，大気が複雑だから計算のスキームも複雑であった．その実行はまた前電子計算機時代においてはまったく非実用的であった．しかし，彼は臆せず，計算に突き進んだのである．

リチャードソンの仕事に対する初期の反応は注目を集めたとは言いがたく，計算手法の非実用性およびある日の予測に適用した単独の例という明らかに底知れない失敗は，多くの批判を浴びた．リチャードソンの仕事の真の重要さはすぐには明らかにはならなかった．計算上の複雑さと単一の予測例の惨めな結果の両方は，せっかく彼が切り拓いた数値予報への道筋を他者が引き継ぐことを躊躇させてしまった．しかしながら，もっともと思わせるような初期の子細な反応にもかかわらず，リチャードソンの輝かしい，先見性のあるアイディアは，今日では世界で広く認知され，彼の仕事は現代の天気予報が確立された基礎として位置づけられている．

リチャードソンの夢は，当時は実現を見なかったが，引き続く10年，20年のうちに数値予報を前進させる鍵となる多数のイベントが現れた．特に1940年代に入って，チャーニーによる低気圧の発生・発達論に代表されるような気象学自体に画期的な発見があり，それは大気の力学に関して決定的な理解を提供するものであった．一方，第二次世界大戦の勃発は，大砲などに使われる高度な射程表の作成などのために，計算技術における進歩を，コンピュータの開発に向かって加速させていた．

なお，リチャードソンは，この仕事以降，気象学を離れて不戦論者の道を歩んだが，奇しくも30年後に「リチャードソンの夢」を果たしたチャーニーは，リチャードソンにその成果を披露している．

5.5 ロスビーの発見

気象関係者の間で，ロスビーの名前を知らない人はまずいないと言われるほど，彼は有名なスウェーデン出身の数物理学者および気象学者である．バイヤー（H. R. Byers）はロスビーの伝記の中で述べている[英5.5.1]．

「このスカンジナビア系のアメリカ人は，初期はビヤークネス学派の伝道師として，後期は大気科学で等しく有名なロスビー学派の創始者として，25年間にわたって自らが行なった著しい研究を通して，米国における気象学の思考を組織し，リードし，先兵となった．その後，彼は人生の最後の10年を生まれ故郷のスウェーデンに戻り，世界規模で主導的な役割を果たすことに努めた．」

ロスビーの大きな業績の1つとして，ロスビーの公式がある．彼は低気圧や高気圧という東西に数千kmの広がりを持つ気象擾乱が偏西風の南北への蛇行に伴っており，またその移動がこれらの擾乱の波長と偏西風の強さで決まることを見出した．すなわち，低気圧や高気圧を偏西風の中を東西に伝播する一種の波動として捉えて，その振る舞いは次式で表現されることを導いた．以下のように極めて簡単な式で「ロスビー波の公式」とも呼ばれる．

$$c = U - \frac{\beta L^2}{4\pi^2}$$

ここでcは注目している波の伝播速度，Uは一般流（一様な偏西風と考えてよい），βは地球自転の天頂の周りの角速度の南北方向の変化率，Lは注目する波の波長である．この式は，注目する波のスケールが長いほど，それが東に移動する速度が遅いことを示している．cがゼロとなる波長の波では，自らの波が西に伝播する速度と，偏西風で東に流される速度が打ち消しあい，波は停滞することになる．このような波は超長波と呼ばれ，実際に動きが非常に遅くなる．この公式は，数値予報が発達した現在の予報作業の現場でも，数値予報モデルが打ち出す天気図上の偏西風の出力の解釈などに生かされている．

引用文献および参考文献

[5.0.1] 数値予報と現代気象学（新田尚，二宮洸三，山岸米二郎，2009年），東京堂出版

［5. 1. 1］北尾次郎の肖像――気象学の偉大な先達（廣田勇，天気，909-916, Vol. 57, No12），日本気象学会
［独 5. 1. 2］Beitrage zur Teorie der Bewegung der Erdatmosha re und der Wirbelstu（帝国大学理科大学紀要）
［5. 1. 3］気象学の開拓者（岡田武松，1949 年），岩波書店
［英 5. 0. 1］Numerical Integration of the Barotropic Vorticity Equation (J. G. Charney, R. Fjortoft, J. von Neumann, 237-254, November 1950, Tellus)
［英 5. 2. 1］THE PHYSICAL BASIS OF LONG-RANGE WEATHER FORCASTS (Prof. Cleveland Abbe, 551-561, December 1901, Monthly Weather Review)
［英 5. 2. 2］CLEVELAND ABBE AND AMERICAN METEOROLOGY, 1871-1901 (E. P. Willis, W. H. Hooke, 315-326, March 2006, BAMS)
［独 5. 3. 1］Das Problem der Wetterorhersage, betrachtet vom Stanpunkt der Mechanik und der Physik. Meteor. Z., 21, 1-7：（注）原文を英訳した「The Problem of Weather Prediction, as Seen from Standpoints of Mechanics and Physics」が，米国の NOAA のホームページで閲覧できる．
［英 5. 4. 1］Weather Prediction by Numerical Process (L. F. Richardson, 1922, Cambridge University Press)
［英 5. 4. 2］The ENIAC Computation of 1950-Gateway to Numerical Weather Prediction Bulletin of the American Meteorological Society, vol. 60, Issue 4, pp. 302-312
［英 5. 5. 1］CARL-GUSTAF ARVID ROSSBY　1898-1957 (A Biographical Memoir by Horace R. Byers)

6　プリンストン・グループ

1946年の夏，米国のプリンストンにある高等研究所で開かれた会議で2人の男が運命的に出会い，そこから数値予報開発のプロジェクトが始まった．コンピュータの父とも呼ばれるあのフォン・ノイマンと，温帯低気圧の発達論［既出，英4.2.1］に金字塔を打ち立てたばかりの若き学者チャーニーの2人である．やがてプリンストンは近代気象学の幕開けの舞台となった．

振り返ってみると，当時プリンストンの高等研究所は，数値予報の実現にとって不可欠と考えられる3つの要素，①日々の天気予報ともっとも密接な関連を持つ高・低気圧の運動を支配するメカニズムについての本質的な理解，②数値予報を行なうための方程式の定式化とアルゴリズム（計算方法），③アルゴリズムの実行に必須の電子計算機というツール，を併せ持っていた世界の唯一の拠点であった．

カリフォルニア大学の出身で30歳を越えたばかりのチャーニーは，1948年，コンピュータの父とも称せられた数学者・物理学者のフォン・ノイマンの招きに応じて高等研究所のメンバーとなって，数値予報の開発を実質的にリードした．これに前後して，米国内のみならず，当時，気象力学の研究で先端を歩んでいた北欧からも著名な学者が続々とプリンストンに赴いた．東京大学で助手をしていた岸保勘三郎が，チャーニーに招かれてプリンストンに向かったのは，数値予報がアメリカで産声を上げてまもない1952（昭和27）年の秋である．彼らは象徴的に「プリンストン・グループ」と呼ばれ，その研究動向や成果は，逐一，世界に発信され拡散していった．もう半世紀以上も前の1940～50年代のことである．プリンストンにおける数値予報の成功の報はたちまち世界の気象界に伝播し，米国をはじめ日本などでの政府機関による現業的な数値予報の導入のきっかけにつながった.

一方，日本は当時，未だ戦後の混乱期にあり，多くの人々にとって，生きてゆくこと自体が容易ではなく，かなりの人々が大学はおろか高校への進学すらも断念せざるをえなかった時代である．そんな当時の様子の一端は前述の「弥生の空」などにもよく表されている.

この章では，プリンストンの高等研究所の素描に続いて，プリンストン・グループの立ち上げ，同グループによる数値予報の開発状況，岸保勘三郎などについて触れる.

6.1 プリンストン高等研究所

2008年9月の米国への筆者の旅は，NPグループの一員として日本での数値予報の黎明に参画した後，米国に移住した「頭脳流出組」が，その後，どんな人生を歩んだか，歩んでいるかを自分の眼で確かめることが主眼であった．併せて，数値予報発祥の地であるプリンストンの高等研究所を訪ね，関連する資料を収集したいと思った．この訪問を通じて，筆者が若き日に接した日本の気象学者たちと再会し，また海外にあってその高名を知ってはいたが話をする機会のなかった日本の気象学者に接することができた.

この高等研究所は，チャーニーに招かれた正野スクールの門下生岸保が，1年有余留学し，米国の数値予報の開発状況について文字通りホットな情報を日本の研究グループに書き送ったところでもある.

9月7日，最初の訪問地プリンストンに向かって成田を発った．ワシントンに昼過ぎに着き，国内線でフィラデルフィアに飛び，そこから鉄道を乗り継いで約50 km先のトレントンへ，そしてプリンストン大学のすぐ近くにあるちっぽけな終点のディンキー（Dinky）駅に着いたときには，夜の9時を過ぎていた．キャンパスの寄宿舎に沿う街路樹の間から漏れる学生たちのウィークエンドを楽しむ談笑を耳にしながら，やっとの思いでホテル，ナッソーインに辿り着き，受付カウンターの前の床に重いリュックを下ろした．その日に訪ねる予定であった真鍋淑郎博士がわざわざ手配してくれたプリンストンでは伝統のあるホテルで，内装がすべて木のかなり暗い照明のレストランで遅い夕食を取った．夜が明けて庭に出てみると，背の高い針葉樹の木立に囲まれて朝日を受けるホテルは，半世紀前もこのようかと思わせる静かな佇まいであった．岸保によると，同僚のプラッツマンが博士号を取得したときのお祝い会のように，ちょっとしたセレモニーはここでよく行なったという．

ここで高等研究所について触れておこう．正式な名称は，The Institute For Advanced Study（IAS）で，世界で最初の実用的な数値予報開発の舞台となった．米国北東部のニュージャージー州プリンストンの郊外にあり，日本ではプリンストン研究所あるいは単にプリンストンなどと呼ばれている．IASは博愛家であったルイス・バンバーガー（L. Bamberger）と彼の妹，キャロライン・バンバーガー・フルド（C. Bamberger Flud）の財政的支援を受け，所長アブラハム・フレクスナー（A. Flexner）のビジョンに沿って，1930年に設立された純粋に民間の研究所であり，プリンストン大学とはまったく独立の組織である．プリンストンのダウンタウンから2 kmも離れていない場所に立地し，研究所の森を含んで200 haを優に超える広大な敷地を擁している．すぐ近くにプリンストン大学があり，その構内に真鍋淑郎博士や都田菊郎博士たちがオフィスを構えるNOAA（米国大気海洋庁）付属のGFDL（地球流体力学研究所）が立地している．かつては栗原宜夫博士もここで研究に励んだ．

1932年，ベルリンで仕事をしていたアインシュタイン（A. Einstein, 1879–1955）博士は，ナチズムが台頭するなか，完成したばかりのプリンストンに招かれてドイツを後にした．彼は1955年に亡くなるまでこの研究所で過ごした．IASは，アインシュタインの研究に象徴されるように，もっぱら思索を旨とする哲学の府である．このことは，後述のようにコンピュータの開発と数値予報という実学を目指す電子計算機プロジェクトの導入およびその後のチャーニーたちの処遇（彼は結局，教授への昇任がならず，プリンストンを離れざるをえなかった）にも大き

図 6.1 プリンストン高等研究所の本館

な影響を与えることとなった.

翌朝，ナッソーインからタクシーでこのIASに向かい，そこでアーカイブを担当しているエリカ女史に会った．まず，本館のフルド館（図6.1）を一回り．眼前の景色は，岸保が50年以上も前にプリンストンに留学していたときに撮られた，もはやすっかりセピア色の写真と見比べても，幾つかの建物が増え，構内の樹木が一段と高く繁りを見せている以外は，依然として半世紀前の面影と静寂さを保っていた．何よりも全体が広大である.

岸保から，アインシュタインは毎朝，研究所のシャトルバスで皆と一緒だったが，帰りはいつも歩いて1人で自宅に戻ったと聞いていた筆者は，同じ道を辿ってみたい衝動に駆られた.

研究所本館であるフルド館の玄関から西方に広がる緑地内をアインシュタイン・ドライブが円弧のように走り，東側でオルデン通りにぶつかる（図6.2参照)．北に折れてしばらく進むと街路樹が豊かなマーサー・ストリートの交差点に達する．そこを右に折れて10分ばかり歩む

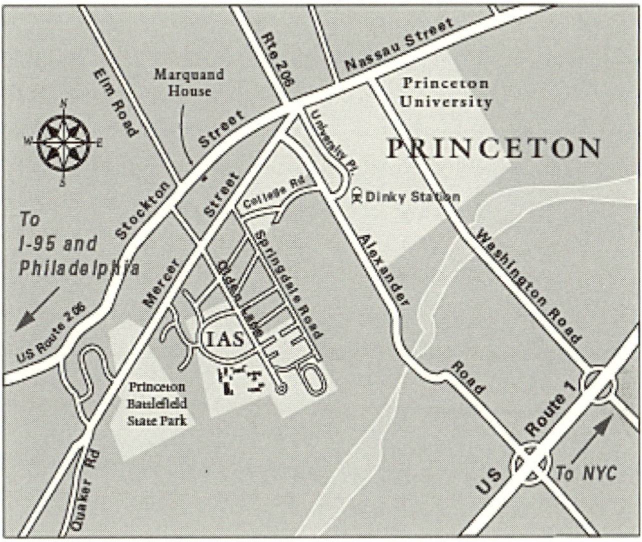

図 6.2　プリンストンの高等研究所周辺の地図

と，アインシュタインが住んでいた 2 階建ての白くペンキで塗られた瀟洒な佇まいの前にたどり着いた．今にもアインシュタインが家の前の芝生に現れてもおかしくない雰囲気である．なぜかアインシュタインの面影と手塚治虫の『鉄腕アトム』の白衣を着た団子鼻の「お茶の水博士」の姿を思い出した．ちなみにアインシュタインは，1922（大正 11）年 11 月に来日し，1ヵ月以上の滞在中，東京，名古屋，京都などで講演している．ここで研究所に向かってきびすを返したが，そのままマーサー・ストリートを北東に進むと，プリンストン大学のすぐ北を東西に走る先ほどのナッソー通りにつながっている．一方，研究所本館の裏手からゆるい勾配で南に下る広大な芝地を行くと，研究所の森にぶつかる．研究所との境を流れる小川に沿って小道がくねり，時折，ジョギングの人々に出会った．

高等研究所の活動は，創立以来約 80 年にわたって，その利害に関係なくもっぱら知識の追求に向けられ，これまで知的および実際的な分野の両方に，ずっと影響を与え続けてきている．本書との関連で見れば，計算の手順をプログラム自体の中に入れ込んだいわゆるノイマン型と呼ばれるプログラム内蔵型の最初の電子計算機の1つは，このキャンパスで設計され，製造され，IAS マシンと呼ばれている．ノイマン型の計算機の構造様式は今日の電子計算機の発達に決定的な影響を与え，コンピュータを動かすソフトウェアの数学的基礎を形成した．

プリンストンの高等研究所には，現在，世界の約 30 ヵ国から 200 人近い学者が往来しており，かつてはノーベル賞を受賞した湯川秀樹や朝永振一郎，南部陽一郎をはじめ，数学界のフィールズ賞を受賞した小平邦彦（元気象衛星センター所長小平信彦の兄）のほか，著名な学者たちが若き日に滞在し，研究に勤しんだ．

6.2 プリンストン・グループの立ち上げ

フォン・ノイマン，プリンストンへ

数値予報の歴史を振り返るとき，20 世紀が生んだ知の巨人フォン・ノイマンを抜きには語れない．1903 年ハンガリーの首都ブダペストで生まれ育ったノイマンは，混乱が深まりつつあったヨーロッパから逃れるように，プリンストン大学の招きを受けて，量子力学を講義するべくアメリカに渡った．1930 年のことである．アインシュタインの渡米に 2 年先んじる．ドイツではヒトラーが政権につき，ユダヤ系であるノイマンの周辺にも迫害の嵐が及び始めていた．その後，高等研究所に移ったノイマンは 1 年間の客員教授を経て，1933 年に 30 歳という高等研究所では最年少の若さで数学科の教授に就任した．彼はしばしば研究所の学生と見間違えられ，そのためにいつも背広を着ていたと言われている．ノイマンは，第二次世界大戦中は流体力学をはじめ，弾道学，気象学，ゲーム理論や統計学などに挑み，その数学的な才能をこれらの分野の実学面に応用した．

ノイマンは，高等研究所に電子計算機プロジェクト（Electronic

Computer Project: ECP）を立ち上げ，その後の電子計算機のアーキテクチャーの基礎となったプログラム内蔵型のいわゆる「ノイマン型」の電子計算機を試作し，チャーニーたちと共同して，世界で最初の数値予報を行なった．

当時，ECP が所属していた平屋の建物は今や保育施設などに使われているが，その表玄関脇の赤レンガの壁面にはノイマンの胸像プレート

図 6.3 ECP の建屋とノイマンの胸像プレート

がはめ込まれており，英語とハンガリー語で名前が，そして「1903Budapest-1957Washington」と書かれていた（図6.3）．

チャーニーの登場とロスビーとの出会い

1995年，フィリップス（N. Phillips）がNational Academy of Scienceの*Biographical Memoirs*にチャーニーの伝記を書いている［英6.2.1］．フィリップスは，かつて「プリンストン・グループ」の一員としてチャーニーと共同して，数値予報の開発に携わり，常にその渦中にいた学者である．プリンストンを去るときもチャーニーと行動をともにしMIT（マサチューセッツ工科大学）に移った．また，フィリップスは世界で初めて地球規模の数値予報を行なった気象学者であり，岸保がプリンストンに留学していたときの良き同僚，また良きライバルでもある．フィリップスは，気象界からの引退後に，後述の手紙を岸保に寄せた．一方，フィリップスと同じく若き日に数値予報開発に参画し，その後，シカゴ大学の気象学科の教授についていたプラッツマンは，当時の様子を1979年に回顧している［英5.4.2既出］．また，チャーニーの自伝に相当するものが，1983年に米国気象学会より出版されている［英6.2.2］．以下では，主にこれらに基づいて進める．

チャーニーがUCLA（カリフォルニア大学ロサンジェルス校）を卒業したのは，1934年である．特に数学および物理に興味を持っていた彼は，1940年のマスター論文は“Metric Curve Spaces”と数学への道を志向していたが，物理学科の中に新たにできたばかりの気象グループを率いるホルンボー（J. Holmboe）教授に出会ったことが契機となって，気象学に可能性を見出した．それは1941年の夏，チャーニーがホルンボーの助手に採用され，空軍および陸軍がスポンサーとなってUCLAと他の大学が開催した気象学トレーニング・プログラムでのことである．当時ヨーロッパではすでに第二次世界大戦の戦端が開かれ，太平洋でも日本との間に緊張が高まっていた．世界的に戦乱の機運が漂うなか，この時代は，学生側に対しては有益なサービスにつくべき種々の選択肢を用意したのである．チャーニーは，進路の助言を求めてフォン・カルマン（T. von Kármán）を訪ねたところ，航空産業はチャーニーの理論的性向に比して余りにも工学的だとして，気象学の道を奨められた．チャーニーが気象学を選択することはホルンボー教授の願いでもあり，1941 年，UCLA の teaching assistant および学生となった．太平洋戦争が目前に迫っていた．

当時は，天気予報技術者に対する軍事上の必要性が拡大するなかで，気象学に対する興味はより高まってはいたが，気象学を学ぶ場を提供している大学はごくわずかであった．UCLA の小さな気象学グループのリーダーは，J. ビヤークネスで，ノルウェーからやってきたばかりであった．ビヤークネスは，チャーニーが生まれた頃にスウェーデンのベルゲン研究所で，前線論を記述したことで非常に有名な気象学者である．彼の父は前述した V. ビヤークネスで，親子で気象学の近代化に携わった．一方，同じ学科のホルンボー教授もノルウェー人で，気象についての考え方にも明るく，また流体力学にかなり精通していた．

他方，MIT にいたロスビーは，大気および海洋の大規模な運動に対して，簡単化された流体力学モデルを用いて研究を進めていた．一例を挙げれば，1939 年ロスビーは，J. ビヤークネスが見出した地球自転に伴う見かけの力である転向力（Coriolis Force）の緯度変化が，大規模な循環の東向きの移動に重要な役割を果たしているというアイディアに辿り着き，5.5 節で述べた有名な「ロスビー波」と呼ばれる式を導いた．

このロスビー波の概念は，我々が普段体験する低気圧や高気圧をある特徴的な波長を持つ波動と考えると，その伝播のスピード（位相速度）は波長が短いほどゆっくり西に進み，逆に波長が長いほど早く西に進むことを意味する．

チャーニーは，博士号の取得を考える前の数ヵ月の間，その数学分野での学位を持っているけれども，自分は流体力学については新人であるとの思いを抱きながら，いくつかの給費大学生の道を開拓し，国の研究協議会の給費生として，ヨーロッパに留学できる資格を得た．彼は，スウェーデンのオスロにいるH. ソルベーグ（ノルウェー学派の数学者のリーダー），イギリスのケンブリッジにいる乱流などの専門家であるG. I. テーラーを訪問する計画を立てた．そしてヨーロッパに赴く途中，幸運というか，チャーニーと妻のエリナーはシカゴ大学のロスビーを訪ねた．ロスビーは，このときすでに，サンダーストームのフィールド調査，ジェットストリームの性質の発見，群速度の概念の気象および海洋の波動現象への応用，部分的に加熱されている回転ディッシュパン実験による大気の運動のシミュレーションによって，自分の教室を全盛に導いていた学者であった．

チャーニーは，このロスビーを通して初めて近代気象学の息吹きに触れたのである．そんなチャーニーとロスビーはたった一度のこの出会いでウマが合ってしまったという．ロスビーの人並み外れた説得力を以ってすれば，チャーニーが獲得していた渡欧のフェローシップを暫く延期して，シカゴ大学にほぼ1年留まらせることに，なんらの困難性はなかった．その結果，2人は一緒に議論をし，そして他の学科や多くの外国からの訪問者とともに，第二次世界大戦によって中断されていたコミュニケーションのチャネルをシカゴ大学に開いたのである．世に言う「シカゴ・グループ」の誕生である．チャーニーは，シカゴでのこの期間は，彼のその後の生涯の中で最も自分を形成するための素晴らしい経験をしたときであったと述懐している．

チャーニーとノイマンの出会い

そして間もなく，1946年8月29日から30日にかけて，プリンストンの研究所を舞台に，数値予報の将来を決定づけるような会議が開かれた．ノイマンが主宰した舞台は「気象学に関する会合」というありふれたテーマであったが，この会議には，ロスビーを含む米国内の名だたる気象力学の専門家約20人が一堂に会した．結果から見ると，この会議は数値予報に関するアメリカで初めての集まりであると考えられる．会議の目的は，タイプされた簡潔な4ページの要旨によると，ある大胆な

図 6.4　フォン・ノイマン夫妻（左）とチャーニー夫妻（右）（岸保勘三郎所蔵）

プロジェクトに対して気象界の支援を得ることにあり，すでにこのプロジェクトは高等研究所のノイマンによって海軍に提案がなされていたものであった．会議の主題は，電子計算機の天気予報への応用であり，ノイマン自身は自分が製作に係わっている計算機が最も優先すべき対象は，気象予測の分野であると認識していた．その会議においてチャーニーとノイマンが遭遇したのである．

当時日本は太平洋戦争が終わってちょうど1年，あらゆる分野で戦後の復興を模索していた時代である．前述の「正野スクール」では辛うじて小倉義光，岸保勘三郎，笠原彰がいた頃である．

前述のリチャードソンが，かつて第一次世界大戦中に大気の運動を支配する流体力学の方程式系を差分式で記述し，単純な時間ステップの積み上げで時間積分を実行したが，地上気圧の変化の割合が異常に大きくなってしまう結果を得ていたことを，出席者のほとんどは知っていた．会議の公式議事録にも，またチャーニーのノートにも，そのときのペーパーや皆を鼓舞するような価値を記録したものは残されていないが，この会議での唯一重要な結果は，チャーニーに次のことを知らしめたことであるという．すなわち，「ノイマンは物理的な課題に相当な思い入れを持っていること，および大気の大規模な運動に対する自分の理論は，プリンストンの目指している新しい計算機に最も都合よく応用ができるため，きっと自分はプリンストンにおいて歓迎を受けるであろうということ」である．チャーニーは実際，彼がこの会議からシカゴに戻った少し後，自分はプリンストンに行く可能性を求めているという手紙をノイマンに書こうとまでしたが，しかし，投函には至らなかったという．結局，チャーニーは翌年の1947年，ノイマンの招聘に応じて，プリンストンに職を得た．図6.4は，アメリカ気象学会（日時不明）の折に談笑するフォン・ノイマン夫妻（左）とチャーニー夫妻（右）である．

6.3 プリンストンにおける数値予報の開発

ENIACによる数値予報

世界で最初の数値予報は，1950年「プリンストン・グループ」によってなし遂げられた．使われた電子計算機は真空管式のENIAC（The Electronic Integrator and Computer）であった．若き日にこの数値予報に直接に参画し，後にシカゴ大学の地球科学部門の名誉教授となったプラッツマンは，当時の様子を『ENIACによる1950年の計算——数値予報への道』として著し，ENIACの出自や計算の実行などについて述べている［既出，英5.4.2］．ちなみにプラッツマンは半世紀前に高等研究所に招かれた岸保勘三郎と研究仲間であった．

プラッツマンによると，ENIACはデザインおよび製作の両面において最初の多目的の電子デジタル計算機である．このマシン作製の主な構成者は，ペンシルバニア大学電子工学ムーア校，アバディーン補給所の米国陸軍兵器局弾道研究所，プリンストン高等研究所の電子計算機プロジェクト（ECP）の3つである．ENIACは，1943年から1945年にかけて，ムーア校で弾道研究所向けに製作され，1946年2月に完成し公開された．同12月に稼動を始めたが，当初はロス・アラモスにおける緊急の課題に供せられた後，1947年にアバディーンに移されて，そこで1955年まで利用に供された．同年その歴史的使命を閉じて，スミソニアン博物館が所蔵している．

ENIACの仕様は1万8000本の真空管，7万個のレジスタ，1万個のコンデンサー，6000個のスイッチから成り立っていた．また，1枚が2フィート（約60 cm）の幅の42枚のパネルが部屋の3方の壁に配置されていた．そのパネルのうちの20はアキュムレータと呼ばれる加算機を持ち，約7つのパネルは種々のコントロールに用いられた．消費電力は140 kWである．

後述のフォン・ノイマングループ（ECP）のコンピュータ開発が遅れ気味であったことから，歴史的な初めての数値予報はENIACを用いて実行された．1950年3月の最初の日曜日，5人の熱心な一団が彼らの大いなる探求を果たすべく，メリーランド州アバディーンに集まった．チャーニー，フォン・ノイマン，フュルトフト，フリーマン，そしてプラッツマンである．「プリンストン・グループ」と呼ばれたメンバーである．その実行命題は，数値予報開発の契約（米海軍との契約）という日程の時間軸でみれば，その基礎的な仕事はすでに2,3年来プリンストンで進められているが，しかし別の観点でみれば，50年前に予言された「リチャードソンの夢」を実行することであった．

アバディーンでの計算手順は，3月5日の正午に始まり，途中に僅かの短い中断はあったが，8時間交代の24時間体制で33日間続けられた．予測モデルは，バロトロピックモデルという一番簡便なモデルで500 hPa面の24時間予報である．当初の4週間の予定を1週間延長して行なわれ，ついに4月上旬に計算を終えた．現在のスパコンでの予測のように初期条件を自動的にインプットし，1時間もすると計算が終わるのとまったく異なり，ENIACという巨大なマシンと人間との共同作業で一歩一歩と計算が進められた．図6.5は，プラッツマンの論文に示されている予測の計算手順を示している．初期条件をインプットして所要の計算を行なって次の時間の場を求め，さらにそれを初期条件として次の時間の場を求める．この1つのタイムステップをこなすために，図に番号が示されている順に16のオペレーションが必要であった．また，

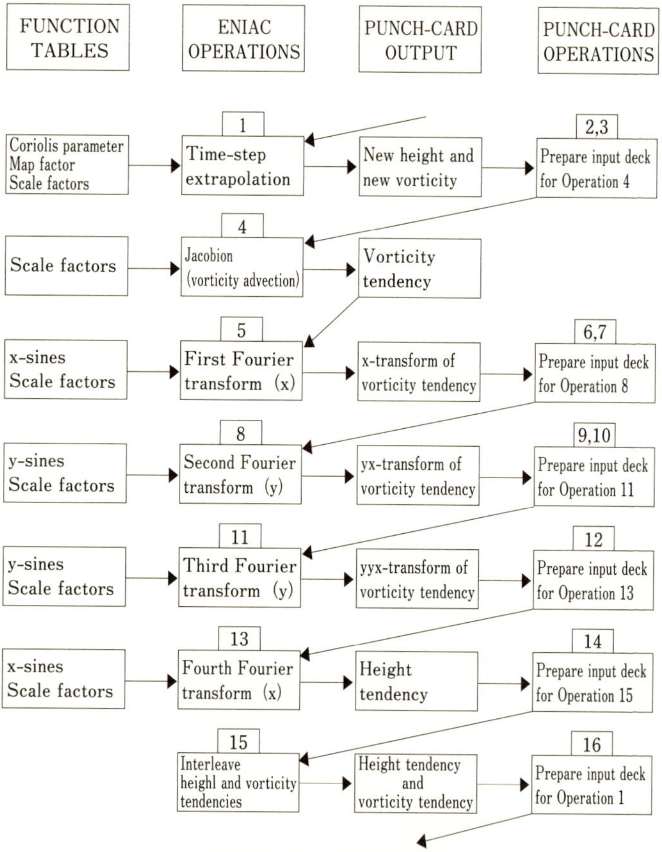

図 6.5 ENIAC での計算手順

オペレーションは人がパネルを入れ替えて行なわれた．たとえば「オペレーション 4」は図に示されているように，次の時間の渦度変化を求めるヤコービアンの計算手順において，各タイムステップごとに，またすべての格子点で行なわれ，「オペレーション 2, 3」で 3 枚のカードを読みこんだ後に実行される．この手順では，カードリーダーははっきり耳に聞こえる 3 つのクリック音を発し，続いてやや長いヤコービアンの掛け算と加算が行なわれる．各格子点で規則的に繰り返されるこのクリック音はまるで3ステップのジグダンスのようで，計算が順調に進んでいるという安堵感を与え，そして一度ならず，生のジグ舞曲が実際に演じられているように見えたことを疑わなかったと，プラッツマンは述懐している．岸保によればプリンストンを訪れたとき，プラッツマンはENIACでの計算を振り返って「毎回のパネルの入れ替え作業はまるで腕を鍛える体操のようであった」と話したという．

いずれにしてもこの1950年春の数値予報の結果が，前述のチャーニーたちによる *Tellus* の論文［既出，英5.0.1］となって世界に発信された．

世界的頭脳の結集作戦

フォン・ノイマンは，プリンストンのECPをより確かに推進するために，国内外の学者をプリンストンに招聘する戦略をとった．パリ大学教授のクイニー（P. Queney），オスロ大学教授のエリアッセン（A. Eliassen），ロンドン大学教授のイーディ（E. T. Eady），日本の岸保勘三郎など世界第一級の学者たちが対象となった．岸保への招請の件は後章に譲ることにして，当時の動きを示す資料として，1949年4月20日付でフォン・ノイマンからイーディに宛てた打診を見てみよう．イーディは，チャーニーと独立に大気の傾圧不安定に取り組み，同様の結果を得ていた人物である．この打診がされたのはチャーニーがフォン・ノイマンの招きでプリンストンにやって来て1年ばかりの時点である．もちろん，日本の数値予報はまったく立ち上がっていない．

なお，本節および次節で引用するプログレスレポートおよび手紙は，すべて“The Shelby White and Leon Levy Archives Center, Institute for Advanced Study, Princeton, NJ, USA”による．記して謝意を表する．

> 「この3年間，高等研究所では理論気象研究者がこの分野の研究に従事してきました．この仕事は，合衆国政府のいくつかの支援を受け

てのものでした．私たちがこの分野へ踏み込んだ理由は，本質的な興味から離れて，非常に高速の計算を行なう応用分野への興味です．私たちは高速の電子計算マシンを開発中で，1年ばかりで完成するものと希望しています[1)]．完成の暁には，数学および物理学のいろんな分野で使いたいと思っており，理論気象学も含んでいます．私たちが行なっている理論気象学の仕事は，将来このマシンを気象学の諸問題に用いるための非常に広範な準備にあたります．先年，クイニー教授（現，パリ大学）とはこの関連で一緒でした．今年はチャーニー博士（前シカゴ大学）とエリアッセン教授（オスロ大学）がここに来ています．来年，チャーニー博士はここにおり，そして私たちは海外から再びビジターが来ることを希望しています．

この関連で私は，あなたが1949〜50年の学年期に，ここに来られるかどうかを検討して頂きたいと思います．もし，あなたがこのことに興味をお持ちで，あなた自身の計画に照らしてよろしければ，あなたの訪問について適切な条件を整えるために全力を傾けるつもりです．我々はあなたに10ヵ月で5500ドルをサラリーとして提供することができます．私は，このようなアレンジがあなたにとって興味があるかどうかの返事を頂ければ幸甚です．

私は，あなたと知り合いになるであろう喜びを希望しています．」

その後，調整に手間取り，イーディは弟子のグリクリストの招聘も確保して，1953年プリンストンに一緒にやって来た．

プログレス・レポート

プリンストンでは，気象グループのリーダーであるチャーニーのもとに世界の俊秀が結集し，数値予報の開発が精力的に推進された．主に1950年代の初期である．チャーニーが，研究の進捗状況を責任者のフォン・ノイマンに提出した4部にまたがる「プログレス・レポート」が存在している．このレポートは，プリンストン・グループが1950年から1952年にかけて取り組んだ当時の研究の要点を取りまとめたものである．これを見ると，既に行なわれていたENIACでの計算結果を踏ま

1) 実際はかなり遅れ，完成を見たのは1952年6月である．

えつつ，高等研究所の電子計算機（IAS マシン）の使用に向けて，数値予報を行なうための基礎から実用に至るまで，種々の角度から研究が進められていたことがわかる．

岸保がプリンストンに招かれたのは 1952 年 11 月であり，その翌年，日本では NP グループが立ち上がっている．岸保がプリンストンの動きを日本の研究者たちに頻繁に知らせていたことは，種々の雑誌や前述の回顧談の中に見られる．彼はプリンストンの動きを日本に伝えるあたかもメッセンジャーあるいは鏡のような役割を果たしたことになる．

それではプリンストンの動きをプログレス・レポートを手がかりに辿ってみよう．

最初のレポートは，1950 年 7 月 1 日から 1951 年 3 月までの 9 ヵ月をカバーしており，日付は 1951 年 3 月 28 日となっている．

研究スタッフは，メンバー，コンサルタント，コンピュータの 3 つのグループに分かれている．（　）内は筆者による簡単な注である．

［メンバー］

Bert Bolin（ボーリン：スウェーデン人，後に気候変動に関する政府間パネル（IPCC）に貢献し，ノーベル賞を受賞）

Jule G. Charney（チャーニー，既出）

Thomas V. Davies（デービス）

Ragnar Fjørtoft（フュルトフト：ノルウェーの気象台長を辞して，プリンストンへ）

Joseph Smagorinsky（スマゴリンスキー：後にプリンストン大学構内に NOAA に属する現在の GFDL を立ち上げ，真鍋淑郎，都田菊郎，栗原宜夫たちを招聘し，気候モデルなどの研究を推進）

Margaret Smagorinsky（スマゴリンスキー夫人で，研究に参画）

［コンサルタント］

G. C. McVittie（マクビティー）

Morris Neiburger（ナインバーガー）

George Platzman（プラッツマン：後にシカゴ大学教授，1960 年第 1

回数値予報国際シンポジュームに笠原彰たちと来日し，米国からの参加者を代表して閉会式で謝辞を述べた）

Carl-Gustav Rossby（既出，ロスビー波の発見者）

［コンピュータ］

Norma Gilbarg

Mary Lewis

Chih Li Tu Yang

以下は，プログレス・レポートを適宜翻訳したものである．

1. ENIACを用いて行なわれた24時間バロトロピック2次元予報についての解析は完了した．その最終結果と手法は「バロトロピック渦度方程式の数値積分」のタイトルで，チャーニー，フュルトフト，フォン・ノイマンによって，*Tellus*（Vol. 2, No. 4, 1950）に掲載された［既出，英5.0.1］．

2. ENIACによる予報結果は，天気予報は数値的手法によってうまく取り扱うことが可能であるという，既に得られていた自信を勇気づけるのに役立った．しかし，その予報はバロトロピック・モデル（大気の流れを非常に簡単化した予報モデル）に関して何らかの結論的な評価を下すことはほとんどできず，特に格子の解像度が良くないことに起因する誤差が，ある場合は非常に大きくなって，モデルのエラーをおそらく非常に隠してしまう．その故に，IASの電子計算機が，十分に細かい格子を用いることができる容量を持っているので，バロトロピックの計算をさらにプログラムすることが決定された．採用された手法は，ENIACでの計算に使われた前例の修正および計算安定の限界についての再計算である．これらはフォン・ノイマンによって行なわれ，彼はまた計算機のための一般的なプログラムのセッティングアップを目的にした．最終的なプログラムとフローダイアグラムはプラッツマンによってなされ，また彼は，プラッツマン夫人の助けを借りて，プログラムの詳細な命令文を作成した．この仕事は12月には出来上がった．IAS電子計算機が使えるようになったときには，実際および理想的な初期条件の両方からモデルを走らせる計画である．後者は，種々の波動および渦モデルから構成されるはずである．

3. ENIAC の結果は，伝統的な天気図解析と格子点値に対する主観的解釈では，数値予報の初期値にとって明らかに不適切であることを示した．その結果を受けて，客観的な平滑化と外挿の手法がプラッツマンとスマゴリンスキー夫人によって研究された．この経験の成果を踏まえて，現在，IAS 計算機に向けて，以下のような 1, 2 の客観解析のスキームが計画されている．
4. 3 次元モデルの予報のために“retooling”と呼ばれるものに大きな傾注が向けられている．2 次元モデルは，大気の振る舞いについての物理的な理解には重要であるが，実際の応用は限られており，3 次元モデルに対する考案された挑戦のときがやってきたと，早くから認識されていた．3 次元の準地衡風方程式は，計算機での時間積分が非常に困難であることを示しているので，フェルトフトが工夫した簡単化されたモデルについて研究を継続した．ENIAC の予報の 1 つと関連して，このモデルはバロトロピック予報に対しては，顕著な改善をもたらすことがすでにわかっていた別の計算が，1950 年 11 月 24〜25 日の東海岸を襲った暴風に対して，ボーリンによって実行された．得られた 500 mb 面の高度変化の傾向は，2 次元で得られたモデルに比べて良かったが，しかし，地上における傾向は貧弱であった．
5. 断定的に言うことは未だ早いが，アドベクティブ（移流）3 次元モデルは，不具合を改善すると思われ，また，一般的な 3 次元方程式を解くための努力が払われねばならない．この件の状況を考慮して，フォン・ノイマンとチャーニーは，これらの方程式を解くための種々の緩和法[2)]の研究を開始した．1 つの改善されたリープマ

2) 格子点上で予測された渦度から，渦度と流れの場を結びつける微分方程式が最終的に満足されるように，逐次的に流れの場を調整していく手法．

ン法がすでに2次元モデルに適用されて妥当な良い結果をもたらしている．現在，非常に限定された大気の領域を対象に，3次元予報の手法を試行するべく計画中である．

6. 2次元バロトロピック・モデルの実用性のテストと同時に，非常に簡単化された2次元バロクリニック・モデルのテストの努力において，12時間おきの天気図の系列に対応して，500 mbの初期高度の傾向を計算するためのプログラムができた．その初期傾向は，ある有限な予報の成功の良い指標であることは，事前に見出されていた．検証の手段として，計算された傾向が観測された24時間の高度変化と比較された．同時に，25程度の計算が行なわれた．

かなり多数の例によって，バロトロピック予報が成功か失敗かを予測するためのある程度の限界が導かれると期待され，また，実際この方向である前進がなされている．ナインバーガーとロスビーは，計算結果の解析に当たっているが，評価と解釈の仕事に参加した．

他の研究グループがこの種の仕事を仕上げるだろうことを希望し，その故に現在の経験の積み上げを加えて，計算方法および結果の一部を刊行する予定である．

7. チャーニーとエリアッセンによるバロトロピックな帯状流における微小擾乱の予測に関する研究（*Tellus*, Vol. 1 No. 2, 1949）の成果から，500 mbの平均的な季節天気図に現れている準定常的な擾乱は，空気が地球上の大規模な地形の上を移動することによって，説明できることが発見された．この結果は，米国気象局の延長予報課によって扱われている月平均循環の変化を説明するうえで意味があり，したがってまた，長期予報の課題にアタックするための1つの手段を提供すると思われる．もし，その平均的な擾乱を，緯度変化している帯状流に対する単なるレスポンスと見なすならば，問題はこの流れの変化を予測するという簡単なものになる．この仮説をテストするために，スマゴリンスキーは，予め記述される帯状流に起因すると期待される定常的な帯状流の変化の理論的決定に乗り出した．

8. デービスは大気中の，気圧の鞍部および切離渦の形成過程の理論的研究を進めた．

9. チャーニーはバロトロピック渦運動についての統計的な仕事を継続した．

次のプログレス・レポートは4月から6月までの3ヵ月間の活動をカバーした短いもので，1951年6月18日付である．当時，チャーニーらによって発見された低気圧などの擾乱の発生・発達理論が，数値予報モデルでは実際にどのように振る舞うのかなどの基礎的な研究が進められていたことがわかる．

「1950年3月および4月，気象グループはメリーランド州アバディーンの合衆国兵站部のElectronic-Numerical Integrater and Computer（ENIAC）を用いて，一連の数値積分を実施した．その当時は，初期条件は500 mb面の観測された高度から得られていた．したがって，興味はバロトロピックモデルが，500 mbという非発散高度での実際の大気に対して，どのくらい近似しているかを見極めることであった．もう1つの目的は，大規模な計算機に向けた数値予報の数学的定式化とプログラミングの経験を習得することであった．観測と予報との合致は，大気中におけるバロトロピックな過程の性質をより探求することを，十分保証するものに近かった．1951年の初期，ENIACを用いた別のバロトロピック積分シリーズを計画することが決められ，このときは初期条件は一連の理想化された流れのパターンが使われた．そこでの目的は，観測と比較する予報を得ることではなく，むしろ大気の循環をエネルギーおよび角運動量の水平方向の再配分の見地から説明するべく，研究がなされた．その故に，1951年の第2四半期は，この仕事に傾注した．回答が求められている疑問は，以下の諸点である．

(1) 微小振幅の擾乱に対して不安定な帯状流において，ある波がどのようにして発達するのか？

(2) 平均流の中で，エネルギーと角運動量のどんな再配分が生成されているのか？

(3) 安定な波が衰弱するときに，どんなエネルギーと角運動量の再配分が起きているのか？

(4) ある波は決して完全に衰弱しないということが示されるが，最終的にはどんな種類の運動が続くのか？

(5) 増幅および衰弱がどのように波長に依存するのか？　振幅？　帯状流の分布？

(6) 平均帯状流中の渦の運動を支配している法則は何か？

(7) どのような条件下で，狭いジェット気流と広いジェット気流との間の遷移領域が鋭敏になるのか，すなわち，いつブロックが形成されるのか？

これらの疑問に答えるために，一連の波，渦およびジェット気流のモデルが構築され，そしてENIACに向けて積分がプログラムされた．ある量の再プログラム化が要請され，アバディーンの弾道研究所からのグループの支援を受けて実行された．すべての仕事において，幸いにも我々はシカゴ大学気象学科のジョン・フリーマン，ノーマン・フィリップスおよびジョージ・プラッツマン諸氏の協力と参加を得ることができた．実際の計算は6月5日に開始され，そしてこの原稿を書いている今も進行中である．それらの積分の結果は，6月29日までに仕上がるように計画されているので，次回のレポートの中で記述される．謹んで報告します．ジュール・チャーニー（グループ・リーダー）　1951年6月18日.」

これを受けて，次のプログレス・レポートが提出されている．メンバーは，チャーニーとスマゴリンスキー，コンサルタントはフィリップスとプラッツマン，コーダー[3)]はギルバーグ（N. Gilbarg）である．なお，チャーニーは，6月から8月にかけて，ヨーロッパを訪問し，英国Meteorological Officeのサトクリフ（R. C. Sutcliffe）やストックホルムではロスビーたちと意見交換をしている．

1. ENIACを用いた一連の理想化された初期条件に対するバロトロピックは1951年6月末までに完了した．4つのモデルが同時的に研究された．それらは，帯状のジェットの上に重畳された4つの波状パターンから成り立っている．うち2つは安定な性質を持つもの

---

3)　プログラムの命令文を書く人.

であって，それは擾乱の運動エネルギーが帯状流の運動エネルギーに変換されていくものであり，残りの2つは不安定のもので反対方向の変換を来たすものである．1951年の第3四半期は，流れのパターンと絶対角運動量における変化および流れのパターンと基本流の間のエネルギーの変換を求めるために，アウトプット・データの解析が行なわれた．この仕事の一部はシカゴ大学でチャーニーの指揮の下で，ノーマン・フィリップス，ジョージ・プラッツマンがコンサルタントとして参加して行なわれ，また，一部はプリンストンにおいてジョセフ・スマゴリンスキー，N.ギルバーグ，そして後にN.フィリップスが参加した．しかしながらわかったことは，結果は余りに貧弱なもので，何らの一般的な結論を保証するものではなかった．その故に，今や高等研究所で完成が間近い電子計算機によって，同様な性質を持つさらなる積分ができるようになるまで，その解釈は延期された．特に，安定および不安定な流れの中で，何が究極的に擾乱の運動エネルギーになるのかを決定するためには，時間積分はより大きな時間間隔でなされなければならない．

2. 長期の天気予報の課題に対する理論的なアプローチを見出すための継続的な努力（第7項，プログレス・レポート（1950年7月1日から1951年3月31日））の中で，ジョセフ・スマゴリンスキーは，大陸の地形および与えられたジェット気流のような偏西風上の摩擦の影響を支配する偏微分方程式の解法を，単純なグリーン関数で決定することに成功した．このことは帯状のジェット流の変位および強度変化によって生成される効果を評価することを可能にするものである．地形によって生成される擾乱が上層大気の運動の中心を局地化し，その故に熱源および冷源の合理的な導入と平均的なジェット気流の構造をもたらす大規模スケールのストレスについての手段を提供することになろう．

3. 気象力学における大きな問題の1つは，角運動量および運動エネルギーが中緯度の偏西風帯に供給される機構を説明することである．

大規模なスケールの擾乱における角運動量の水平方向の渦の変換は，地表摩擦に起因するその損失に十分見合っているということが，これまで経験的に言われてきた．一方，シカゴ大学で，J. チャーニーはバロトロピックおよびバロクリニック波動系における変換メカニズムの理論的研究を完成した．その成果は，安定および不安定擾乱の両方とも，帯状流の運動エネルギーの増加をもたらすことが発見されたことである．純粋にバロトロピックな効果はまた 1950 年の 24 時間 ENIAC 予報で起きた運動量の変化を計算することによって評価された．研究された 4 つの場合のいずれにおいても，中緯度では正味の増加があった．

4. チャーニーはヨーロッパへの訪問期間中に，最近数値予報の研究を立ち上げた多数の研究所を訪問し，個人的に互いの興味に関する疑問について討論した．英国空軍省の Met Office で R. C. サトクリフが率いる研究グループは準地衡風アドベクティブ・モデルを用いて幾つかの計算を行なっており，それが必要であることがわかった．これはそのグループの知見と一致している．他方，エントロピーの鉛直アドベクションを計算に考慮すると，計算は確かめられる限りでは，観測と一致した．この経験はまたチャーニーが相談した多くの他の研究者によって共有された．その故に，完全な 3 次元準地衡風モデルの積分が予報にとって大きな改善を導くという以外の結論から，誰も逃れることはできない．したがって，すべてのグループは今やその努力をプリンストンのマシンのために，3 次元問題のプログラムに向けて傾注している．ストックホルムにいる C.-G. ロスビーとの会話において，彼が所長の国際気象研究センターは，予備的なテストとシノプティックな解析の大部分を実行するように決めたことがわかった．

最後のプログレス・レポートには，四半期レポートとのタイトルがある．日付はないがおそらく 1952 年 3 月末に取りまとめられたと思われる．メンバーはチャーニー，フィリップス，スマゴリンスキー，コンサルタントはプラッツマン，コーダーはギルバーグ，ルイスである．

この時期，高等研究所の電子計算機（IAS マシン）が完成を見て，これまでの基礎的な研究から，実用的な研究へと転換が図られてゆく．そして，1952 年 6 月の IAS マシンのお披露目へとつながった．ちなみに，岸保がプリンストンに留学したのはこの年の秋であり，このレポートに盛られているような数値予報の実行のための数々のノウハウが手紙にしたためられて，後述の日本の NP グループにもたらされた．プログレスレポートは述べる．

「高等研究所の計算機の完成とともに，グループの最初の活動は一般的および力学的な数値予報の問題から，計算機を直に利用した個別のタスクへと転換した．3 次元の予報問題に固有の困難性を見ると，最初の試験的計算において 3 次元モデルを用いることを正当化するには，余りに大き過ぎることが，明らかになった．その故に，最初は，既に ENIAC である程度研究がされていた 2 次元のバロトロピック・モデルを扱うことに決められた．ENIAC での実験結果は一般的な結論を引き出すことを許すには余りにも貧弱であったので，格子間隔，時間間隔，緩和法を変化させる集中的な試験のシリーズと数値を格納する仕様が，プリンストン・マシンで計画された．加えて，基本的なバロクリニックの特性を組み込んだ 2 次元モデルを用いたいくつかの数値積分を行なうことが計画された．プログラム，フローダイアグラム，そしてコードがそれらのテスト予報に向けて準備された．

マシンに対するグループの最初の経験の後でわかったことは，非常に高速の計算機の精度チェックを維持する最良の方法は，計算が完全に終わった後で結果を調べるのではなく，マシン自身にチェックをするように指示し，エラーが起きたときにマシンを止めることである．その故に，一連の自動的なチェックがコード化された命令に加えられた．コードはまた，天気図から小数点で読まれた流線関数を，計算を始めるときに必要となる初期の 2 進数の渦度に，直接に変換するように用意された．以前は，流線関数は従属変数として取られていたが，しかし，代わりに従属変数として絶対渦度を取ることによって，丸めの誤差を非常に減少させるということが見出された．流線関数，それは渦度の時間外挿に必要とされるものであるが，渦度の場からポアソン方程式を解くことによって決定された．

バロトロピックの問題の定式化におけるポアソン方程式を，有限個のフーリエ変換法より，むしろ系統的な緩和法（修正リープマン法）によって解くと決定したことによって，より根幹的な変化が要求された．これはすべてのこれまでのバロトロピック・モデルのプログラムとコードの完全な変化を要求した．リープマン法が3次元の積分に使われるので，経験をうまく積むためにその手法を2次元の積分に用いることが決定された．さらにまた，緩和法は論理的により簡便であり，また，マシンでの命令もより少なくなる[4)]．積分の初期は，前もってマシンの中にmalfunctionを置き，コードおよびプログラムにおける不正確さを少しでも除去するために用いられた．数個の予報モデルが，1時間ステップを用いて，4時間，8時間，9時間間隔で行なわれた．マシンエラーが起きたらしいことから，これらの予報から結論を引き出す試みはなされなかった．研究は大循環および長期の予報の問題に向けて，大規模スケールの加熱が平均の季節的な流れのパターンに及ぼす影響の研究を通じて，継続された．予備的な結果によれば，加熱影響は500 mbでは見たところ現れず，地形の加熱と関連して，それらの影響は低層で観測された一般的な構造の要因になっていることを示している．グループは，プログラミングおよびコーディングの種々の場面で，再びシカゴ大学のプラッツマン教授の援助とアドバイスを受けている．」

プリンストン電子計算機のお披露目

プリンストン高等研究所は，1952年6月10日（水），米国東部夏時間5時報道解禁で，電子数値計算機（マシン）が完成し，運用に供されたことを公表し，報道陣にも計算機を公開した[5)]．

なお，発表資料の中で，記者への注意として，高等研究所はプリンストンの街に位置しているが，プリンストン大学の一部“ではない”の部

4）緩和法は，relaxation methodの和訳であり，ポアソン方程式において，計算領域の境界の解から出発して，領域内の解が最終的に方程式を満たすように，反復を繰り返して次第に近似の度合いを高めて数値的に解く手法である．

5）日本では，第7章で触れるように1956（昭和31）年には富士フイルムのFUJICが完成し，気象関係者も利用するようになった．

分（is not）に下線が付されているのを見ると，当時でも研究所は大学の一部と見られていたことをうかがわせる．

各紙は，毎秒数千回の演算能力を持つこのマシンを，世界初の“エレクトリック・ブレーン”（電子頭脳）の誕生と報じた．幾つかの新聞の見出しを拾うと，「Princeton's New Computing Machine Works At Rate of 2000 Multiplications A Second」，「Fastest' Mechanical Brain' Unveiled」，「Secrecy Lifted on Institute's Unique 'Electronic Brain'」，「'Father of Brains'」の文字が見られる．ある記事は書いている「演算に用いられた2000個余りの真空管は，小さなジーというクリック音を発したが，機械的な動きは真空管を冷却する送風機のみであった．研究所でのコンピュータの開発話が持ち上がったとき，付近の住民が懸念したエレクトリック・ブレーンが発するかもしれない“騒音”は，まったくの杞憂となった」と．

驚いたことに，世界初のIASマシンは，雑音を避けるためか，前述の本館とは数百m離れたIASの敷地の南東の隅，森の近くの建屋で製作・運用されたのである．

記者発表の資料には，得られた成果，開発の経過，計算機の能力などが記されているが，そのうちのいくつかを紹介する．

マシンによって得られたいくつかの成果が強調されている．当時，まだ確立されていなかった有名な19世紀の数学者クンマー（E. E. Kummer）の推定のテストでは，約2000万回の掛け算が行なわれ，連続6時間の計算を要したこと．3個の連立微分方程式の解が必要な天体物理学における問題，キュービック diophantine 方程式，北米をカバーする幾つかの24時間の気象予報で連続1時間の計算時間を要したこと．この気象の仕事は，研究所で実施されている理論気象学における集中的な研究プログラムのほんの最初のステップであること．

ついで，マシンの開発経過が述べられている．

このマシンの開発は，高等研究所のフォン・ノイマンの指揮のもとにスタッフによって行なわれ，デザイン，開発，製造に6年を要している．

このプロジェクトは，高等研究所の支援はもちろんのこと，多くの機関がスポンサーになっていることが示され，陸軍の研究・開発サービス，海軍の研究オフィス，空軍および米国原子力エネルギー委員会などの名が挙げられている．

このマシンは，AEC，弾道研究所，イリノイ大学のマシンを含む，引き続く種々のマシン開発のプロトタイプとなった．マシンのエンジニアリング・デザインに係わった人々の紹介に続いて，数学的および論理的デザインは，フォン・ノイマンとハーマン・ゴールドスタインによると記されている．また，気象学の仕事はチャーニーとフォン・ノイマンの共同指揮となっている．

マシンの仕様を見てみる．

データは小数点あるいは2進法の形式でマシンに読み込ませるが，計算は2進数系が電子的には都合がよいので，それで行なわれる．マシンで処理されるそれぞれの数は，符号と39個の2進数で構成され，それはほぼ符号と12桁を持つ10進数に相当する．計算処理能力は，毎秒，2000回の乗算，1200回の除算，または10万回の加算である．マシンは，処理機関，コントロール機関，メモリー機関，入出力機関の4つの基本的機関から成り立っている．マシンのメモリーは40本の陰極線真空管で，英国，マンチェスターのウィリアムズ（F. C. Williams）の発明に基づいている．マシンはメモリー機関に4万分の1秒でアクセスできる．このメモリーは40桁での2進数を1024数記憶することができる．計算機のサイズを見ると，2×8×8フィート（約0.6×2.5×2.5 m）である．資料にはunusuallyに小さいと書かれている．2340個の真空管が使われており，ほとんどすべては3極真空管である．消費電力は換気機構を含めて15 kwである．これは100ワットの電球150個に相当する．

6.4 プリンストン，東京大学の岸保を招聘

岸保とチャーニーとの出会いは，日本の数値予報の導入にとって，かけがえのない僥倖であり，もしその接点がなければ，以下に述べるNP

グループの立ち上がりも鈍く，したがって電子計算機の導入も大幅に遅れたことは間違いないと，筆者は考えている．

プリンストンからの招待

最初に岸保勘三郎の略歴に触れておこう．岸保は1924（大正13）年1月5日，広島県安芸郡海田市の海産物を扱う問屋の三男として生まれた．日露戦争当時は鰯などを扱い戦地に商ったという．広島第一中学校から広島高等学校理科乙類に進み，1942（昭和17）年10月東京帝国大学理学部地球物理学科に入学した．終戦直後の1945（昭和20）年9月に繰り上げ卒業して，同12月理学部の正野重方のもとで助手となった．1952（昭和27）年秋，チャーニーに招かれてプリンストンに赴き，約1年半後の1954年1月に大学に戻った．この間，1953年に理学博士号を取得した．1957（昭和32）年1月に気象庁に出向し，数値予報に係わる仕事に10年以上携わったが，正野教授の死去に伴って1970（昭和45）年4月に古巣の理学部の教授に就任し，1984（昭和59）年4月に停年退官した．岸保は，本書でも述べるように，正野教授と共に日本における数値予報の黎明期に大きな足跡を印した．また，退官に至るまで，1976年から1984年まで4期8年間，（社）日本気象学会の理事長を務めたほか，GARP（Global Atmospheric Research Programme: 地球大気開発計画）など国内および国際的な場面でも大きな貢献を果たした．

さて，1952（昭和27）年8月，正野教授のもとで助手をしていた岸保のもとに，一目でそれとわかる赤と青のラインで縁取りされたエアメールが届いた．たった1枚の手紙には，チャーニー博士から「プリンストンに来ないか」との招聘状がタイプされていた．筆者がプリンストンを訪れたとき，50年前にチャーニーが岸保に宛てたその手紙のコピーが，ECPに関するドキュメントの中にファイルされていた．

THE INSTITUTE FOR ADVANCED STUDY, ELECTRONIC COMPUTER PROJECT, PRINCETON, NEW JERSEYと印刷されたレターヘッドの便箋には1952年8月8日の日付があり，高等研究所

の所長オッペンハイマー（R. Oppenheimer, 1904–1967）博士と数学科のフォン・ノイマン教授にも CC で回章されている．オッペンハイマーは，第二次世界大戦中にいたロスアラモス研究所から，戦後の 1947 年にプリンストンの所長に招聘されていた．

Dear Mr. Gambo: に続いて，手紙が始まる．

「高等研究所の人事を通常決定する所長が不在ですが，この研究所の教授であり，また電子計算機プロジェクト（ECP）のリーダーであるフォン・ノイマンが，あなたに高等研究所の気象プロジェクトのポジションを用意することを認めてくれました．期間は 1952 年 11 月 1 日からの 11 ヵ月で，その間のサラリーは 6000 ドルです．

私は，あなたの 7 月 26 日付の手紙から，あなたがこのような申し出を快諾し，この秋にお迎えすることができると理解します．あなたが私たちのグループに来ることを心より歓迎するとともに，私たちの仲間になってくれることを心待ちにしています．

私は 8 月 14 日にヨーロッパに出向きますので，この申し出に対する返書は，高等研究所のフォン・ノイマン宛に送るようにして下さい．また同時に，あなたが承諾した旨を研究所の宿舎管理課長のルース・バネット夫人にも送付してください．私の留守の間にあなたが到着された場合には，彼女が種々の要望に対応してくれます．

渡航旅費はこれとは別途に支給されませんが，サラリーの中から旅費の分を前払いすることは可能です．もし，あなたが前払いを望むのであれば，フォン・ノイマンへの受託の手紙の中に希望する正確な金額を記してください．そうすればその額が送金されます．」

Yours sincerely に続いて，Jule Charney, Leader, Meteorology Group で終わっている．

実は，この書状の中にある 7 月 26 日付で岸保がチャーニーに送った「手紙」は，当時，東大の地球物理学教室で発行していた *Geophysical Note* に掲載されていた岸保の論文のコピーであった．同教室の教授であった坪井忠二や日高孝次は，すでに戦前に渡米の経験があり，自分たちの研究成果を海外に広める必要性を痛感していた．むしろ，研究成果を関係者に伝えないのは失礼であるとさえ考えていた．そこで生まれた

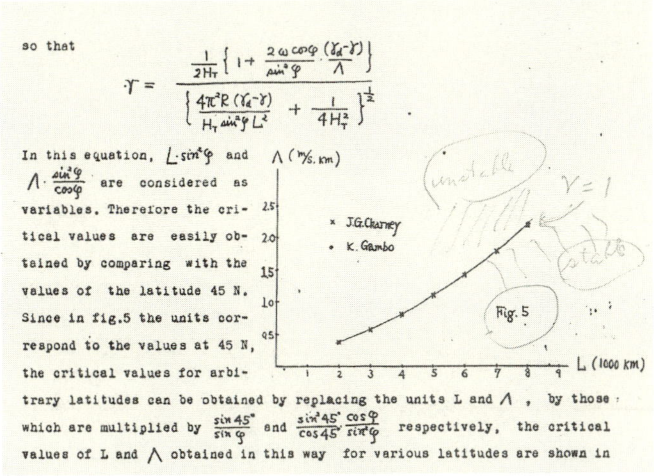

so that

$$\gamma = \frac{\dfrac{1}{2H_T}\left\{1 + \dfrac{2\omega\cos\varphi}{\sin^2\varphi}\cdot\dfrac{(\gamma_d-\gamma)}{\Lambda}\right\}}{\left\{\dfrac{4\pi^2 R(\gamma_d-\gamma)}{H_T \sin^2\varphi\, L^2} + \dfrac{1}{4H_T^2}\right\}^{\frac{1}{2}}}.$$

In this equation, $L\cdot\sin^2\varphi$ and $\Lambda\cdot\dfrac{\sin^2\varphi}{\cos\varphi}$ are considered as variables. Therefore the critical values are easily obtained by comparing with the values of the latitude 45 N. Since in fig.5 the units correspond to the values at 45 N, the critical values for arbitrary latitudes can be obtained by replacing the units L and Λ, by those which are multiplied by $\dfrac{\sin 45^\circ}{\sin\varphi}$ and $\dfrac{\sin^2 45^\circ}{\cos 45^\circ}\dfrac{\cos\varphi}{\sin^2\varphi}$ respectively, the critical values of L and Λ obtained in this way for various latitudes are shown in

図 6.6　岸保がチャーニー博士に送った論文の一部

媒体が *Geophysical Note* である．といっても，実態は英文タイプの原稿を綴じた研究集でしかなかった．数式と図はすべて手書きである．

ここで時間を少し遡る．地球物理学教室を卒業すると同時に教室の助手になった岸保は，教授の正野に大きな衝撃を与えた 1947 年のチャーニーの論文［既出，英 4.2.1］を読み，チャーニーが図式的に得ていたのと同じ結果を，どうにかして関数を用いて導けないものかと研究に耽り，ついに超幾何関数を用いてスマートに解析的に解き，同様の結果を得ていたのである．しかしながら実は，その研究には境界条件の簡略化のほか，数学上の論法に不十分さがあったため，全体として正しくなかったが，チャーニーは高度な難問に挑んだ岸保の意欲と卓抜した才能を見抜いたのである．ちなみに図 6.6 に岸保の論文 “The Criteria for Stability of the Westeries（偏西風の安定度についての臨界）”［英 6.4.1］中のチャーニーの結果と比較した手書きの図がある部分を示す．

なお，正野スクールで岸保の後輩にあたり，若いときに同じく大気の傾圧不安定性について研究をしていた廣田勇[6] は，1968 年の東大での学位論文で，このダイアグラムが意味する偏西風の鉛直シアーと不安定が起きる東西方向の波長との関係を厳密に扱い，超長波の領域で起きる β カットと呼ばれる意味をロスビー波の西進と結びつけて現象を明らかにしている．

低気圧の発達過程を世界に先駆けて発見し，プリンストンに職を得て，数値予報の実現に漕ぎ着けたばかりのチャーニーが，世界中から将来性のある若手をプリンストンに集めようとして岸保を誘った理由も彼の才能を見込んだことにあると思われる．チャーニーは，岸保より 7 歳年上にあたる．

岸保は感謝を込めた承諾の手紙をプリンストンに返信した．チャーニーからの招聘状を受け取った 2 ヵ月後，岸保は 1952（昭和 27）年 10 月 18 日付で米国への出張を命ぜられ，翌 19 日，単身で横浜港からアメリカのサンフランシスコに向かった．このとき 27 歳の岸保にとって，もちろん初めての洋行であり，太平洋戦争の敗戦からわずか 7 年しか経っていない時代である．連合国との間の平和条約が締結されたばかりで，日本は未だアメリカの占領下のような状態であり，ビザの取得をはじめ渡米の手続きも大変面倒であった．留学が決まって，岸保はアメリカ帰りの二世の女性から急いで英会話を習い始め，また，出発前にはプリンストンに宛てた出迎え要請の手紙にも彼女の助言を得た．船出の日，横浜港の大桟橋には，東大の気象学教室で大部屋と呼ばれた研究室に一緒にいた先輩の小倉義光をはじめ多くの同僚たちが見送った．兄貴格の井上栄一は一升ビンをぶら下げて港に現れ，船上で前途を祝す杯を酌み交わした．なかでも酒好きの井上は幾度となく傾けた．

2 週間の船旅が始まった．当時，日本航空がアメリカ向けに便を開設していたが，彼のポストでは無理であった．見渡す限り海，岸保にはこ

6） 1937（昭和 12）年生まれの正野の門下生で，京都大学名誉教授．気象学会賞および藤原賞受賞，（社）日本気象学会理事長を務めた．前記の「弥生の空」でも触れた．

れから過ごす異国での1年半余りの生活に，一抹の不安を抱きながらの旅であった．何しろプリンストンでは，自分の仕事は電子計算機を用いて数値予報をやることはわかっていたが，肝心の電子計算機については何1つ知識がなかった．出発前に目にした電子計算機を紹介した雑誌で，アメリカでは2進法による電子計算機が作られ，スイッチのオンオフで計算ができるようになったとの記事を読んだくらいである．日本では真空管を用いた5球スーパーラジオがもてはやされた時代，すでにプリンストンでは真空管を2000個も使った電子計算機が動いていたのである．

岸保が乗った船は貨客船で10人ばかりの乗客と一緒の船旅であった．偶然，その中にプリンストンへ戻る青年が1人居合わせた．約2週間の船旅，三度の食事は，必ず大きな楕円のテーブルの周りに，船長を中心に士官と乗客が指定された席で一緒にとる．岸保と青年は末席を占めていた．青年は，夜な夜な食堂の冷蔵庫からフリーのチキンの唐揚げを取り出し，「アメリカでも，こんなに自由にはありつけないかもしれないよ」と岸保にも勧めた．初めて食べたあの唐揚げの食感と味は今でも忘れないという．岸保以外はすべて外国人，もともと控え目な彼は，その青年以外とはほとんど話はしなかった．青年の手助けで，サンフランシスコで飛行機に乗り換え，ニューヨークの空港に着いた．事前の手はずどおりに迎えが現れた．岸保は，てっきりプリンストンの研究者が迎えに来たと思って「How are you?」とか「I am very fine」とか渡米前に一生懸命習った英語をやたらに駆使したが，それ以上話は前には進まず，どうも雰囲気が違っていた．研究所に着いてはじめて，迎えたのは研究所専属のドライバーだとわかったという．

NPグループへの書簡

岸保が，棟梁のノイマン，実質的なリーダーのチャーニーが率いるプリンストン・グループ（ECP）の一員に加わったとき，すでに米国内外の研究者がオフィスに集まっていた．ビジターの資格では，フュルトフトがノルウェーの気象台長を辞して，英国からイーディ，スウェーデンからボーリン，米国内からはシカゴ大学からプラッツマンがいた．また，研究アシスタントの資格では，岸保のほか，英国からギルクリスト（B. Gilchrist; イーディの弟子），米国気象局からシューマン（F. G. Shuman）とスマゴリンスキー，シカゴ大学からフィリップスがいた．この他，空軍と海軍からそれぞれ1名が来ていた．

なお，彼らのほとんどは後述の1960年の「第1回数値予報国際シンポジューム」で来日し，プラッツマンは，後述のように米国の参加者を代表して閉会のセレモニーで謝辞を述べた．

岸保のプリンストンでの生活が始まった．これという義務はなかった．プリンストンの街中，前述のナッソー通りに近いアパートに住み，毎朝9時に，集合所から高等研究所専用のシャトルバスで通った．昼食は研究所の食堂でとり，夕飯は日本から来ていた数学者小平邦彦の家で日本からの仲間たちと一緒にとるのが通常となっていた．同じアパートには，東京教育大学から来ていた数学者の北村某がいた．食事の後は，ときどき，日本の話にも花が咲いた．岸保は，自分のアパートに戻ると，その日の講義をまとめて，日本に送るのが日課であった．チャーニーは，たびたび皆を集めて，電子計算機および計算を実行させるための基礎となっている2進法，数値予報を行なう実際の手順と計算プログラムなどを講義した．また，緩和法（relaxation method）の実際も論じた．航空書簡（アエログラム）一杯にぎっしりと書かれた岸保の手紙は，東京で数値予報の研究グループ（NPグループ）の世話をしていた窪田正八を通じて，メンバーに最新の動向をもたらした．残念なことに，その1通すら残っていない．岸保は，プリンストンでの生活を含めて，自分の研究を「気象研究の思い出」として，回想している［6.4.1］．

シャトルバスは，プリンストンに来ていたアインシュタインも利用した．彼は毎朝自宅の前で専用バスに乗り，運転手のすぐ脇の専用席に座り，帰りは大抵徒歩で家に戻った．彼のために一番前の席がいつも空けてあった．その席の近くに座ったスタッフは，ときとして彼と会話が生まれる．ある日，東洋から来ていた青年にドイツ訛りの英語で話しかけた.「最近のアメリカの政治家は，ポリティシャンで，ポリティックスを議論していない．ところが我々自然科学者は，星空のかなたの永遠の真理を見出すのである」．岸保は，アインシュタインは自分のことはきっと東洋からプリンストンにやってきた若造くらいにしか見えていないだろうと思っていたが，彼のドイツ訛りのこの言葉だけは，50 年を経た今でもはっきり頭に残っているという．当時，アメリカには赤狩りと呼ばれたマッカーシズムが吹き荒れ，アメリカのある学者の容共的言動をアインシュタインが支持したことから，「アインシュタインを追放せよ」との声が上がっていた時期のことである．

岸保は酒豪の部類に入り，また無類のタバコ好きである．筆者は，昭和 40 年代，東大の教授をしていた彼がいつも，表に白い鳩がプリントされた濃いブルーの箱に入った両切りのピースを手放さなかったことをよく覚えている．プリンストンでは，食パンや肉はとてつもなく安く，それに好きなウイスキーとタバコも，日本と比べると破格であった．アパートの壁際の床に並べたウイスキー「Four Roses」のボトルの数では誰にも引けを取らなかったと，滅多に自慢をしない岸保が，当時を懐かしむかのように述懐してくれた．

小平邦彦夫妻がプリンストンから帰国する際，岸保は乗用車を譲り受けた．100 ドルを払った．「それでは鍵を渡します」と言われて，エンジンをかけた瞬間，車は突然バックして道端に落ち，レッカー車のお世話になった．この車のためにせっかく取った運転免許であったが，それ以来，彼は車の運転を断念した．

岸保が 1 年半の留学を終えて帰国しようとしたとき，チャーニーは恩師のホルンボー教授が勤務しているカリフォルニア大学に立ちよることを勧め，そこに 3 ヵ月留まった．その直前まで，数値予報というデジタルな世界にいた岸保は，ホルンボー教授が「微分方程式の微分を差分で置き換えて論じているプリンストンのやり方はインチキだ」述べたことに驚きを感じるとともに，未だ数値予報が世の中に認知されていないことを感じつつ，帰国した．1954（昭和 29）年 1 月 28 日のことである．

日本では，後述のようにその前年の 1953 年 5 月，数値予報グループが朝日新聞社から学術奨励金を受け，研究が進んでいた．

プリンストンの同僚から 40 年ぶりの挨拶状

ここで時間軸を半世紀前から一挙に近年に進めた話に触れる．と言うのは，プリンストンで一緒に仕事をしていたフィリップスから，ほぼ 40 年ぶりに 1 通の手紙が岸保に届いたからだ．この手紙はフィリップスが気象界からの引退を機に寄こしたもので，プリンストン時代の思い出やその後の世の中の変貌ぶりに驚いている様子が述べられている．なお，この手紙を受け取ったとき，すでに岸保も停年で東大の教授を引退していた．

> 「我々が最後に 1960 年に東京で逢って以来[7]，多くの歳月が流れました．MIT という舞台での私の役回りと義務が変わって，1974 年にそこを離れた後，10 年前には米国気象センターを退職しました．私たちは自分たちの 3 人の娘が片田舎に住んでいるニューイングランドのニューハンプシャー州に移りました．私は気象関係のすべての定常的な仕事を辞めましたが，以来，いくつかの歴史ものを手がけました．1 年前にロスビー教授について書いたものを同封します．あなたは彼に逢いましたか？
>
> 昨夏，妻のマーサーと私は電子時代に入ることを決心し，私たちの最初の PC を買いました．私たちはそれを親戚や友人との電子メールに使っています．私はまた，気象の仲間と種々のトピックスについてのやり取りに利用しています．一部を挙げれば，ヨーロッパ中期予報センター（ECMWF）にいるスウェーデン人のアンデルス・ペルソンです．もう 1 人は 50 年前にシカゴ大学で私の博士課程の指導教授であったジョージ・プラッツマン（プリンストンでの岸保の同僚）です．私たちの 3 方向のディスカッションの大部分は，コリオリ力[8]やそれに関連する歴史的な疑問と他の関連した主題のようなものです．
>
> あなたは，私と同じように随分前に退職したことと思いますし，私

7） 第 1 回数値予報国際シンポジューム．

8） 転向力とも呼ばれる力で，地球などの回転する座標系で運動を見ると現れる見かけの力．

のようにお元気であることを希望しています．あなたの1952年のプリンストン訪問は，正野教授の学生としてアメリカにやって来た多くの優秀な日本人の最初の人であり，気象学に大きな貢献を果たしました．あなたはここには移住はしなかったが，代わりに日本の数値予報のスタートを成功させることに非常な貢献を行ないました．（中略）

あなたと私，そして仲間たちが，今日の標準的な家庭用のPCにすら到底及ばないコンピュータと格闘していたあの遠き日々以来，数値予報は非常な進歩を遂げてしまいました．

1950年米国東部で極端に強い低気圧の発達がありました．チャーニーと私が1953年に，この低気圧を対象に2層バロトロピックの24時間予報を行なったがうまく予想できなかったことを，あなたは覚えていると思います．それでチャーニーとグルクリストが，今度はうまくいくと思って3層24時間予想を行ないました（しかしほんとは駄目でした！）．とにかく，3層モデルはその発生を実際に予測したと一般には思われ，その故にJNWPが創設されたのです．しかし，JNWPでは，たちまちその3層地衡風モデルにトラブルが生じ，まもなくそのモデルを諦めてバロトロピック・モデルに戻りました！[9)]

最近，ワシントンの数値予報センター（NWP）は，現代の解析システムとコンピュータモデルを用いて，過去のあの低気圧を対象に予測[10)]をやってみました．その予報は，低気圧の発達をなんと5日前にきちんと把握していました！！！」

6.5 チャーニー，プリンストンに別離

チャーニーがプリンストンに招かれて7年が過ぎ，38歳になっていた．その間，数多くの論文を彼自身，あるいは共同で著し，世界に発信し続けた．一方，1951年に新たに交わしたプリンストンとの5年契約の満期が迫っていた．彼の身分はもともとプリンストンのメンバーであって，ノイマンのような永続的な教授のポストではなかった．したがって，数値予報の開発に傾注していたチャーニーは，高等研究所の教授に

9）層の数を単純に増やしただけでは，予報はうまくいかなかったのである．

10）過去に遡って，そのときの初期条件を与えて予報を行なうこと，ハインドキャストと呼ばれる．

昇進して引き続き留まりたいと希望していた．

しかしながら，チャーニーの処遇を巡って，研究所内は真二つに割れた．前述のように，高等研究所はもともと哲学の府として設立され，純粋数学こそは好ましい科学とされていた．チャーニーの電子計算機プログラム（ECP）は，永続的なテーマではなく，むしろ実学的な応用の香りを持っていた．上司のノイマンはアメリカの原子力エネルギー委員会のメンバーとなりワシントンで重責を担い始めていたが，彼がガンを発病したことから，事態は急を告げた．所長のオッペンハイマーとチャーニーは互いを尊敬し合う間柄であった．ただ一方では，チャーニーはその前から実験および観測の仕事と係わりを持つことの重要性を認識していたので，種々の大学で職を得る可能性を調べていた．オッペンハイマーは，チャーニーを引き止めるべく所内の数学科の根回しに奔走したが，難航を極めた．

1955年12月14日，オッペンハイマーは，この事態は研究所自身の将来プログラムにも重要な影響を与えかねないものだと考えて，その経過について高等研究所の理事長に宛て，以下の書簡を送っている．これを読んでみると，チャーニーがプリンストンにやって来た経過，彼の研究業績，任期満了を前にした悩み，電子計算機に対するプリンストン内のスタンスの相違，オッペンハイマーの苦悩などが如実に表れていて，興味深い．原文を翻訳してみた．

> 「私は，チャーニーの件に関して，直接，貴殿に報告するのが最善なように思います．この問題はまだ完全には明らかにはなっていませんが，研究所の将来プログラムにも重要な影響を与えかねないものです．
>
> チャーニー博士は38歳です．彼は数値計算の新しい手法を気象学の問題に応用しているリーダーです．彼とフォン・ノイマンは大規模なストームを予測するための手法を開発しました；彼はガルフ・ストリューム（メキシコ湾流）の理論を打ち立てました；彼とフィリップスは大気大循環および力学的な気候学の理論について，確固たる一歩を踏み出しました．

チャーニー博士は，当初，フォン・ノイマンに招かれて研究所に来ました．以来，彼は研究所のメンバーで，ノイマンが当所を離れてからは，研究所の気象学プロジェクトのリーダーの代理です．このプロジェクトはほとんどすべて海軍との契約によって支えられており，年間予算額は約7万5000ドルです．このグループの仕事は，ほぼ3分の1が電子計算機に係わるものです．最初の計算はチャーニーの開発した手法の本質的な部分です．数年前にノイマンは私に，チャーニーに永続的な，おそらく数学科の教授のポストを与えることを考慮するよう示唆しました．チャーニーの仕事は成功したばかりではなく，ますます知られるようになっているので，チャーニーが研究所のファミリーになり，そして将来にわたる支持を確かなものにしてあげない限り，彼はおそらく他の場所に行くことを選択するだろうことを指摘しました．この提案に対して，研究所で純粋数学を扱っている数人の間に強い反対が芽生えました．チャーニーのプロジェクトが始まったとき，それに対して将来にわたって研究所の支援を保証したとは思っていなかったという立場です．その当時，これに関して我々が同意したすべては，研究所が気象学および関連する分野の永続的な支援に乗り出すには，それは学術的に新たな出発となることから，新たな是認が求められるということでした．そこで私は理事会に報告しました．この問題は，昨年再び持ち上がり，私は数学科内における意見の相違——特にチャーニーの教授への就任を認める物理学者とこれに反対する人たちの対立を解くべく試みました．我々は合意に達することはできませんでした．そして，新たな是認あるいは教授会および理事会サイドにおける政策の明確な決定を欠くうち，この事態は経過していきました．

この秋，チャーニーは私に対して，状況はこれまでフォン・ノイマンより知らされていたこと，そして自分としても，将来に対する適当でまた安定したアレンジを行なうことをいつまでも延ばし続けることはできないと，述べました．彼が現在係わっている契約と研究所のメンバーのアポイントは両方とも，1956年末で期限となります．先週の金曜日，チャーニー博士は，自分は理論気象学を持っている3つの大学，ニューヨーク大学，マサチューセッツ工科大学（MIT），カリフォルニア大学ロサンゼルス校（UCLA）から招聘を受けていると告げました．さらに彼は，同僚のフィリップス博士も自分が選択した場所に一緒に行くだろう，自分はこれらのことを1956年1月より遅れない時期で決めたいと述べました．プロジェクトの仲間が自分たちの将来計画を考えるうえでも，また，プロジェクトについての自分の意思を仲間に伝える義務を負っていると，彼は感じています．もし研究所からオファーが得られるなら，ここには多くのアドバンテージがあるので，なお喜んで留まることに強い誘惑を感じている，しかし，自分たちの将来の可能性について不確かな状況下では，もはや決定を延ばすことはできないと，私に打ち明けました．そこで私は，この問題を迅速に，また確かなものに解決する可能性を探求したい，そして，それが実現されるという見込みがないとわかったら，あなたが今ある大学からの招待を受け入れることは理解できると，彼に伝えました．

私は，今般，数学科教授会の全メンバーと個別に話をし，フォン・ノイマンとは電話で行ないました．教授会は，ほとんど2つの派に割れていました．1つはチャーニーに教授のポストをオファーすることを願い，その後に，政府による年ごとの支出から独立して，彼のプロジェクトの永続的な支援問題の解決を企てるという人々と見られるものです．もう1つは，この時点でこのステップを踏むことに確固として反対している人々です．両者の位置関係は非常に凝り固まっているので，全体討論を通じて共通点を見つけることは絶望的に思われます．その故に，数学科は教授会に推薦せず，したがって私は，チャーニーに教授ポストをオファーすることを，理事会に推薦できないという結論に至りました．

この方向が賢か愚に関して意見は明らかに異なっています．チャーニーとフィリップスはリーダーたちであり，気象学プロジェクトの目的に照らして，唯一準永続的な学者です．彼らは電子計算機プロジェクトの応用について，もっとも重要な分野の開発をもたらしました．したがって，現在起こっていることは，研究所のプロジェクト研究およびコンピュータと研究所の間の将来の関係についての見解に深い係わりをもたらし，そして数学という科学において我々は自由に見解を抱くという決まりに対しても，ある程度，影響を持つでしょう．私が長文の手紙を貴殿に書いたのは，このような理由からです．私は，もしあなたがお望みならば，もちろんいつでもこの件について，喜んで議論したいと思います．」

しかしながら，結局，チャーニーはプリンストンに別れを告げることになった．所長のオッペンハイマーは，チャーニーが研究所を去るに際して，1956 年 3 月 11 日付けで書簡を送り，その中で「私は，この研究所におけるあなたの正式な雇用に対して，7 月 1 日付で 5000 ドルの一時金を支給する旨を決めました．これは，あなたが研究所で行なってくれた非常に実りのある，また，成功に導いてくれた仕事を評価したものであり，さらにこの資金があなたが長らく待ち望んでいたヨーロッパでの長期的な研究を行なう助けとなることを希望します」と述べている．

チャーニーはこれに応えて，1956 年 5 月 15 日付でオッペンハイマーに次のような謝辞をしたためた．

「貴殿および高等研究所の事務の方々から，私がここを去る際に頂いた非常に惜しみのないこのグラントに対して，深甚なる感謝の意を表します．これは私が長く望んでいたヨーロッパでの研究機関に向けて，実質的な寄与をしてくれるでしょう．

私はまた，自分の仕事に関するあなたの親切な注目に対して感謝を致します．この関連で言えば，私がなしえたすべてのものは，自分がこの研究所で楽しむことができたユニークな機会のおかげであることを申し上げます．私はフォン・ノイマン教授と緊密な付き合いを持つことになったという非常な幸運のみならず，8 年間という計り知れない間，外部の騒動に煩わされずに，自分の仕事を探求し，そして胸の内にあったものを発展させるという時間を与えられました．

その故に，私は常に研究所に感謝を捧げるとともに，特に貴殿には，このような環境を可能にしてくれた変わらぬ支持と激励に対して，謝意を表します．

私は，このような楽しい滞在をさせてくれたすべての友人に対して，ひとえに最高に幸せな思い出と親愛なる敬意を胸にしつつ，研究所を去ります．」

チャーニーは，プリンストンを辞した後，同僚のフィリップスとともに MIT に移り，気象学科の教授に就いた．着任に際して，チャーニーは，MIT の行政部に対して，ローレンツ（E. N. Lorenz）を MIT に留めるとともに，スタール（V. Starr）と合わせて 2 人の昇任を推薦し，実行された．

チャーニーはその4年後の1960年，第1回数値予報国際シンポジュームで初めて来日し，岸保や正野たちと再会した．当時，数値予報とはまったく無縁の20歳の学生であった筆者は，このシンポジュームを記念して開かれた一般向けの講演会で，チャーニーの講演を聞いていた．そしてサインをもらった．シンポジュームとこの話は，改めて後で触れる．

引用文献および参考文献

[英6.2.1] Jule Gregory Charney (Norman A. Phillips, 1995), THE NATIONAL ACADEMIES PRESS

[英6.2.2] The Atmosphere—A challenge The Science of Jule Gregory Charney (edited by Richard S. Lindzen, Edward Lindzen, Edward N. Lorenz, and George W. Platzman, American Meteorological Society, 1983)

[英6.4.1] Geophysical Notes, Vol. 3. (1950) No. 29 Geophysical Institute, Tokyo University, JAPAN

[6.4.1] 気象研究の思い出（岸保勘三郎，1984，天気，Vol. 31，No. 11，3–16），日本気象学会

7　日本初の大型電子計算機

大型電子計算機 IBM704 は 1959（昭和 34）年 1 月横浜港に陸揚げされた後，3 月 12 日，気象庁において火入れ式が挙行され，ここに日本の数値予報が産声を上げた．半世紀前のことである．それに先立って，1957（昭和 32）年 5 月に IBM との間に電子計算機のレンタル契約が交わされていた．

気象庁にこの電子計算機を導入するための予算は，1957 年度から 3 ヵ年にまたがった．初年度の 1957 年度は電子計算機を導入するための国庫債務負担行為（レンタル契約するための借入予算），2 年目の 1958 年度は国庫債務負担行為の支出と計算機を格納し運用する専用ビルの建築費，3 年目の 1959 年度は電子計算機の借料，電子計算機を運用する部局の設置と人員増などである．

1958 年度予算の成立後，大蔵省に対する気象庁の窓口であった総務部主計課長の野津法秋《のりあき》は，気象庁ニュース（1958 年 4 月 5 日）の中で，次のように述懐している．

> 「本年度予算も愈々政府原案通り成立した．長官（和達清夫）以下幹部が真夜中何回も大蔵省にかけつけられた編成当時を思い，ほっとした気持になる．この予算の特色は数値予報や FAX[1] の実施によって予報作業が大きく転換していくだろうということである．予算説明はいつも秋口に始まって，台風が本土の南方をウロチョロする頃最高潮に達するので，予想が食い違った時などは，いささか大蔵省のしきいが高くなる．今度の予算で，一番面食らったのは，横浜の天気予報を東京では出来ないのかという，現行の府県単位の機構に対する批判であった[2]．「気象に国境なし」「天気に国境あり」と言うことになっ

1）天気図や予測資料などを地方官署に電送するための短波放送を利用した無線模写電送．

てくる．結論的にはサービス面での必要性を理解して貰ったものの，おぼろげな考え方だけでは説明にならないことをしみじみ感じた．とも角，前年度比4億6千万円増の35億予算は成立した．（以下省略）」[3)]

なお，野津は1946（昭和21）年運輸省に入り，その後，中央気象台の主計課長に転じ，1959（昭和34）年6月16日付で辞職し，新設されたばかりの「旅客船公団」の経理課長に就いた．

野津の回顧にもあるように，当時の気象庁にとっては，この計算機の導入は，その年間借料が約1億5000万円と予算規模からみるときわめて異例であり，一方，日本の当時の計算技術の観点からみると，まったく別次元の革新的な計算ツールがもたらされたとみることができる．振り返ると，この電子計算機の気象庁への導入は日本における現代のITの源流と言っても過言ではない．このような計算機の導入を可能にしたのは，敗戦による価値観の転換や社会の混乱の中から，何とかして新しい時代に立ち向かおうとする人々——気象庁，東京大学，大蔵省，産業界——の熱い連携があった．

以下に，まず当時の気象庁全体の観測・予報・通信技術のレベルに触れた後，数値予報の開発に向けて結成されたNP（Numerical Prediction）グループの活動，大型電子計算機の予算要求の経過，導入された数値予報とそのプロダクトの出現がもたらした予報現場の軋轢などについて述べる．

---

2)　気象庁は，各県にある地方気象台および測候所の天気予報および気象警報などの発表に関する役割分担の見直しを進め，測候所の業務の地方気象台への集約を行い，2008年，すべての測候所の廃止を決めた．また，天気予報および注意報・警報の区域の広さも格段に細分化され，特に，注意報・警報は2010年から市町村単位へと精緻化を遂げている．これらは本書の主題である数値予報の導入とその後の発展，さらに観測手段の進展に依存している．

3)　1958（昭和33）年度予算35億円の内訳は，人件費18.7億円，物件費16.4億円で，前年度比4.6億円増である．ちなみに，気象庁の2011年度予算は約800億円である．

7.1　半世紀前の観測・予報・通信技術

電子計算機導入当時の気象庁の技術レベルを，主に筆者の体験を中心に眺める．筆者が大阪市生野区にあった大阪管区気象台の観測課に配属されたのは 1961（昭和 36）年 4 月であるが，当時，気象庁で行なわれていた気象観測および予測技術，地震観測などに関する技術，さらに気象業務全体をサポートする計算技術や通信インフラのレベルは，電子計算機の予算要求が動き出した昭和 30 年代初頭とほとんど同じと見なすことができる．

最初に，当時の気象庁の組織機構を概観しておく．気象庁本庁の下に管区気象台（札幌，仙台，東京，大阪，福岡）および沖縄気象台，その管轄下に地方気象台および測候所が位置していた．この他に函館，舞鶴，神戸，長崎の 4 つの海洋気象台があり，主要空港の羽田に東京航空地方気象台，地方には航空測候所や空港出張所があった．気象庁の付属機関として，気象研究所，気象研修所（現在の気象大学校の前身），高層気象台などがあった．他方，予報業務については，全国予報中枢（本庁）—地方予報中枢—府県予報中枢という 3 階層の指揮系列が敷かれており，地方予報中枢は，上述の管区および沖縄に，函館，新潟，広島，高松，長崎，鹿児島を加えた合計 12 ヵ所に置かれていた．なお，このような組織および予報業務の系列の思想は，戦前の中央気象台時代から今日まで続いている．ただし，前述のように測候所は帯広と名瀬を除いて全廃となった．

つづいて観測手段を見る．昭和 30 年代，もちろん気象衛星はなく，アメダスはない．当時のハイテクと言えば，1954（昭和 29）年に設置された大阪レーダー（大阪市郊外の高安山）を皮切りに全国に展開され始めた気象レーダーである．現在は，降水域や降水強度のデータがデジタル化されて，テレビでもカラーで報道されており，インターネットでも閲覧できるが，当時は，管区の観測課に設置されている直径 50 cm ばかりの丸いレーダースコープ上に地図入りの透明のセロハン紙を貼り付けて，時々刻々変化してゆくエコー（降水域）のパターンを色鉛筆でスケッチし，その図版を管区の予報課で利用するとともに，同時にスケッチ図から雨域や強度のパターンの概略を平文の電報に組んで，それを管内に伝えていた．管下の地方の気象台では，その電報から雨域の広がりなどを監視していた．また，地方の官署では，地上観測項目である天気，雲，気温や気圧，風向・風速などの気象実況を気象電報によって収集して，低気圧や前線の動き，雨域の広がりなどを捉えて，それを基に予測する手法がまだまだ主流の時代であった．そのため多くの気象官署が 24 時間体制で毎時の観測を行なっていた．大阪管内では，大阪以外に米子，室戸岬，潮岬など，全国では数十ヵ所が毎時観測を行なっていた．現在のような非常に機械化された気象測器や IT と異なって，観測はもっぱら人力が主体であり，したがって，そのためにも多くの人的資源が割かれていた．未だ，太平洋戦争当時に構築された観測の体系が色濃かった．

大阪の観測課で具体的に見てみよう．観測現業は 1 チーム 3 人で，4 チームが基本である．週 44 時間勤務を踏まえて，各チームは日勤，夜勤，明番，公休の 4 日サイクルを繰り返す交代勤務である．まだ，土曜日は半休の時代である．ちなみに，このような交代勤務制は，チームの人数は減ったが，現在でも続いている．

日勤者は，朝 8 時過ぎに夜勤者から引き継ぐ．毎正時の 11 分前になると，柱時計がチーンと鳴り，観測を始める．作業机の横にある時計の文字盤のような目盛りで「風程」[4] を読んで小型の「観測野帳」に 4254 のように鉛筆で数値を記入する．すぐに屋外に出て，数十m 先にある観測機器が展開されている観測露場に向かい，百葉箱の北側の扉を開けて，アスマン型乾湿計の湿球を覆うガーゼをスポイトを使って純水で湿らせ，通風ファンを回転させるための動力である分銅を巻き上げる．

4）飛行機の形をしたプロペラ式の風向・風速計はあったが，10 分間平均である風速を求めるには，風車の原理を利用した風杯（3 杯型ロビンソン風速計）の回転数から 10 分間の空気の移動距離（風程）を求め，風速に換算していた．

雨のときは，直径 20 cm の円筒の雨量計の底から導かれて，容器に溜まっている雨をガラスのメスシリンダーを用いて，雨量を観測する．空を見上げて，雲の観測に移る．全天の広がりを 10 割として，その何割を雲が占めているか，さらに雲の種類と高度，雲の向き・速さを自分の眼で観測する．昼間はよく見えるが，夜間は眼を凝らしても限界がある．それでも観測する．月があれば助かり，大阪の街の明かりも大いに参考になる．当時は，大阪も大気汚染がひどく，天気はたびたび「煙霧」であった．

数分後，アスマンの乾球と湿球の目盛りを読み取り，観測室にすばやく戻る．幾つかの数表を参照して，露点温度，湿度を求め，正時の 1 分前に風程を読んで 10 分平均の風速を求める．正時になると気圧計室のドアをそっと開けて蛍光灯をつけ，壁面の柱に吊るされた水銀気圧計に対面する．読み取りのスケールの原点を示す象牙の針を上下させ，水銀溜の上面にかすかに接するように原点を調整する．水銀柱の高さをバーニア（副尺）を利用して，10 分の 1 mb の桁まで読み取って野帳に書く．同時に水銀柱に付設されている水銀の温度補正用の温度計の値も読む．

観測机に向かい，再び数表を参照しながら，素早く小計算を行なう．算盤を使う人もいたが，「計算尺」が活躍する．2 桁程度の乗除は容易にできた．観測結果を電報用紙に書き込み，電話で通信課に送る．大阪では，管内の気象電報を有線のモールス通信によって収集し，テレタイプに打ち込み東京に送る．図 7.1 に観測野帳の例を示す．

なお，現在でも，気象電報は WMO（世界気象機関）で定めた国際気象通報式の書式に従って作成されており，東京で集計された電報は，国際気象回線で関係国に電送されているが，目視による天気や雲の観測以外は，自動的に観測されて電報が組まれ，通報されている．また，別途，気象庁で作成された種々の天気図類は，短波の無線模写電送を通じて，近隣諸国や日本近海の船舶向けに伝送されている．

このように通常の観測は，正時から 10 分程度以内には終了して，次の観測時刻に備える．雷があるときは，ピカッと光った瞬間にストップ

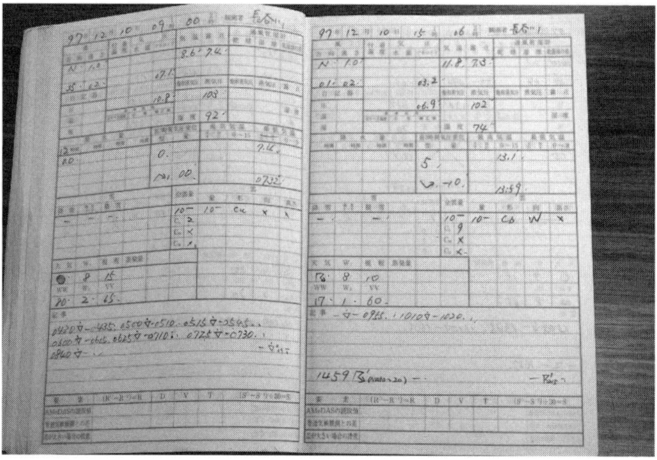

図 7.1　観測野帳の例

ウォッチのボタンを押し，ゴロゴロッと鳴ったときに止めて，その間の秒数から距離を求める．観測結果は臨時報（ライハ）で打電する．

毎日の観測結果は，大福帳のような「観測日原簿」に転記していく．

一方，地震が起きると，振り子の原理で地震の揺れを検知する感震器のブザーがけたたましく鳴る．これが深夜 1 人のときに鳴るとそれこそギョッとする．当番中の唯一の非常時である．とにかく別棟の地下にある地震計室に飛び込む．薄暗くシーンと静まりかえった部屋の中，地震計の赤いインクの記録ペンが書き出す記録が，まるで生き物のように上下にギザギザと飛び跳ねている．インクは未だ濡れている．P 波，S 波と呼ばれる地震波の到達時刻などを計測し，非常電報の指定で打電する．構内の宿舎から地震の担当者たちが駆け込んでくる．大阪管区気象台自体も津波予報の中枢だから，津波警報等の作業を始める．

当時の計算ツールを物語る 1 つの風景がある．観測当番でない勤務の日は，たとえば大阪港の天保山にある潮位観測所に向かう．潮位観測は岸壁近くの小屋の井戸に管で海水を導き，浮かべたウキの昇降によって潮位を記録する．津波があれば当然観測される．1 ヵ月分の記録紙を持

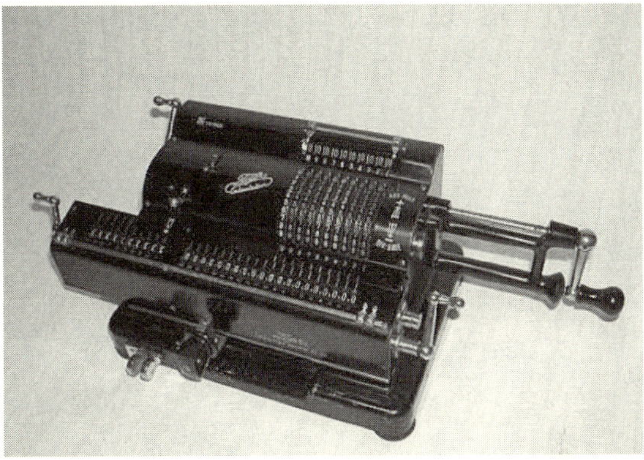

図 7.2　タイガー計算機

ち帰り，統計作業にかかる．記録紙を広げて毎時の潮位を目で読み取り，潮位表に転記し，タイガー計算機（図 7.2 参照）をガラガラ，チーンと鳴らしながら，日平均潮位などを計算する．もちろん，今のような電卓はなく，学校や会社はもちろん，銀行にあっても算盤が最もポピュラーな計算ツールであった．タイガー計算機は，1960 年代でも研究用に最も使われた計算機である．10 桁以上の計算も十分可能であった．多数の小さなレバーを指で動かして数値をセットし，右手でクランクのハンドルを回転させながら計算を進める．計算スピードは，いかにハンドルを速く回すことができるかが勝負である．アルゴリズムの基本は，数値の加算と減算機能を利用して，掛け算および割り算を行なう．掛け算では加えていき，割り算ではチーンとなる音を頼りに引き算操作を継続する．いかにも計算をしていますという実感が湧いた代物である．

前述の観測日原簿から，日平均気温や気圧などを求める際も，このタイガー計算機で，ガラガラ・チーンと行なう．

次に予報技術を見る．

予報課は管区気象台の 2 階にあった．予報作業は，まず日本および周辺の気象観測結果の天気図へのプロット作業から始まる．事務机一杯ほどの大きさの天気図には白地図上に緯度・経度線，観測地点が○で印刷されている．気象庁の短波放送で行なわれる観測電報（5つの数字群を一塊にした全体で100字程度の長さの一種の暗号電報）を受信・解読しながら，風や気圧，気温などを記号化してプロットする．放送の順番は，北から南へ，西から東へと行なわれるが，内容は，すべて一定のスピードでなされるモールス符号である．新参の筆者も，ときどき2階に上がったが，まったく聞き取れなかった．当時，技術者たちは，レシーバーを耳にあて，放送されるデータを一旦数字に書き留めたりしないで，頭の中で記号に変換し，直接に天気図に記入した．「直記入」と呼ばれる作業である．ベテランは，隣の人と話をしながらでも，まるでロボットのように手を動かして，直記入ができた．この直記入ができて初めて一人前と呼ばれた時代である．たとえば，朝9時の気象観測データが，極東域の天気図上でプロットされ終わるまでには2時間はかかる．

次はいよいよ予報官の出番で天気図が描かれる．等圧線が描かれ，高気圧や低気圧の位置が特定され，次いで前線が引かれ，気圧の谷や雨域には色鉛筆でマークがされる．雨域は緑に塗られる．高層天気図も同様に作成される．すべての作業が人力である．このような作業は，当時，すべての地方気象台および一部の特区予報区を持つ潮岬測候所などで行なわれていた．ただし，気象庁本庁では，役割が分担され，観測データのプロット作業は，予報課とつながっている通報課で行なわれた．当時，同課にいた堀越高次によると，極東天気図と呼ばれる大判の天気図用紙を東経120度線に沿って東西に切り離し，2人がそれぞれの地域のプロットを行ない，終わったらセロテープで繋ぎ，作業時間の短縮を図っていた．

肝心の天気予報はというと，地上および高層天気図のこれまでの時間経過，さらに頭上の空を睨んでの予報官の総合的な智恵の産物である．第1章で述べた「地上・高層天気図時代」の末期に近い．この技術のエッセンスは主観的予報技術と呼ぶことができ，その後に本格化した数値予報などに基づく客観的予報技術と対比される．予報官の智恵には，当然差があり，それは長年の経験によって蓄積されたものである．予報の神様や天皇と称せられた名人が各地に割拠した時代である．1961（昭和36）年には，すでに数値予報の予測結果が地方気象台にも無線模写電送で送信されていたが，その予報作業に占める地位はまだまだ低かった．

なお，本庁での予報作業は，全国・地方・東京都予報中枢という3種の機能を持っていたため，予報官の数や用いる天気図類も，地方気象台に比べて格段に多かった．

潮岬測候所

筆者は1年の大阪勤務の後，1962（昭和37）年4月に本州最南端に位置する潮岬測候所に転勤となった．大阪の天王寺駅から紀勢線の急行で約3時間の串本は，大阪管内では，室戸岬，西郷，剣山，伊吹山などと並んで僻地官署と呼ばれていた．生活条件も厳しく，交代要員の確保は必ずしも容易ではなかった．大阪にいた1962年の年が明けたある夕方，上司の観測課長鷲崎博から管区気象台に近い環状線の桃谷駅界隈の飲み屋に誘われた．ビールが注がれた後すぐに「古川君，この4月に潮岬に転勤してもらうからな．きっと君の将来にも役立つはずだ」などと言われ，即座に「ハイ」と答えていた．「測候精神」とまではいかないが，上司の言うことは聞くべきとの気持ちがあったのは事実である．

赴任してみると，潮岬は独身者が圧倒的に多く，宿舎は測候所構内の平屋の寮と近隣の民家の借り上げである．筆者の住んだ民家は，梅雨の時期は湿気で障子紙が明らかにたわみ，夜な夜な大型の立派な蚊に悩まされ，トイレには蚊を追い払う専用の団扇がおいてあった．日勤が終わると，仲間と連れ立ってよく串本の町まで繰り出していた．測候所のスタッフは地元にはそれなりの信用があって，潮岬を転出するまでずーっと行きつけの店に勘定を残し続け，最後に転勤旅費で清算をする人もいた時代である．

さて潮岬でも観測と予報作業は，大阪と基本的に同じであるが，高層気象観測が行なわれていた．高層気象観測は，レーウィンゾンデ観測と呼ばれ，水素ガスを充塡した気球に観測センサーを吊り下げ，約30 km

上空まで飛揚させて，気圧，気温，風などを観測する．地上からの放球時に，もし火気があれば爆発の恐れがあり，樹木や建物に接触しても破裂する．失敗すれば，再び観測を行なう決まりとなっている．ある日，台風が接近し台地の上に位置する潮岬測候所も毎秒 20 m を優に超す強風となり，放球が危ぶまれた．しかし，5, 6 人が花弁のように外向きに腰を折って背中で円陣を作り，1 人がその中心に入って気球を下方に引き下げながら，慎重に充塡室から気球を引き出し，一瞬の風の息をついて気球が放たれた．瞬間，芝生すれすれに流れ，ついでぐいっと空に引き上げられた．ここにも岡田武松に始まる「測候精神」が流れていた．時代は下って，現在では，水素はヘリウムに変わり，一部で自動による放球・観測・通報が行なわれており，GPS を利用して 3 次元的にゾンデの位置を特定できる GPS ゾンデも運用されている．

当時の通信手段は，東京，大阪，札幌などの中枢間は有線テレタイプ，各管区内の地方気象台や測候所の間は，音単とよばれる有線のモールス通信と VHF（超短波無線電話）による会話である．各官署はコールサインを持ち，潮岬は…— —…であり，奇しくも SOS を表すコールサイン…— — —…と非常に似ていた．深夜の勤務中に，たまたま潮岬のコールサインが呼び出されると，何事かと思わずドキッとしたものである．計算作業などは，やはりタイガーと算盤，計算尺であった．

7.2 日本の数値予報開発

NP グループの発足

太平洋戦争が終わるとともに，それまで途絶していた欧米の情報が，徐々に日本に入りだした．とは言っても，状況は現在とはまったくかけ離れている．国際電話はごく限られた人々の手段であり，通常の国際的な連絡は航空便だから，手紙をタイプするだけでも機械と手間がかかる．本の発注が済んでも輸送は船便で，届くまでには 1 ヵ月近くかかる．1 ドル 360 円，ヤミ相場では 500 円もした時代である．ちなみに，この時代日本は，1952（昭和27）年4月28日に発効したサンフランシスコ平和条約を機に連合国の支配から独立した．気象界を見ると，この年の6月に今日の気象庁の業務を律している「気象業務法」が制定された．日本は，翌年の1953年9月にWMOに加盟し，中央気象台は正式に国際社会への復帰を果たした．

当時，何と言っても外国の雑誌や文献を一番早く，しかも手軽に知ることができたのは，日比谷公園にあった連合国軍（GHQ）の図書館であった．正野スクールや中央気象台の人々は頻繁に通った．正野のライバルでもあったと先に触れた気象研究所の荒川秀俊も，競って文献を読み漁ったといわれている．現在のようなコピー機はなく，論文はカメラで写し撮り，持ち帰って現像し，印画紙に焼き付ける方法が普通であった．当時，正野の研究室にいた笠原彰は，「ライカのカメラに35ミリのフィルムをマウントして使っていた」と語った．

そんな戦後間もない1949（昭和24）年頃のある日，正野教授は，前述のチャーニーの傾圧不安定の論文［既出，英4.2.1］を片手に気象学教室に飛び込んで来るなり，「見ろよ，この論文は大気科学を近代化してしまったよ」と一声を発したという．すでにその数年前から，大気中の低気圧などの振る舞いを渦動として捉え，そのメカニズムを研究していた正野にとって，この論文は大きなショックを与えたようだ．事実，正野は，1940（昭和15）年から1941年にかけて，渦動論に関する5編の論文を立て続けに発表していた［英7.2.1〜英7.2.5］．正野の門下生の笠原は，正野先生も間もなく，チャーニーと同じ発見に辿りついただろうと述べている．

チャーニーの論文は，気象学教室の誰かがその図書館で入手したものであるが，1947（昭和22）年の発行から東大で入手されるまでに，すでに1年以上はかかっていた．太平洋戦争中はもちろんのこと，戦争の終結から4年を経た当時でも，一番早い学術雑誌の入手チャンネルはこの図書館であった．

1949年，チャーニーは，「大気中の大規模な運動の数値予報のための物理的基礎」を米国の気象学会誌［英 7.2.3］に，また，プリンストン・グループのエリアッセン（A. Eliassen）と共著で「中緯度偏西風の擾乱を予測するための数値的方法」をスウェーデンの王立気象学会誌に発表した［英 7.2.4］．さらに 1950 年には，同じく仲間のフュルトフトとノイマンとの共著で，「バロトロピック渦度方程式の数値積分」［既出，英 5.0.1］を発表している．これらの数値積分の論文は，第 6 章で見たようにプリンストン・グループが世界に先駆けて行なった数値予報で，数値予報の可能性を実質的に示したものであり，日本の関係者にも大きなインパクトを与えたものである．一方，岸保は，前述したようにプリンストンに留学して以来，プリンストン・グループの文字通りホットな話題を毎日のように頻繁に日本に送り続けていた．

ここで，当時の数値予報に対する関係者の認識および研究へのアプローチについて，前述のプログレス・レポートも参考に，触れておきたい．

学術面では，20 世紀までに大気の運動を支配する物理学に基づく運動方程式系（原始方程式とも呼ばれる）が導かれていた．しかしながら，この方程式系は，微小な乱流や音波から，種々の雲，台風や高・低気圧，偏西風の振る舞いなど，大気中のすべての気象現象を表現しうる，ユニバーサルな原理的なものであって，方程式自体が現象の構造や振る舞いがかくあるべしと示しているわけではない．観測や実験を通じて，ある現象の構造や振る舞いが物理的に明らかにされたとき，その運動は当然にこの方程式系を満足していることになる．

チャーニーは，偏西風や低気圧の構造と振る舞いが，この方程式系でどのように表現され，どの項が重要で，どのように説明されるかを明らかにした．すなわち，低気圧の発達には，偏西風が上空に向かうほど強くなっている環境（傾圧（バロクリニック）大気）が必要であった．したがって，低気圧の予測には，そのような振る舞いを適切に記述した方程式の抽出と実際に計算を実行する計算モデルが必要であった．しかしながら，そのような扱いをした数値モデルを動かすには，洋上を含む高層観測データと，何よりもモデルに従って所定の時間内に計算を終えてしまうことが可能な電子計算機の処理能力が決定的に不足していた．その故に，まず，大気の振る舞いを非常に簡単化した順圧（バロトロピック）モデルが選択された．バロトロピック・モデルは，低気圧や高気圧などの数千 km の空間的スケールを持つ現象（気象学では，しばしば擾乱と呼ばれる）の振る舞いに対する第 1 近似であり，低気圧および高気圧などに伴う流れは，水平的（2 次元）であり，また流れに対応する渦の強さは保存されつつ，周囲の風によって流されると考える．

バロトロピック・モデルの予測の計算手順をごく手短に述べる．大気中層を代表する 500 hPa（約 5500 m 上空）の初期時刻の気圧パターンから低気圧などに伴う渦（渦度）を求める．渦度の変化を予測する式から渦度の時間変化を求める．予測された渦度から気圧パターンに変換する．この気圧パターンを新たな初期値とみなして再び渦を計算し，次のステップに進む．この作業を繰り返すと，たとえば，24 時間後の渦度の分布がわかり，気圧場がわかり，低気圧などの位置がわかり，予測につながるという寸法である．なお，前述の「緩和法」は，予測された渦度から気圧場を求める手法の 1 つである

誰しも，バロトロピック・モデルは大気の大規模な運動の第 1 近似であり，上昇・下降流を伴う 3 次元のバロクリニック・モデルを指向すべきことが至当と思っていた．しかしながら，計算機の能力不足と不十分な高層観測データから，やむなくバロトロピック・モデルを扱わざるをえなかった．この他，計算が，ゼロでの除算やとてつもなく大きな数値となって暴走計算をしないで安定に時間積分を進めるための研究も，当時はきわめて重要な課題であった．

こうした状況を踏まえて，1953（昭和 28）年 6 月，正野教授は地球規模での大気の流れを研究する「大循環グループ」を発足させ，大学と気象庁の関係者で数値予報の開発に向けての取り組みを始めた．グループのメンバーは，東大地球物理学教室，気象研究所，中央気象台の有志で構成され，毎月 2 回，関係する論文の輪読，自由討論などを行なっていたが，気象研究所の高橋浩一郎の示唆で，同年末から，大循環グルー

図 7.3　発足当時の NP グループ（昭和 29 年頃）（柳井迪雄提供）

プを母体に数値予報委員会（NPC），通称 NP グループが誕生した．図 7.3 は，発足当時のメンバーが 1954 年頃に箱根で行なった勉強会の 1 コマである．左から右へ，笠原彰（東大），山田一（中央気象台），秘書，松本誠一（気象研究所），村上多喜雄（気象研究所），渡辺次雄（気象研究所），岸保勘三郎（東大），吉武素二（中央気象台），正野重方（東大），小倉義光（東大），北岡竜海（中央気象台），礒野謙治（東大），高橋浩一郎（気象研究所），荒川昭夫（気象研究所），荒川秀俊（気象研究所），秘書，不詳，伊藤宏（気象研究所）の姿が見られる．

注目すべきことは，これはまったくの非公式な研究グループであり，今日でいう「官」の主導ではなかったことである．運営の委員会は東大の笠原彰，気象研究所の松本誠一，伊藤宏，荒川昭夫，中央気象台予報課の有住直介，大山勝道（後に毛利圭太郎），研究所竹平分室の渡辺次雄たちによって構成された．気象研究所にいた窪田正八が連絡にあたった．発足の当初は経費の手当てはなかった．しかしながら，NP グループは，1955 年 1 月に朝日新聞社が募集していた学術奨励金を受領することに成功した．金額は100万円である．大卒の初任給が1万円に満たなかった時代である．笠原や窪田はプリンストンに留学中の岸保からの書簡をNPグループに取り次ぎ，東大の都田菊郎はグループの旅費の管理も行なったようだ．都田は，NPグループの発足はProf. Syonoが“to have a group in Tokyo instead of working individually”とグループの必要性を強調したからだ，と英語で述懐した（2008年9月）．

当時，日本には本格的な電子計算機はなく，いくつかの企業がリレー式の計算機を開発していた．また，真空管を用いた計算機，つまり電子計算機の原型も開発されだしていた．NPグループの一部は，企業の厚意によってこれらの計算時間を借用して，数値予報の開発に向けての基礎的研究を進めた．その意味で，今日でいう「官産学」の連携がすでに存在していたと見ることができよう．

官産学の連携

わが国初のリレー式計算機の利用

リレー式計算機の1つに富士通信機製造株式会社（以下，富士通という）の「FACOM–100」がある．1954（昭和29）年10月に完成したわが国初のリレー式自動計算機である．その後継機「FACOM–128B」は国産航空機YS–11の設計にも用いられた．NPグループの何人かは，数値予報の導入を展望しながら，これらの計算機を利用した．

2008年5月のある日，筆者は岸保を誘って，「FACOM–128B」の実機が展示されている富士通の沼津工場を訪れた．このマシンは，驚いたことに眼の前で実際にカタカタカタカタとリレーの音を立てながら立派に稼動し，円周率の計算などを実演してくれた．ちなみに「FACOM–128B」は，2009年に「情報処理学会」による第1回の情報処理技術遺産の1つに認定された．

正野と岸保は初めてFACOM–100に接したときの様子などを「天気の数値的予報とFACOM-100」とのタイトルで，1956年1月の富士通の広報誌『FUJI』に寄せている．当時は未だ「数値予報」という言葉はポピュラーではなかったが，その時代の予測技術のレベルについてもうかがうことができ，興味深い．

「富士通信機のリレー式計算機（FACOM–100）が完成しはじめた頃，私達は初めて自動式計算機というものの大略を聞いた．たしか昭和 29（1954）年の夏ごろだったと思う．2 週間にわたる講義で，始めのうちは原理の問題をきいたけれども，私達のように理論的なものに興味をもつ人間には可成り早く呑み込めたことを記憶している．しかし，それから先が大変だった．そんなわかり切った原理をどのようにして行うのか，またどんな機械の組み合わせで行うのかという問題になってくると，折角の話もぼやけてしまった．

百聞は一見にしかずという言葉通り，原理に従って動く機械の見学こそ一番よいというわけで，早速川崎工場まで足を運んだ．

ところが，また 1 つ困ったことが起こった．目に見えるのは out-put，in-put，punching の機械だけで，やはり機械のもつ複雑なメカニズムはさっぱりわからない．そこで in-put にデータを入れて計算を行い，out-put からでてくる結果のよしあしで，FACOM–100 の信頼度をたしかめることしかなくなった．会社の人から見せて頂いた計算例は何分簡単なものであったから，私達の手でもう一度たしかめてみたいと思うのは無理からぬ気持ちであった．このような微妙な気持ちを抱きながら，去年の暮に初めて計算機を使わせて貰う段階にきた．そのうちに段々機械に馴れ，凡ゆる不安が時と共に消え去り，こんな便利なものはないとまで思うようになった．何分 FACOM–100 は日本で初めてできた自動計算機であるために，使う立場から色々な不安や期待が殊更強く持たれたのであろう．

私達の仕事は天気の数値的予報，もっと正確な言葉でいえば，大気の上層の気圧の波の 1 日後または 2, 3 日先の様子を予報することである．各地点で気圧の値を観測し，その値を出発点としてある時間後の各地点の気圧の予想値を正確に出そうというわけである．かたぐるしい言葉でいえば微分方程式を微差方程式に直して問題をとくことである．そのために実に厖大な数値計算を進めなくてはならない．そのような計算結果の 1 つを示すと図のようになる（筆者注：図は省略した）．図の実線で示されたものは，去年の 5 月 9 日 03 時から 15 時の間に起こった日本の上層大気中における気圧（正確にいえば気圧 500 mb——約 6 km の高さ——の高度）の変化量である．図の破線で示されたものが，機械を用いて計算した値で，図からも分かるようにかなりよく一致している．

私達はこのような一連の計算を，去年の5月北海道を襲った"May Storm"といわれる低気圧の発達，衰弱の問題にからませて行った．もし自動計算機がなかったら，このような厖大な計算もなしえずに終わっていたであろうし，また"May Storm"が何故日本海で急激に発達しながら北海道を襲ったかも充分に究明しなかったであろう．

最後に，何かにつけ物心両面の援助をしていただいた富士通信機製造株式会社に対し，心からの謝意を表したい.」

その後，「FACOM-128」を用いた研究が前述の「FUJI」に掲載されている．NPグループである気象庁予報課の寺内栄一，藤原滋水，鍋嶋泰夫による「FACOM-128によって得た台風進路の数値予報」である．予測の手法は，大気の流れを最大限に簡素化した，しかし本質を失わないモデル（順圧あるいはバロトロピック・モデルと呼ばれる）で，プリンストンでチャーニーたちが最初に行なったものと本質は同じである．

日本最初の電子計算機FUJICの利用

日本での真空管を用いた電子計算機の開発者は，富士フイルム社の岡崎文次であると高橋秀俊は述べている［7.2.1］．1949（昭和24）年に開発に取りかかり，1956年には計算が可能となり，NPグループの人々も厚意で計算時間をもらっている．そんな1コマを，岸保は述懐する．

「どこからか富士フイルムの小田原工場の離れの小さな小屋で，岡崎さんという人が，日本で最初の電子計算機FUJICの試作をしておられることを聞いて，私と荒川昭夫さんは，ゾーナルインデックスの*U*の予報[5)]に，このマシンを使用させてもらった．岡崎さんは助手と2人で手作りの作業をしておられ，真空管は扇風機で冷やしていました．午後行ってみて，FUJICの調子がよい時に使わせてもらった．この予想作業は物理的な仕事であることから，荒川さんと私にとっては，大変気分的にリラックスさせてくれた．帰りに箱根の銭湯に入っ

5）特定の地点の予想ではなく，東西方向の風の成分*U*（西風/東風）を経度方向に平均したものの予想．

たのが今となれば，大変楽しい思い出である．帰途，小田急のロマンスカーの中で，紅茶を注文して，Uの予報の結果を議論するのも楽しかった．この時の成果は未発表であるが，当時，10日位先のUの予報の可能性を示すことができたと思っている．その後，荒川さんはUCLAに行かれてミンツ（Mintz）のもとで本格的な大気大循環のシミュレーションの道に進まれた．」

数値予報（中間報告）

NPグループの研究成果が総合的に報告された資料がある．「数値予報（中間報告）―(1)―」と題するガリ版刷りの本である．刊行の日付は1955（昭和30）年11月で，数値予報東京グループが発行している．岸保によれば，これは日本で最初に書かれたNPの本であり，前述の朝日新聞の学術奨励金に対する報告書でもあるという．全体がもはや黄ばんでいるが，きれいな手書きの文字と数式で埋められた各ページには，当時の数値予報に関する知識レベル，NPグループの各メンバーの問題意識が表れており，さらに未だ電子計算機が手元にないことへの溜息も伝わってくる．

すでに1953（昭和28）年12月に文部省在外研究員として米国に出張し，米国での数値予報の進捗状況をひしひしと肌で感じていた代表者の正野は，1955年，高速計算機と必要な高層観測データがあれば，明日にでも外国と同じように数値予報が可能であると発刊の辞で記している．

「昭和29年に数値予報グループが結成されて以来，グループ研究者は一日も休むことなしに研究に精進し，隔週毎に全グループ研究者が集まり，研究発表を重ねてきた．高速電子計算機を持たず，不十分な観測網という悪条件と闘いながら，膨大な計算を繰り返して来た努力は筆舌に尽し難い．この様な継続的な努力はグループ活動に対する深い認識に基づく協力精神なしでは不可能であったであろう．

研究成果の一部は既に気象集誌その他の学界雑誌に発表されているが大部分は未だ印刷されていない．「数値予報研究中間報告」は現在数値予報グループが如何なる問題を研究しているかを紹介したいために刊行したものである．内容は主として要約した中間報告であって，正式報告は学術雑誌に掲載し，別に数値予報論文集を出すことになっている．

現在迄の研究成果は満足すべき状態であって，予報精度は前記の2つの悪条件を考慮するならば，勝るとも劣らないと信ずる．今仮に電子計算機が得られ，海上に於ける高層観測網が充実するならば，即日にも外国とまったく同じく現業的に天気図が作れる水準に達していることは確言できる．

本数値予報研究グループの研究活動が活発に継続できたのは朝日新聞社の学術奨励金による経済的支援に負う所極めて大である．茲に朝日新聞社に対して深く謝意を表する（昭和30年1月受賞）．又，同奨励金詮衡に際して，推薦して頂いた先輩並びに関係の方々にも厚く御礼を申上げると共に，今後の御支援を御願い申上げる次第である．昭和30年10月．」

以下の目次を見ると，岸保がプリンストンからNPグループにもたらした彼の地の研究動向が色濃く反映されているのを見る．しかし，一方では，佐々木嘉和のように独自のアプローチも見られる．

ピック数値予報………東京大学気象研究室

12. 数値予報を地方で行うための1つの試みについて………増田善信
13. 多層モデルによる簡便な計算方法………松本誠一
14. 中間予報について（序報）………村上多喜雄，増田善信
15. 予報期間を延ばすための二，三の問題………岸保勘三郎
16. 平均天気図………正野重方
17. Fjørtoft の方法における時間間隔の問題と36時間予報の実例について………荒川昭夫
18. 3層モデルによる5月暴風の予報について………気象研究所予報第一研究室
19. 北半球500 mb の等圧線高度変化の計算………窪田正八，関口理郎，栗原宜夫
20. 順圧モデルによる各種予報の実例………田中正一，渡辺和夫，鍋島泰夫，藤原滋水，関口理郎，栗原宜夫，寺内栄一
21. 台風の運動の理論………正野重方
22. 台風移動の数値予報………佐々木嘉和，都田菊郎
23. 台風の数値予報………佐々木嘉和
24. 順圧モデルによる台風の進路予報………藤原滋水
25. 台風進路の数値予報について——台風5414号の場合………鍋島泰夫
26. 低緯度における台風の発達について………鍋島泰夫
27. 雨の数値予報………東京大学気象研究室
28. 昭和28年7月中旬の大雨解析………寺内栄一
29. Subtropical Jet に伴う垂直循環の解析………毛利圭太郎

なお，このレポートに笠原彰と大山勝道の名前が見られないのは，当時，米国に留学中であったためである．

こうした東京の動きを踏まえて，1954（昭和29）年末頃には，新潟（斎藤直輔），仙台（草野和夫），大阪（新田尚），名古屋（安田清美）な

どの地方官署にも数値予報の研究グループが作られた（括弧内は責任者）．1955年5月大阪で開催された気象学会の折，数値予報講習会が開催され，正野の教室にいた佐々木嘉和と都田菊郎は，上述の台風予報を，順圧モデルを用いて図式解法で解く手法を披露した．

日本における数値予報導入の環境を作り上げたのは，間違いなくこの官学産連携のNPグループの活動である．そして1956年，気象庁は数値予報の導入に向けて舵を切った．

ここで，1957（昭和32）年当時の東京NPグループのメンバーを掲げておこう．東京としたのは，上述のように地方にもNPグループがあったからである．

東京大学気象学教室：正野重方，小倉義光*，笠原彰*，佐々木嘉和*，都田菊郎*，相原正彦，真鍋淑郎*，柳井迪雄*，河田好淳，松野太郎

気象研究所：窪田正八，岸保勘三郎，松本誠一，伊藤宏，村上多喜雄*，曲田光夫，竹内衛夫，増田善信，荒川昭夫*，磯部甫

中央気象台：毛利圭太郎，有住直介，鍋島泰夫，寺内栄一，藤原滋水，大山勝道*，斎藤直輔，関口理郎，栗原宜夫*，伊藤昭二，長尾隆，横関徹

なお，名前の右肩に*を付した者は，本書で頭脳流出組と表現している人々である．また，小倉と栗原は，長年，米国で研究を続けたが日本に帰国した．

ここで柳井迪雄博士が提供してくれた珍しい2枚の写真を紹介したい．いずれもNPグループに関係を持った人々の若き日のスナップである．図7.4は，土屋清（右端に写っている）によると，上述の朝日学術奨励金を受賞した1955年に，中央気象台でのNPの会合の後，当時，石版刷りの印刷天気図等を作成していたバラック建ての印刷工場と呼んでいた建物の前で撮影された．この写真には，正野や柳井は写っていないが，NPグループのほとんどの人々が顔をそろえている．なお，数値予報とは関係のない人も数人含まれている．

図 7.4 NP グループ（昭和 30 年）（柳井迪雄提供）

前列左から，荒川昭夫，窪田正八，岸保勘三郎，堀内剛二，増田善信，伊藤宏，笠原彰，有住直介，後列左から，真鍋淑郎，藤原滋水，荒井康，大山勝道，毛利圭太郎，寺内栄一，加藤喜美夫，相原正彦，不詳，不詳，都田菊郎，渡辺和夫，関口理郎，栗原宜夫，不詳，佐藤順一，村上多喜雄，土屋清が写っている．

次に図 7.5 は，1957（昭和 32）年 5 月 15 日に，当時，東京杉並区の高円寺にあった気象研究所の中庭で撮影されたもので，NP グループの勉強会後の親睦ソフトボール試合のスナップである．

写真の前列には，左から藤原滋水，村上多喜雄*，都田菊郎*，河田好敦，増田善信*，荒川昭夫*，伊藤宏，藤原美幸，堤敬一郎がいる．後列には，左から磯部良徳*，小野晃，栗原宜夫，相原正彦*，駒林誠*，寺内栄一*，柳井迪雄*，岸保勘三郎*，鍋島泰夫，真鍋淑郎*，松野太郎*，不詳，窪田正八，不詳，関口理郎が並んでいる．なお，河田好敦は，不慮の事故で夭逝した．＊印は本書との関連で面談あるいは情報を頂いた人たちである．

図 7.5 は原版もモノクロの写真だが，このときは，後述のようにすで

図 7.5　NP グループの集まりでのソフトボール試合のスナップ（昭和 32 年 5 月 15 日）（柳井迪雄提供）

に電子計算機の導入が決まっていたせいだろうか，どの顔にも彼らの精気が満ちて見える．駒林は，自分は NP グループではなかったが，人が不足だから応援してくれと頼まれて出場し，自分がピッチャーで都田がキャッチャーだったと述懐した．また，若い人たちのみの試合なので，正野教授には声を掛けなかったという．なお，笠原彰と大山勝道の顔が見当たらないのは，当時，すでに米国に渡っていたからである．

数値予報の気象技術者への啓蒙

米国を中心に開発が進んでいた気象力学およびそれを基礎とする数値予報開発の動向は，日本では昭和 30 年代の初頭の頃，上述のように NP グループの中では把握され，種々の勉強会や研究が進んでいたが，肝心のユーザーとなる気象庁の予報現場，気象学会レベルではほとんど知られていなかった．未だ天気予報を気象力学に基づいて行なうというアプローチは見えていなかった時代である．

こうした環境を踏まえて，1956 年，NP グループは，気象学会が発行している不定期の『気象研究ノート』に「数値予報（I）」の解説を著している．NPグループを率いていたのは，もちろん正野であるが，数値予報グループ一同として，以下のように「まえがき」が書かれている．なお，この時期，米国気象局ではIBM701が導入されて数値予報が始まっていたが，日本では気象庁が電子計算機の予算要求を行なう数ヵ月前に当たる．

> 「1949年に数値予報が気象学の文献に現われて以来，急速な進歩をなし遂げ，1955年5月6日には，既にアメリカでは実用時代に入った．わが国では電子計算機がなく，周辺海上での高層観測が不十分なので，実用化は遅れているが，諸外国では実用化への準備が着々と進んでいる現状である．天気予報の近代技術化は数値予報を通じてのみ行われるといってもいいであろう．したがって実用化が未だとはいえ，わが国の気象技術文献を通じてこれを知ろうとすると，ほとんどが気象力学の数式ばかりで，理解するにはきわめて多くの時間と労力を要するので，掛け声ばかり高い割合に理解されていない．これまで一二参考書が出ているが，主として紙数の制限により十分意を尽くしていない憾みがある．数値予報グループでは数値予報の研究に専念してきたが，その知識を日本の全気象技術者ならびに気象研究者と共有するために，協力して数値予報の解説を試みた．(中略)．
>
> 明日の気象技術に関する知識の共有というのがわれわれの念願であるので，多くの読者の数値予報への関心と理解が得られれば，幸いこれにすぐるものはない．」

この解説は，100ページを超える労作であり，NPグループが分担で執筆して，数値予報の基礎が丁寧に紹介されている．以下に目次と括弧内に執筆者を挙げる．

第1章　序論（正野重方）
　1．数値予報以前
　2．数値予報の発達と原理
第2章　数値予報の基礎
　1．大規模な気象現象の特性（荒川昭夫）

2. 渦度方程式（伊藤宏）

3. P–座標系（相原正彦）

4. 準地衡風近似（荒川昭夫）

5. 地図の投影法（有住直介）

第3章　バロトロピック・モデル（松本誠一，藤原滋水，都田菊郎）

1. バロトロピック・モデル

2. バロトロピック方程式の数値積分

3. 境界条件

第4章　計算方法（1）（正野重方）

1. 差分方程式

2. 計算安定度

3. 渦度方程式の差分近似と網目間隔

4. 積分順序

5. ポアソン方程式の数値解法

第5章　計算方法（2）

1. Fjptøftの方法（増田善信，相原正彦，栗原宜夫）

2. 影響関数を用いた計算方法（佐々木義和）

3. 2重フーリエ級数法（岸保勘三郎，相原正彦，真鍋淑郎，加藤喜美夫）

第6章　バロクリニック・モデル

1. バロクリニック大気（増田善信，荒川昭夫）

2. パラメーター・モデル（松本誠一）

3. 多層モデル（村上多喜雄，曲田光夫）

7.3　大型電子計算機の予算要求

中央気象台は，1956（昭和31）年7月1日に気象庁に昇格し，運輸省（現国土交通省）の外局となった．昇格に機を合わせたかのように，同庁は前述のNPグループの研究成果などを受けて，1956年に電子計算機の予算要求に向けて舵を切り，その8月末，大型電子計算機の輸入を中心とする概算要求を大蔵省（現財務省）に提出した．

当時の予算要求に係わる気象庁のラインは，長官：和達清夫，次長：太田九州男，総務部長：吉村順之，主計課長：野津法秋，予報部長：肥沼寛一，業務課長：田島節夫であった．一方，大蔵省は，主計局長：森永貞一朗，主計局次長：宮川新一郎，村上一，主計局総務課長：村上孝太郎，運輸担当主計官：鹿野義夫，補佐（主査）：渡辺真であり，隣接の班には相沢英之がいて文部省担当の主計官をしていた．また，運輸省の外局である気象庁の予算は，運輸省所管の組織：気象庁のもとに，さらに事項：電子計算機借入などのような費目で位置づけられており，予算は運輸省を通じて大蔵省に提出される．このため気象庁の予算要求には，運輸省官房会計課も関与しており，大蔵省説明などにも関係者が同行した．

さて，明けて1957（昭和32）年3月の国会は，気象庁が電子計算機を借り入れるための契約を結ぶことを承認し，ここに数値予報導入への道が正式に開かれた．

電子計算機に係わる予算は，都合，昭和32・33・34年度の3ヵ年にわたって整えられた．ここで予算要求の経過に入る前に，予算の成立結果の概要を記しておく．

（昭和32年度予算）

「国は，気象庁において電子計算機を借り入れるため，借料年額200,000,000円の限度で，昭和33年度において国庫の負担となる契約を昭和32年度において結ぶことができる」との国庫債務負担行為が承認された[6]．

（昭和33年度予算）

(1) 昭和32年度国庫債務負担行為を履行する経費である．IBM社との借入契約によって電子計算機が34年1月輸入されるのに伴い，全体で1億8821万9000円が計上されている．このうち，契約に付随する運

6) 機種として最終的にIBMが選択され，1957（昭和32）年5月にIBMとの間に借入契約が締結された．

賃附帯料や輸入税などで約1億円，電子計算機の取付け費用などで約4000万円，電子計算機借料（1ヵ月分）が約1300万円となっている．

（2）電子計算機を稼動させるための一般気象業務用庁費として，合計2553万円が計上されている．主なものは，定周波定電圧安定装置，冷凍機装置，クーリングタワーなどであり，電源は神田変電所よりケーブル専用線を引き込む計画となっている．

（昭和33年度官庁営繕予算）

電子計算機を格納・運用するための建物の新営予算が計上されている．建設省の「昭和33年度における各省各庁営繕計画に関する意見書」（官公庁施設の建設等に関する法律第9条による）の中で，気象庁本庁関係が以下のように記載されている．

「気象庁々舎の大部分は応急建物で既に老朽化しており，しかも，94棟に及ぶ低層建物が密集し年々累増する貴重な資料や高価な機器類が火災の危険にさらされており，業務上も非効率的なので，全体をまとめて高層不燃庁舎として新築し，あわせて土地の高度利用を図る必要がある．電子計算機室については，IBMとの32年度借入契約により，電子計算機を34年2月に設置することに決定しているので，そのときまでに完全な空気調整装置を有する受入建物を新営する必要がある．」

この意見に基づいて，昭和33年度建設省所管営繕予算調書が作成され，電子計算機室新営費として，1948万3000円が計上されている．主体建築はRC構造の2階建（190坪）で，その中にIBM機械室（47坪），パンチ・プログラマー室など（63坪），空気調整機室（79坪）が配置されている．現代のパソコンに遠く及ばないIBMの計算機の格納と空調に，それぞれ約150 m^2 および約250 m^2 のスペースを要したのである．図7.6は，完成した電子計算室のビル（正面奥）を表す．後述のIBM704の火入れ式で撮影された．ちなみにIBM704の機器類は2階の窓からクレーンで搬入された．なお，手前右側のビルは戦時中に急造された防弾建築で，大手町へ移転するまで予報・通報・無線・通信の各課が現業を行なっていた．また，この営繕調書で言及されている本庁舎新

図 7.6　電子計算室ビル（気象庁提供）

営の予算は，結局，1962（昭和 37）年度予算で認められ，竹平町にあった諸施設は，1964（昭和 39）年 3 月までにすべて現在の大手町に集約された．また，竹平町の敷地は民間に売却された．

図 7.7 は，1958（昭和 33）年 9 月に空撮された気象庁の全景で，大手町に移転する前である．左端に神田川，右側に皇居のお濠が見え，その間に挟まれるように中央気象台が立地している．無線用の鉄塔が 2 本立っている側が竹平町で，道路を隔てた反対側の一角が大手町地区である．その向こうに大手町ビルや丸の内が遠望できる．竹平町の左側の鉄塔のすぐ右に小さなビルがあり，右に続いてかなり大きな屋根が見えるのが鉄筋コンクリートの防弾建築，さらに，それに接するように右に見えるより高い小ぶりの建屋が新営の「電子計算室ビル」である．防弾建築庁舎と平行に手前にある細長い建屋は木造建築で，その 2 階は戦時中特別予報作業室となっていた．なお，現在，竹平町側の跡地には KKR（国家公務員共済の竹橋会館），丸紅，日本政策投資銀行などが立地している．この竹平町の一帯は，かつて麹町区元衛町と呼ばれ，この写真の右側お堀の内側にある皇居の旧本丸にあった中央気象台が，1920（大正

図 7.7　気象庁の全景（昭和 33（1958）年 9 月の空撮写真）

9）年 9 月 29 日に，測候と地震の掛を旧本丸に残し，移転してきた場所である．

（昭和 34 年度予算）

（1）電子計算機を運用するための組織「電子計算室」の設置とその組織を運営するための増員である．スタッフは伊藤博室長（格付は課長）以下総勢 23 名であるが，純粋の増員は 5 人で，他は部内からの転任である．また，この新組織も気象庁全体で見れば純増ではなく，当時，千葉県の布佐にあった予報部付属機関の気象送信所が代わりに廃止されて予報部無線課所属となった．

ところで，予算要求の中でも，組織の設置や増員要求を扱うのは，当時は行政管理庁サイドの仕事であった．今では，プログラマーという言葉を聞けば，誰でも仕事の中身が想像できるが，この「プログラマー」が官職名として付けられたのは，実に半世紀前である．プログラマーの必要性や仕事内容と量を積算して必要な人数を積み上げ，要求する気象庁の担当者も，また要求を査定する行政管理庁の担当者も，まだまったく見たことがない新しいマシンの登場に，きっと戸惑ったに違いない．

大蔵省や行管当局から出されるいわゆる「宿題」[7] では，そもそも数値予報とは何か，予報はどのように良くなるのかに始まって，電子計算機の原理，計算言語，数値予報モデル，プログラムの命令文に至るまで，細かい説明が要求された．厖大な数の真空管の温度管理やマシンのために3名もの「空気調整係」が必要であった．現在のノートパソコンの能力に到底及ばない電子計算機であったことを考えると，過去半世紀にわたる電子計算機の進歩を実感させられる．

以下は，発足時の電子計算室のメンバーである．

予報課長の伊藤が室長に，気象研究所から岸保，増田，伊藤が転任し，荒川は併任となった．また，電子計算機の予算要求作業などに携わった藤原や鍋島らは予報課から転任した．大阪からは関西でNPグループを立ち上げていた新田が転任した．

室長	技官	伊藤　　博
予報官	同	岸保　勘三郎
同	同	斎藤　直輔
同	同	増田　善信
同	同	寺内　栄一
プログラマー	同	磯部　谷郎
同	同	伊藤　　宏
同	同	鍋島　泰夫
同	同	藤原　滋水
管理係長	同	益子　　康
	事務官	湯田　五郎
	技術補佐員	鎌田　淳子
計算係長	技官	鷺坂　恭一
	同	大河内　芳雄
	同	日野　幸雄

7）予算の査定中などに要求原局に求められる補足説明資料の俗称．

	同	新田	尚
	同	浅田	正彦
	同	今井	勇
	技術補佐員	藤井	美代子
	同	小倉	操
空気調整係長	技官	大内	俊介
	技術員	鈴木	信義
	同	貫井	茂雄
（併）	技官	荒川	昭夫

(2) 電子計算機を定常的に運用するための予算

電子計算室全体を運用するための費用（増員分人件費，維持費，借料）は，全体で，約1億9000万円であるが，このうち，電子計算機借料としては年間，1億6251万9000円が計上されている．電子計算機の借料は1日約40万円にあたる．しかも，1日8時間の運用だから1時間当たりの単価は約5万円となる．当時，大卒の月給が約1万円の時代であり，いかに高価な買い物であったかがわかる．

気象庁と大蔵省の折衝

さて，何といっても予算要求の焦点は，大型電子計算機を輸入して，数値予報を始めるという気象庁の新しい政策の選択の是非であった．前述のように，NPグループを中心に官学産の連携によって，数値予報の研究が進展し，電子計算機という「道具」が手に入りさえすれば，従来とはまったく異なる方法で天気予報ができることが，ほとんど立証されていた．一方，本庁および地方の予報現場では，従来からの天気図および予報官の経験に基づく主観的な予報技術が幅を利かせていた．

当時，NPグループの連絡などに当たっていた気象研究所の窪田正八は，『気象百年史』の中で，「大蔵省は，気象庁が電子計算機を予報業務に使うなら認めようという内々の意向を伝えてきた．そこで気象庁では急いで長官和達清夫，研究所長畠山久尚，予報部長肥沼寛一が集まり，予報部への設置方針を決定し，研究所と予報部が協力して，予算作業に当たるべき趣旨が指示された」と述べている．

ここで電子計算機の導入に直接に係わった2人の回顧を紹介し，さらに話を先に続けたい．当時の予報部長肥沼寛一は，IBM導入の30年後に「電子計算機導入の思い出」として以下のように述べている．本人の推測も混ざっているが，かなり自由に振り返っており，経過の全体像がよく見える．また，この回顧は上述の成立予算の内容および筆者が以下に進めている論考とも矛盾はない．なお，この一文は，前述の松本誠一氏が提供してくれたものであるが掲載媒体は不明である．また，時期は1990年代の初めと思われる．

肥沼寛一の回顧

「昭和30年には政府は「もはや戦後ではない」と言ったけれど，多少の強がりも交っていたのかも知れない．その頃は電子計算機などを知る人は殆ど無かった．その後，予報部予報課，気象研究所，東大理学部の一部の人達は委員会を作り，朝日新聞の奨励金を得て小型計算機を使った研究をしていた．各会社などは，計算機を持って居ても，殆ど飾り物に過ぎなかったらしい．

大蔵省の主計局では，このような状態をよく見ていたらしい．そして，気象台で予報に電子計算機を使うつもりなら予算を認めてもよい，という意向を伝えてきた．多分，主計局としては，電子計算機は，何れいろいろ使われるようになる．いまのうちに誰かがどこかで計算機に馴れておくのもよいだろう，と考えていたのではあるまいか．

斯くして，計算機のことは何も知らないのに，それを持つことになった．一体，計算機にはどんな種類があるかを調べて見ると，主な種類が2つあるらしいが，どちらかと言えばIBMが勝るらしい．いろいろ調べて見ると，IBM「705」というのは既に日本の統計局に一台ある．（筆者注：IBM705が入ったのは，後の1961（昭和36）年である．）しかし，それは統計用であって，一般計算用には「704」が良いらしい．

次に，計算機を置く場所だが，予報部中心で使うとすると予報の現業室に近い図書倉庫が話に出たが，計算室は恒温・恒湿だそうだから倉庫ではだめだ．処で，気象台は関東震災以来36年間もバラックで来たが，もうそろそろ本建築になる順番が来る．そのことを考えると，仮住居で我慢した方が良いのだろうか．

さらにまた，電子計算機は電気で動くが，日本の電気は関東の50サイクルと関西の60サイクルとある．IBMは60サイクルだそうだからサイクル調整器もつけなければならない．また，日本の電気は良く停電するが，計算の途中で停電は困る．が，よく聞いて見ると，停電で困る処は外にもたくさんあって，丸の内界隈のそれらの仲間は電線のループを作って，二方向から送電できるようになっているという．それなら，その仲間に入れてもらえばよい．

計算機の予算は33会計年度で決まることになっているが，まだ決まらないことが余りにも多い．が，幸いなことに，この予算を通してやろう，と言って呉れた主計官は東大工学部出身の変り種で，その師は今の工学部の計算機の教授だそうだ．それなら，解らないことに時間をかけて議論するより，この主計官とその師の教授を中心に関係者に集まって頂いて，其処で必要なことを決める方がよい．

そこで，日を決めて，この2人と電子計算機に関係ある人が気象台に集まって，いろいろの疑問を解き，最善と思われる方法を考えることになった．その結果，計算機はIBMの「704」型とするが，その購入は借入れに切り換えること，サイクル調整器を含めて計算機の建物を新にたてること，の中心議題は解決したのだった．あとは，実施を如何に落ち度なくやればよいか，というだけである．

昭和34年の4月から計算機は運用するのだから，すべてはそれに合わせて進めるのだが，まだ，誰も電子計算機を見た者は居ない．器械は借り入れることにしたのでその保守はIBMの人がやって呉れる．けれども，この仕事の中心はプログラミングだが，これはまだ誰も知らない．それで，IBMの日本支社に頼んで，二週間だったか三週間だったかの講習会だった．

計算機は昭和34年4月に間に合うようにせねばならないが，横浜に着いたのは34年1月13日だった．物珍しさも手伝ってこの日は出向いて行ったものも大勢いた．そして東京へ運ぶのは交通量も考えて夜間にしたが，これは余りにも注意し過ぎだったのであろうか．建物は既に竹平町の方に新築されていた．室長は当時の予報課長伊藤博君だった．

いよいよ計算機を使うことになったが，それには誰がどの時間に使うかを決めねばならない．大蔵省には天気予報の現業に使うということになっているので，まず予報に必要な時間を取る．次いで気象研究所が研究用の時間を決めたが，時間はまだ可成り残っている．それなら外部の人に使って貰ったらという意見も出た．しかし，これには使用料の分担という問題につきあたり，実現には至らなかった．

以上は電子計算機を初めて導入した時の経緯の大概である．当時の計算機は真空管を使ってあったので，実に大型のものだった．あれから30年余りを経た今日では半導体の利用で小型になったばかりではなく，日本は米国と共に世界で先頭を切っているらしい．」

藤原滋水の回顧

次は，予報部予報課に籍を置き，予算要求の原局として，総務部の主計課長たちと大蔵省説明に当たっていた藤原滋水の回顧である．

藤原は，IBM704の導入30周年を祝う集いで発行された「IBM704の思い出」(1989年）の冊子の中で，1950年代のNPグループの動きに触れた後，電子計算機導入のきっかけや機種選定などについて，かなり克明かつ赤裸々に回想している．肥沼とほぼ同じ時期の状況である．彼は岡田武松の後を継いで中央気象台長となった藤原咲平の次男で，どちらかといえば，物事の合理性を優先し，また単刀直入に発言するタイプであった．ちなみに藤原が気象研究所の台風研究部長時代，筆者はその部下であったが，車というのは目的地になるべく早く移動するための手段に過ぎないとの持論を持っており，研究部のドライブ旅行でも驚くほどの腕前で，目的地に向けてアクセルを踏んでいた記憶がある．

「さて，電子計算機を導入したいという動きは，初め気象研究所から発生した．新しい技術は研究所で十分にテストしてから実用へと移行する．これが本筋であるのは今も昔も変わりはない．しかし大蔵省は突然，予報業務に使うなら認めてもいいと言い出したのである．話はすぐにNPグループを通じて，我々の耳に届いた．もう時間がないと私は思った．NPの誰とも相談せずに，ただ自分独りが責任を取る積りで，予報課長であり，かつ北大の先輩であった伊藤博氏の前へ行った．今予報部は電子計算機導入の好機であると私は説明していた．伊藤氏はじっと黙って，話を聞き終えると，よし判ったすぐ部長のところへ一緒に行こうと指示された．肥沼部長の前で，私は同様の説明をしたのだが，部長はしかし君ねえを連発するだけで，何一つ賛成なされなかった．半時間後，伊藤課長と私は退出した．外へ出ると，「部長は一回くらいでは仲々判ってくれないけれど，一度判ったら大変強力な味方になる人だよ」課長はぼそっと耳元でつぶやいた．

冷たく十月半ば過ぎの風が通り過ぎ，予算要求提出期限はもう眼の前だった．数日のうちに，電子計算機予算要求業務を私が担当し，寺内・鍋島両兄がそれを助けるという体制が取られた．当時予報課舘補佐官は，計算機のことはよく分からないので，この予算関連業務の一切を私に委任した．環境は一変した．半年はNPの仲間から遅れを取るなという思いが，私の頭をかすめた．しかし，乗りかかった船から降りる訳にはもういかなかった．半年間研究を棄てよう，それが気象庁のためにも，NPのためにもなることだからと私に言い聞かせて．すぐに，主計課長と同行して大蔵省へ日参する毎日が続いた．数値予報の説明はもとより，等圧面高度の意味すら当時の主計課は知らなかった．反面大蔵主計官は容易に理解を示した．従って，気象庁主計課長は傍らに座るだけで，いつも私が説明した．ある日，鹿野義夫主計官（後に経済企画庁事務次官となられる）は私に，出来るだけ早く，世界各国（米・英・ソ・西独・仏・伊・印等）の予報センターで，どの会社の電子計算機を使用し（予定でもよい），数値予報をしているか（またはしようとしているのか？）の一覧表を持って来て欲しいと言われた．不幸にもそうした資料を，私はまったく持っていなかった．若さの高慢もあって，何故そんな資料が今必要なのか？　数値予報が本当に必要なのは大陸の東海岸で，低気圧が急速に発達する日本や米国なのにと大声で叫んでいた．傍らの主計課長は急いで私のそでを引いた．気がつくと，主計局全体が息をひそめ，耳をそばだてていた．やがて，鹿野主計官は冷静に語り出した．「君も色々ご苦労様ですが，私も実を言うと大変なのですよ．ご覧のように各省別に主計官がおり，それぞれの省の要求をまとめて主計官会議に出席する．もし少しでも他の主計官から突っ込まれるようなことがあると，もうその予算は来年まわしになってしまうのです．」私は聞いた瞬間，この人は電計予算を通そうと思っているなと感じた．直ぐに私は謝っていた．

計算機機種決定のための調査は，当時NY大学勤務中の大山兄に依頼された．彼は本来の仕事の合間を縫って2社（UNIVAC社とIBM社）の工場を駆け回り，詳しい報告をして来た．IBM決定の決め手は彼の報告に基づくと言ってよいだろう．寺内・鍋島両兄は既に計算機を導入していた事業所を訪問し，情報収集を行っていたように記憶している．電子計算機室発足当時，北半球500 hPa面のバロトロピック予報だけが実用に役立った．その予報部分は東大の職員だった都田兄が独力で作り上げた．電報解読と解析部分は米国からの借り物だった．」

この2人の回顧と前述の窪田の3者に共通しているのは，「大蔵省から計算機の導入を内々に認めるという話があった」という主旨である．結果は，上述のように，当時の気象庁の予算約30億円に対して，15%増の予算が通った．気象庁の実力および予算規模から見ても，これは破格の買い物であったに違いない．しかしながら，このような筋で大きな予算が進むのは，筆者の経験からしてもまったく異例である．興味はさらに昂じた．

主計官相沢英之の回顧

この電子計算機予算の要求がどのように進められたかをさらに辿るべく，1954（昭和29）年から1963年まで，大蔵省の主計官として文部省（現文部科学省）を担当していた相沢英之氏を訪ねた．というのは，ある気象庁の先輩から，窪田がこの電子計算機の予算要求を巡って，個人的チャネルで同期の相沢主計官を訪ねていたことを耳にしていたからである．もしかしたら，「……認めようという内々の意向を伝えてきた……」のは窪田自身のルートではないかとも思った．

2008年，筆者が東京虎ノ門で弁護士事務所を開業している相沢を訪ねたとき，すでに80歳を越えていたが，話を切り出すなり「ある日，湯山君が突然，僕を訪ねて来たんだよ」と，もはや半世紀も前のことを驚くほど克明に記憶していた．湯山は窪田の旧姓である．やはり，窪田は大蔵省に行っていたのだ．

相沢を大蔵省に訪ねた湯山は,「気象庁で大型電子計算機を要求したいと思っているんだが,なかなか難しいんだ」と切り出したという.湯山と相沢は第一高等学校時代の1学年のとき,全寮制のもとで1年間同じ部屋で寝食を共にし,ベッドも隣であった.2年に進級した後は,学内では目にしたことはあったが,自然に別れてしまったという.以来,湯山とは卒業以来,このときまで一度も会ったことがなかったという.

さて,当時の主計局の公共事業・運輸省担当の主計官は鹿野義夫であった.相沢は鹿野とはよく話をし,また,先輩として側面から何かと助言をしたとも述べた.鹿野は主計官には珍しく,東大工学部出身の技官であったことから,気象庁の電子計算機にも大いに関心があったという.このことは上述の肥沼部長の回顧と一致する.一方の相沢自身も,文科甲類という文系にもかかわらず,機械類にも興味を持っていた.1955(昭和30)年に東京大学原子核研究所が発足したが,相沢はその設立にも関与している.予算の説明にやって来た朝永振一郎先生や坂田昌一先生には,原子や原子核などについて初歩から教えを乞い,主計局の次長説明にも備えた.相沢は次節で触れる東大工学部の山下英男教授からは,真空管が切れて困るという話も聞いていた.

ちょうど気象庁が予算要求を考えた時期である.相沢とのインタビューの中で,当時30歳そこそこの原子物理学者たちは,気象とは別の世界で,敗戦で研究が禁止された原子核の研究を復興すべく,奔走していたことを知った.当時の相沢や鹿野の頭の中には,電子計算機を巡っての情報の共有があったと感じた.なお,鹿野は,その後,1969(昭和44)年に経済企画庁の事務次官になり1972年に退官している.

相沢は,当時鹿野主計官のもとで主査を務めていた渡辺真を紹介してくれた.杉並に居を構えていた渡辺に面会して,IBM704の話を切り出した瞬間,気象庁の野津法秋主計課長のことを,「ほうしゅう」と愛着をこめて呼び,当時のことをよく覚えていた.80歳を越えていた渡辺は,若き日の大蔵省での自分の軌跡を懐かしむかのように思い出しながら,ゆっくりと口を開き始めた.神戸税関から大蔵省に着任したばかりの彼は，これまでまったく見たことも聞いたこともない「電子計算機」という代物の要求に直面した．上司の主計官は工学部出の技官である．9月から始まる査定作業は，12月末の大蔵省の内示から逆算すると，そんなに時間的余裕はない．渡辺は「宿題」を次々に気象庁に投げかけ，主計官への説明や局議に備えた．そのたびに野津課長は，予報部の担当官などを連れ添って，いつも快く説明に来てくれたという．上述の藤原の回顧はそのときの情景を切り取ったものであろう．渡辺は，もともと文系の自分としては，要求の内容を淡々と詰め，理解し，必要だと思って上司に説明しようと努めただけであると，自分の貢献を認めることを最後まで強くためらった．

和達中央気象台長の外遊

和達清夫は，気象庁がIBM704の導入による数値予報を開始した時期の最高責任者である．和達は，藤原咲平の後を継いで1947（昭和22）年3月中央気象台長に就任し，1956（昭和31）年気象庁への昇格に伴って初代の気象庁長官となった．以来，約15年にわたって気象業務を率いた後，1963（昭和38）年2月に退職した．和達は退職して20年後の1983（昭和58）年10月，古巣の気象庁でWMOの機関紙のインタビューを受け，以下のような主旨の回顧を行なっている［英7.3.1］．

> 「藤原台長は，太平洋戦争の敗戦処理に当たって，当時の気象関係者全員を中央気象台で引き受けるというきわめて大きな決断を行った．国内はもちろん海外にいた中央気象台の技術者および事務職員，さらに陸海軍の気象関係者をも含むものであった．当時の社会的事情を考えれば，彼らのポストを見出すのは容易ではなかったが，藤原は気象関係者の間に一致団結の姿勢を示した．これらの年を振り返って，藤原の行政力と決断を非常に尊敬している．自分にとって第1の課題はこの大規模な職員の処遇であり，第2は戦争で破壊された施設や気象サービスの再興であったが，職員はこの時期，全国に散り懸命に働いてくれた．第3は中央気象台を今後どの方向に発展させるかを見極めることであった．」

図 7.8　和達清夫長官とロスビー教授（WMO 提供）

インタビュー記事によると，和達は台長に就任した3年後の未だ社会が混沌にあった1950（昭和25）年，米国とカナダを訪れている．彼は，そこで進められていた気象観測の諸施設や技術の方向を目の当たりにして，日本が進むべき方向について洞察を得ている．すなわち，和達は当時シカゴ・グループを率いていた前述のロスビー博士にも会っており，最新の気象力学の動向にも接している．この訪問によって，特に気象レーダー，自動気象観測装置，数値予報には非常に感銘を受けたと回顧している．実際，和達は帰国後，これらの分野の発達を可能な限り急速に実施すべく動いている．1954（昭和29）年最初の気象レーダーが大阪近郊の高安山に設置された．そして1956年には，上述のように電子計算機の予算要求に舵を切っている．図7.8は和達とロスビーで，インタビュー記事からの転載である．

ちなみに，岸保は前述のように1952（昭和27）年にプリンストンに招聘されたが，和達はそれより前のこの外遊でチャーニーにも会って懇意になっている．このときチャーニーは，岸保が数値予報の研究に最適の人物であるとの推薦を受けたと回顧している［英7.3.2］．また，正野教授もチャーニーを訪問したと述べている．

和達は，日本の天気予報にとってはもちろん，数値予報モデルでは不可欠な中国の気象観測データの入手についても動いていた．太平洋戦争は1945（昭和20）年8月に終結したが，中国では毛沢東の解放軍と蔣介石の国民党軍との内戦が熾烈となり，1949年になると中国からの気象電報の入電はほとんどなくなり，日本の西に位置する中国大陸の気象データの欠如は，日々の天気予報の作成にとって大きな問題となった．他方で，1950（昭和25）年に勃発した朝鮮戦争は1953（昭和28）年には休戦を見たが，新たにアジアにも東西の冷戦構造が出現し，依然としてデータは入手できなかった．正式な国交がなく，また世界気象機関にも加盟していなかった中国との接触は困難を極めた．1953年5月には中央気象台の職員組合協議会も中国に要請書を送っている．そんななか，1954年10月，和達はイタリアのローマで開催されたIUGG（国際測地学・地球物理学連合）総会の帰途，香港から中国入りし，周恩来首相に直訴に及んだ．その舞台は，安倍能成の率いる日本学術文化交流団と首相との会見の席で，国会議員も参加していた．

この間の事情は，当時，和達長官の秘書であった善如寺信行（気象技術官養成所12期卒）によれば，北京紫光閣での使節団と周首相との会見で，団長の安倍に促されて，和達は気象観測データを提供してくれるよう直訴したという．実は和達が使節団に合流し中国政府に要請することは出発前から報道され，その結果に国民の目が向けられて一種の政治問題となっていた．善如寺は日本航空に依頼して連日新聞を和達に届けて，日本の情勢を知らせた．和達が使節団と一緒に帰国し羽田空港に降り立ったとき，多数の報道陣に取り囲まれ質問を受けそうになったが，和達はそこでは答えを明らかにしなかった．和達が会見の結果を記者団に話す前に，まず運輸省に報告しなければならないほどの事態であった．善如寺は一計を案じ，当時羽田空港の気象台にいた山田直勝に頼んで，記者が和達に接触する前に「結果の公表は，運輸省に報告してからにして下さい」との主旨のメモを，和達に届けて，その場を切り抜けたという．北京での周首相の答えは「データが悪用されないという保証のもとに」であったが，実現にはさらに時間を要した．

1955（昭和 30）年 3 月に中国の中央気象局長徐長望より中央気象台長に書簡が届き，国際情勢の緊迫のため，たびたびの日本国民からの要望に応えられなかった事情の説明に加えて，気象分野以外での将来の学問技術の交流を約束するものであった．また，翌年の 2 月には，気象学会が中国からの貿易代表団に託していた気象資料の公開について，徐気象局長から次の回答が寄せられた [7. 3. 1]．「貴下の希望されるわが国における地上および高層観測資料の公開放送に関しては，目下の情勢では，国家の機密問題のため，解決は困難であります．このため，しばらくは，なお貴下の要求を満足することはできません．ただし，われわれは必ず有効な措置を採用して，貴国に対する災害性（大風）の放送を強化して，一般気象資料の不足を補いたいと，とくにご返事申しあげます」．冷戦の緊張は未だ色濃く残っていたのである．結局，気象データの開示がラジオ放送の形で始まったのは和達の要請から 2 年後の 1956（昭和 31）年 6 月 1 日で，数値予報の導入にも間に合った．

電子計算機導入の決断

1954（昭和 29）年には電子計算機を入れてもよいとの大蔵省の意向が，どのような動機とルートで気象庁の関係者にもたらされたかを示す直接の資料に接することは，結局はできなかったが，おおよそ次のような舞台背景と役者によって演じられたと筆者は考える．

遅くとも昭和 30 年代が始まる前には，大蔵省の相沢や鹿野主計官たちは，東大理学部の高橋秀俊や工学部の山下英男教授らから，日本および米国における電子計算機の開発状況とその将来性について，かなりの情報を与えられ，課題を共有していた．1958（昭和 33）年には IBM650 が日本原子力研究所に納入されていた．この頃は，未だ電子計算機を巡る日米の紛争が始まる数年前であるが，通産省（現経済産業省）も同様の情報に接していたに違いない．電子計算機に関するスタンスとしては，おそらく国産化への体制づくりを急ぐとともに，外国機の性能チェックや日本における電子計算機の受容性を広めておく必要性もあったと推定される．また，一方，気象庁や大学サイドを見れば，和達長官や正野教授辺りから，大蔵省の幹部の耳に気象界における勉強ぶりが届いていたと考えたい．加えて，窪田と相沢主計官との縁は，水面下で鹿野主計官にも響いていたはずだ．いずれにしても，「……内々の意向を伝えてきた……」は，鹿野主計官自身の洞察と決意がそうさせたと思われるが，実際の使者は不明である．

数値予報の導入は，当時の気象庁全体の予算および業務にも大きな影響を持つのみならず，将来の予報業務のあり方にも係わる問題であったはずである．気象庁が大蔵省に提出する予算案は，経理部門が取りまとめ，庁議を経て決定される．各部局の新規要求は，種々のレベルで調整されるが，最終的にはトップの判断が影響する．確たる証拠はないが，和達は前述の米国などへの出張と NP グループの動きも踏まえて，数値予報の導入を最優先の政策課題として電子計算機予算の要求に踏み切ったと見るのが自然であろう．

7.4　電子計算機の機種選定

公聴会開催の要請

1956（昭和 31）年暮，大蔵省の予算内示で大型電子計算機の導入が認められ，これを契機に気象庁内の事務ベースの作業が動き出した．しかしながら，予算内示の後で，大蔵省は通常の事務手続きと異なって，大型電子計算機導入の必要性および機種の選定についての公聴会の開催を気象庁に要請してきたのである．

このことは，「数値予報」というこれまでの概念を破るまったく新しい技術および「大型電子計算機」という未だ日本に稼動実績のない画期的な計算ツールの両方が，世の中に認知されていなかったことを如実に物語っている．いずれにしても公聴会の開催は，大蔵省にとっては年明けから始まる国会の予算審議を控えて，電子計算機自体についての勉強会あるいはその必要性の理論武装のために役立ち，気象庁にとっては数値予報のアピールにつながったと推測される．部内向けの広報誌「気象庁ニュース」は，公聴会の議事を日を追って掲載している．

公聴会は，1957（昭和 32）年 1 月 7 日，気象庁第 1 会議室において開かれ，外部から高橋秀俊東京大学理学部教授および正野重方東京大学教授，後藤以紀電気試験所長，大蔵省鹿野主計官および渡辺主査が，また気象庁からは総務部，予報部の関係者が出席した．公聴会では計算機の導入の必要性については認められたが，機種については明確な結論は得られなかった．IBM 社よりレミントン社の方が適当ではないかとの意見に対して，特段の反対はなかったが，気象庁においてよく調査をすべきとされたのである．この時点では，IBM は本命ではなかった．なお，山下英男東京大学教授は欠席し，書面で意見を提出した[8]．

1 ヵ月後の 2 月 4 日，気象庁内の電子計算機設置連絡打合，第 1 回技術部会が開催され，計算機の機構その他の技術について専門的立場で，IBM とレミントンとの比較を行なうことを決めた．

2 月 26 日の部会では，レミントン社の UNIVAC1103 と IBM 社の IBM704 の比較の結果，計算機の性能の立場からは両者とも優劣はない，しかし数値予報用の計算という気象学の立場からは 704 が少し優れているらしいが，未だ検討の余地があるとし，結論を得なかった．何しろ，当時，レミントンおよび IBM の両社とも日本に実機を持っておらず，また計算機についての調査を十分に行なっていなかったことから，客観的な資料の作成は困難を極めた．

こうした作業は継続中であったが，1957（昭和 32）年 3 月の国会は，計算機を 1958（昭和 33 年）度中に納入することを前提として，上述したように 1957 年度において 2 億円以内で契約することを認める国庫債

8) 山下教授は，先に相沢が言及した人物である．

務負担行為を承認した．しかしながら，予算は承認されたが依然として機種は決まらず，また公聴会の宿題は残ったままで推移した．

事態は3月末になって，大きく動いた．3月28日，第5回技術部会を開き，これまでと違ってIBM704型が最も適していることを結論とした．この結論に至った最大の理由は，莫大な数の空間的な格子点で，同じような計算を繰り返す必要があるという，数値予報が本来的に持っている独特の特殊性にあった．計算機の構造でいえば，IBM704型は，Half-Word additional Circuit（短語長付加回路）を持ち，記憶装置を有効に使える．また，同種類の計算を行なうのに便利なIndex-RegisterがHalf-Word-Logicにも付けられている．これらの装置は，米国気象局が導入をしたばかりのIBM701型にも導入されていたものである．一方，レミントンの計算機は，機械の原理から，Half-Word-Logicは付けられないことが弱点であった．

この技術部会の結論は，3月29日の電子計算機打合報告で承認され，和達長官にも報告された．4月5日長官は，IBM704型は気象学的立場より有利で，また米国気象局と同種であるためその運用も容易であるとの理由を了とした．気象庁は，4月21日にこれまでの検討結果を大蔵省に説明し，了承を得た．

こうした経過を受けて，1957年5月1日，気象庁は日本IBM社とIBM704の借用（レンタル）について正式に契約を行なった．

契約された機器類および内容は次表の通りである．

ここで忘れてならないのは，技術部会にIBMのマシンが最適であるという情報を，綿密な調査に基づいてもたらしたのは，当時，気象庁から米国に留学していた大山勝道技官の貢献だということである．数値予報の計算は，一般的な科学技術の計算と異なって，前述のように予報する領域内に多数の格子点を設け，それぞれの格子点で同じような計算を何度も繰り返すという特殊性を持っている．同時に大きな記憶容量が要請される．大山は，後章で述べるように文字通り熱血漢であった．彼は，気象庁予報課に籍を置き，NPグループの一員として，すでに1956年1

形式	番号	名称	台数
704	1	Central Processing Unit with Floating Point Arith（中央演算装置）	1
736	2	Power frame #1.（電源装置Ⅰ）	1
741	2	Power frame #2.（電源装置Ⅱ）	1
746	2	Power Distribution Unit（配電装置）	1
711	2	Card Reader（250card/M）（穿孔カード読み取り装置）	1
721	2	Card Reader（100card/M）（同上）	1
716	1	Alphabetic Printer（150L/M）（英字式印刷装置）	1
737	1	Magnetic Core Storage（4,096）（磁気コア記憶装置）	1
737	1	Magnetic Core Storage（4,096）（同上）	1
733	1	Magnetic Drum Storage（8,192）（磁気ドラム記憶装置）	1
753	1	Magnetic Tape Control Unit（磁気テープ装置制御装置）	1
727	1	Magnetic Tape Unit（磁気テープ装置）	6
720	1	High Speed Printer（500L/M）（高速度印刷装置）	1
760	1	Control Tape to Card Punch（同上　制御装置）	1
046	1	Paper Tape to Card Punch（穿孔テープ穿孔カード化装置）	2
024	1	Card Punch（穿孔機）	3
056	1	Card Verifier（穿孔検査機）	3
		Half Word Logic Device	1
		CAD Instruction Device （特別につけられた名称で2つを組み合わせることで計算の量を2倍にすることできる）	

月には前述のFACOM-128を用いて，実際に数値予報の研究を手がけており，数値予報に必要な計算機の性能についての確かな知識と実学的経験の両方を持ち合わせていたことから，彼のレポートは的確で，誰も疑問を挟む余地がなかった．大山は，こうした数値予報の持つ特性を踏まえて，凄まじい熱心さで調査に当たり，結果としてレミントン派を退けることとなった．上述のIBM704型は記憶装置を有効に使用できる短語長付加回路の機能を有し，また同種類の計算に便利なインデックス・レジスター装置が短語長の計算にも使える利点を持っていることを調べ上げたのは，この大山である．一方，レミントンの計算機は，原理的に短語長を扱うことができない構造になっていたことも判明した．そして何よりも，既に数値予報を開始していた米国気象局はIBM704と

同類の701型を採用していた.

かくして電子計算機の機種選定は決着したが，もう一方の計算機を運用する建物など施設面の検討も並行して行なわれた.

4月6日には，電子計算機連絡打合設営部会が開かれて，電子計算機の建物および附帯設備等の施設関係について説明が行なわれた．その後，管財課が主管課として5月中に数回にわたって，建設省の担当官を交えて検討が行なわれた.

電子計算機の運用体制

電子計算機の運用開始がいよいよ1年後に迫るなか，円滑な立ち上がりを目指すため，1958（昭和33）年2月25日，予報部および気象研究所が主体となり，東京管区気象台と東京大学の協力を得て，臨時に準備作業グループが編成された.

『気象百年史』によると，作業グループは，当時，直面していた大きなテーマに対応して，3つのグループで構成された.

Ⅰ．台風進路予報グループ

（検討課題）　1．天気図解析，2．流線解析，3．計算のためのモデル，4．数値予報法の統計的検討

（メンバー）　○寺内栄一（予報部），増田善信（研究所），伊藤宏（研究所），出淵重雄（予報部），◎正野重方（東大），◎柳井迪雄（東大）

（※○は連絡責任者，◎は協力者を示す．）

Ⅱ．一般予報グループ

—500 mb予報—

（検討課題）　バロトロピック　モデル（数値予報のためのモデル）

（メンバー）　○藤原滋水（予報部），鍋島泰夫（予報部），出淵重雄（予報部）

—1000 mb予報および上昇気流予報—

（検討課題）　1．モデルの検討，2．地衡風近似について，3．実測風から得られる発散と高度からω（鉛直速度）方程式を用いて計算した発散との比較，4．層の問題，5．安定度の問題，6．安定度が時間に対して変化するとして考えたモデルとの比較，7．渦位保存性の検討

（メンバー）　○鍋島泰夫（予報部），岸保勘三郎（研究所），出淵重雄（予報部），斎藤直輔（東管），荒川昭夫（研究所），竹内衛夫（研究所），都田菊郎（東大）

Ⅲ．解析グループ

（検討課題）　1．天気図の範囲，2．プロットに要する時間，3．解析に要する時間，4．格子点の値の読み取りの時間，5．読取値の誤りを発見する方法，6．1000 mb 天気図の作成方法，7．プログラム方式，8．客観解析，9．国境線における観測値の解析方法，10．電子計算機による計算に適する解析方法

（メンバー）　○磯部谷郎（予報部），出淵重雄（予報部），毛利圭太郎（予報部），有住直介（予報部），村上多喜雄（研究所），小倉義光（東大）

プログラマーの出現と FORTRAN 言語

電子計算機 IBM704 が商品として表に出てきたのは 1956（昭和 31）年である．ちょうど気象庁が電子計算機の具体的な予算要求を始めた年にあたる．翌 1957 年 5 月に，IBM704 を 1959 年 1 月に気象庁に納入する契約が結ばれたことから，日本 IBM にとってはハードおよびソフト両面の技術を修得した社員の教育が急務となった．このためコンピュータを稼動させるための要員である CE（カスタマー・エンジニア）および SE（システム・エンジニア）の教育部門を千代田区麹町の本社内に立ち上げ，命令文をカードに鑽孔するキーパンチの訓練も開始した．安

藤教育部長が渡米してコンピュータのマニュアル類を持ち帰り，社員は自主的に競って学んだという．気象庁への704の据付・保守を担当したCEは，米国でトレーニングを受けた人々である．CEとSEは続々と国内外でトレーニングを受けた．

コンピュータの内部での演算は，電流のオン・オフを利用した2進表示の電気信号で処理される．このため，計算の命令文を2進数またはこれを10進数に直した数字列（機械語）で表現し，それをカードにパンチして，計算機に読み込ませて処理を行なう．しかしながら，機械語のプログラムは，一塊が長く，命令コードが覚えにくいため間違いも起こりやすく，また誤りの発見もしにくい．そのため利用者にとっては，プログラムを日常語に近く，また，数式に近い形式で書き，それを機械語に自動的に翻訳してくれるプログラム（コンパイラ）の開発が待たれた．IBMは1957年に650用に簡易言語SOAP（Symbolic Optimal and Assenbly Program）を開発し，続いて704用にFORTRAN（FORmula TRANslator）を開発した．

たとえば，2次方程式$AX^2+BX+\mathrm{C}=0$の根は，$X=(-B\pm\sqrt{B^2-4AC})/2A$であるが，FORTRANでは，ほとんど根の公式どおりに，$X=(-B+(B{*}{*}2-4{*}A{*}\mathrm{C}))/2A$と命令文を書き，その前段にA, B, Cの値を与えると，1つの根Xが計算される．“*”が乗算を，“**”が2乗を，“/”が割り算を意味する．三角関数のSin xは，SIN（X）でよい．

気象庁関係者へのプログラミングの講習会は，1957〜1958年にかけて麹町のIBMで行なわれ，米国IBMから日本人二世の沢登が来日し，講師を務めた．

自分も講習を受けたという正野の門下生松野太郎は[9]次のように述懐している．

9）北海道大学教授を退官後，海洋開発機構に移り，現在も後進の指導に当っている．今日，世界第1級の気象学者の一人である．2011年，日本人で初めて「世界気象機関（IMO）賞」を受賞．

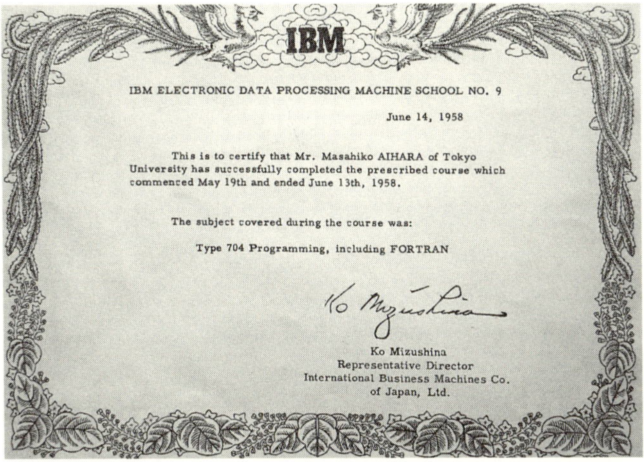
IBM
IBM ELECTRONIC DATA PROCESSING MACHINE SCHOOL NO. 9
June 14, 1958
This is to certify that Mr. Masahiko AIHARA of Tokyo University has successfully completed the prescribed course which commenced May 19th and ended June 13th, 1958.
The subject covered during the course was:
Type 704 Programming, including FORTRAN
Ko Mizushina
Ko Mizushina
Representative Director
International Business Machines Co. of Japan, Ltd.

図 7.9 IBM プログラミング講習修了「認証書」(相原正彦提供)

「1958 年の 5 月から 6 月にかけて四谷にあった日本 IBM で，皆と一緒にプログラミングの講習を受け，大学関係者は正野教授，都田さん，真鍋さん，柳井さんたち，気象庁関係者は毛利さん，新田尚さん提供らの数値予報にすぐには係わらない人たちであった．また，岸保さん，荒川さん，増田さん，伊藤さんらの第一線の人たちは，59 年 4 月の IBM704 の運用開始を目指し，我々より 1 年早く 57 年に講習を済ませ，58 年の 5, 6 月にはプログラム作成に大わらわだったと思う」，「自分は機械語に近いアセンブラーによるプログラムを習っていたので，FORTRAN というものが出来たと聞いたとき，どうしてそれで計算機を動かせるのか理解に苦しんだものであった」．

2008 年に UCLA で柳井迪雄名誉教授に会ったとき，今でも講習修了者に渡された「認証書」を記念に持っていると，当時を懐かしがった．図 7.9 は，同じく東大からプログラミングの講習を受けた相原正彦の認証書で，研修の期間は 1958 年 5 月 19 日〜6 月 13 日となっている．参加者には昼食が用意された時代である．

当時は，日本 IBM は 704 も FORTRAN も初めてで，IBM の SE と気象庁の関係者がオン・ザ・ジョブトレーニングの形で，FORTRAN

をマスターした．電子計算室に増員された3人のプログラマーは，日本におけるプログラマーの草分けとなった．FORTRANは当初，IBMマシン独自の言語であったが，その後，国際標準の技術計算用の言語となり，現在も気象庁をはじめ，国内外の多くの気象組織や技術分野で用いられている．

FORTRANでは，英数字で構成される命令文およびデータを1枚が80桁を持つカード上にパンチ（鑽孔）することによって表現され，一連の計算にはカードは何百枚どころか千枚を超えるものもあった．当時，多くの人がカードボックスを抱えて計算に挑み，計算に失敗すると，命令文の誤りのカードを探し出し，新しいカードにパンチをし直して差し替える姿が見られた．かなり後になってからだが，気象研究所にいた筆者もたった1回の計算のために，高円寺から大手町の気象庁まで電車でカードを持参したものである．

しかしながら，このようなパンチカードを用いる方式は，昭和50年代には姿を消し，ワークステーションの画面上で一連の命令文を作成して，遠隔的に大型の電子計算機を稼動させることが可能になった．1日に何回でも計算が実行できる環境である．さらに今日では，ノートパソコンに市販のFORTRANのソフトを搭載すれば，半世紀前の計算があっという間に終わってしまうほど，計算機は進歩を遂げてしまった．

7.5 IBM704お化粧トレーラーで気象庁へ

1959（昭和34）年1月13日，日本のみならず東洋で最初と言われた超大型電子計算機（IBM704）を積んだ貨客船プレジデント・ポルク号が，ニューヨーク港から横浜港に着き，朝には岸壁に接岸した．冬の真っただなか，気象庁からは肥沼予報部長以下の関係者，IBMからは本社の技師長，日本IBM社長など数十名が横浜港まで出迎え，内外報道機関のカメラの放列が岸壁に敷かれた．出迎えの人々の多くが黒の中折れ帽にオーバーを羽織り，貨物船の横っ腹に吊り下げられた昇降用のタラップを，一列になって甲板に上った．彼らは，甲板を四角に切り取っ

図 7.10　ポルク号のタラップを昇り，船倉を見下ろす人々（気象庁提供）

図 7.11　船倉に横たわる IBM704 など（気象庁提供）

た貨物ハッチの縁から，まるで愛しいわが子を眺めるような眼差しで深い船倉を覗き込んだ．そこには 22 トントレーラーの荷台に大型のコンテナーが鎮座していた．コンテナーの中には，IBM704 一式が格納されているはずだ．やがて，50 トン級の海上クレーン船が接近し，トレーラー付のコンテナーは船倉から軽々と吊り上げられ，岸壁の傍に陸揚げされた．同時に，桟橋で待っていた内外の人々から期せずして万雷の拍手が起こった．その時刻は，13 日 14 時 26 分との撮影メモが，気象庁図書室のアルバムに記されている．IBM704 の陸揚げ風景を図 7.10〜7.12 のスナップで示す．

図 7.12　クレーンで吊り上げられるコンテナー・トレーラー（気象庁提供）

図 7.13　気象庁へ搬入に向かうコンテナー・トレーラー（日本 IBM 提供）

ポルク号の船内で電子計算機の無事到着を祝う小さなパーティが開かれ，ニールソン船長，IBM 技師長，肥沼予報部長，水品格日本 IBM 社長がそれぞれ祝辞を述べた．船内で開かれた記者会見で，船長は，航海中は 4 時間ごとに積荷のチェックを行なってきたことなどを披露した．

コンテナーは，13 日の夜半になって，横浜から第 2 京浜国道を千代田区竹平町の気象庁に向けて搬送が始まった．横浜市内では結氷が見られ，道中は靄が立ち込め，ところどころで霧がかかっていた．図 7.13

は，早朝の街中を大手町に向かうコンテナー・トレーラーである．

コンテナーの横っ腹一面に張られた特大の白布の左半分には「JMA WELCOME IBM704」「Electronic Digital Computer」「for Japan Meteorological Agency」「The First in the Orient」の英文が，また右半分には「祝」「みんなの天気予報をより正確にする……」「気象庁様納入 IBM-704」「東洋で最初の超大型電子計算機」「日本 IBM」などの文字が踊っている．写真をよく見ると，「より正確にする」の「より」の文字の上に圏点が付されて，正確さが強調されている．これらの文言は，もとより IBM 側の商魂のたくましさの現れであるが，当時の気象庁関係者の待望のものをついに手にしたという思いを汲み取ったものとなっている．当初，IBM 側は横浜港から気象庁へのコンテナーの輸送を，昼間にしたい意向であったと言われている．もし，この馬鹿でかい白い横断幕で化粧をしたトレーラーが，未だ正月気分の残る市中を走行したとしたら，IBM はもちろん気象庁にとっても，まさしく晴れやかな初荷で，きっとテレビをはじめ世間の耳目を集めたに違いない．しかしながら，実際の輸送は，昼間の輸送に伴う不測の事態を避けるために大事をとって，交通量の少ない深夜となり，竹平町の予報部正門に到着したのは，翌 14 日の早暁となった．横浜港から大手町への道中は，靄で見通しは悪く，ところどころ霧が見られた．大手町でも視程は 3 km を切っていた．トレーラーは狭い正門を無事に入り込み，新営されたばかりの 2 階建の電子計算機室のたもとまで辿りついた（図 7.6 参照）．気象庁の森岡嘉昼管理課長ら数名が出迎え，午前 10 時頃，コンテナーを封印していた鍵を IBM から受領した．

704 を構成する各装置は，まるでガラスの大箱を扱うように慎重に慎重にクレーンで吊り上げられ，2 階の窓から次々に電子計算室に搬入された．以来，昼夜兼行で据付，調整が進められ，2 月 28 日にはすべてが完了した．同日，日本 IBM の水品社長，安藤計算センター部長ほかの幹部が気象庁を訪れ，予報部長室において，太田次長以下の関係者との間で 704 の正式引渡しの調印が行なわれた．後は 3 月 12 日の火入れ式を待つばかりとなった．

この前後，種々の人々が見学に訪れている．2月初旬に開催された管区海洋気象台長会議のメンバーの視察があり，3月27日には米軍第10気象隊長（府中）ドナルド・ロバーツ大佐，ハワイ第一気象隊，真珠湾気象センター等が見学に訪れている．

和達長官は，1959（昭和34）年の年頭にあたり，気象庁ニュースを通じて，まもなく日本にやってくる大型電子計算機と数値予報の導入に対して，予報業務が革新的に発展するとの期待を込めた以下の要旨の挨拶を行なっている．挨拶からは当時の時代背景がよく汲み取れる．

> 「一昨年夏以来の地球観測年（IGY: International Geophysical Year）は，昨年末で一応終了したが，これらの地球に関する精密な観測の結果は，今後の地球物理学の進歩に寄与するものである．気象事業の近代化，器械化という近年の取り組みは，本年あたりが中心である．704型計算機も2月中に入る予定で，建物は既に完成し，近代的容姿を見せている．本年から，いよいよ数値予報が日本の気象事業に取り入れられ，予報業務の革新的発展が期待される．
>
> 気象事業の根本は，気象を通じた社会への貢献だが，災害の防止が最重点である．昨年は，南海丸の遭難，狩野川台風（台風22号）では東京には400ミリの豪雨があり，狩野川では大水害が起こった．気象庁は十分の働きをしたと思うが，もっと高度の防災への寄与が必要だ．航空界はますます進展し，ロケット技術の発展は，超高層の気象学の躍進の気配である．過去の輝かしい実績の上に，近代の気象技術の成果を積み上げることを希望する．」

ここで時間を少し遡る．前述のように気象庁が1957（昭和32）年5月に契約したIBM704は，翌年の1958年5月頃，ニューヨーク州のハドソン川を100 kmほど遡ったIBMのポキプシー工場で完成した．気象庁は704が所要の性能を発揮できるかどうかをチェックするためのベンチマークテストに岸保勘三郎を任じ，彼は同年6月21日から12月27日まで，数値予報の実施のための研究を名目にワシントンに赴いた．二度目の渡米である．

ベンチマークテストは，ワシントンのIBM支店のIBM704で行なわれた．IBM からベンチマークテスト用に無料の 50 時間が与えられ，実際のテストは夜間に実施された．ベンチマークテスト用の計算モデルは松本誠一を中心に作成された「アジア地区 4 層モデル」を持参して行なわれた．特筆すべきは，当時，気象庁からシカゴ大学に留学していた大山勝道は，本務の研究とは別に，夏休みを利用してまったくのボランティアで，ベンチマークの手伝いにずっと通い続けて，岸保を支援したことである．テスト作業のたびにドンドン持ち時間が消費されてしまう．運用を担当していたワシントン大学のアルバイトとの間で消費時間のカウントを巡って一度ならず争いが起きた．消費時間が計算機のせいか，それとも持参したプログラムのせいかで激論となり，大山は真剣な形相で大きな声を張り上げて「You are wrong!」と日本側の責任に帰せられるべきではないと相手に迫り，傍にいた岸保を驚かせた．あの大山の献身的な働きがなければ，おそらくテストはうまくいかなかっただろうと岸保は述べている．しかしながら，一方では大山はこのとき，深い悩みを抱えていた．それは，その後の大山の進路にも波及し，一旦は気象庁に戻ったが，結局は後述のように頭脳流出組の 1 人となった．大山は台風の発達理論に決定的な貢献を行なった人物である．

岸保はベンチマークテストの完了書にサインし，ポキプシー工場で IBM 副社長 W. J. メアーの立会いのもとで，トレーラーに積み込まれた 704 のコンテナーの扉を封印し，1958 年 12 月空路帰国した．また，数値予報の調査並びに IBM704 の準備のため 1958 年 9 月からワシントンに留学していた鍋島泰夫予報官は，ワシントンにある気象局 JNWP で，予報の実際と応用などを見聞し，また同市内にあるバンガード計算室で NP グループの作成したプログラムテストを行なっている．

7.6 金色の鍵——IBM704 稼動す

1959（昭和 34）年 3 月 12 日（木曜日），大型電子計算機（IBM704）の火入れ式が新装成った電子計算室専用ビルの 2 階で挙行された．前日の夕方から降っていた小雨も夜中の 11 時過ぎには止んで，朝は晴れ上

図 7. 14　IBM より気象庁に贈呈された金色の鍵

がり，竹平町の予報部の一角は，朝から華やいでいた．専用ビルのクリーム色の壁には春の浅い陽光が映え，玄関の左右には紅白の幔幕《まんまく》が張られ，その前には来賓用の受け付けテントも用意された．定刻前から新聞，ラジオ，テレビ等の報道関係者が続々と詰めかけた（図 7. 6 参照）．

午前 11 時，気象庁および IBM の関係者出席のもと，火入れ式は計算室（マシン室）につながる隣の控え室で行なわれた．出席者は畳 1 枚分もある大きなガラスを通して，種々のマシンが見える仕組みになっていた．広く一般に公開をという大蔵省筋の要請を受けたものだ．和達清夫長官の挨拶に続いて，日本 IBM の水品浩社長は「ぴったり当たる予報にお役に立つことを確信します」と挨拶を述べた．続いて，同社長から長官に記念として，白いリボンで結ばれた約 20 センチの IBM704 と刻印された金色をした飾りの鍵（図 7. 14）が贈呈された．一斉に拍手が起こり，シャッターが切られ，ニュース撮影機のジーッという響きが続いた．カメラのフラッシュは，ガラス窓を通してマシン室の中の技術者の顔にも映えた．長官は，計算機室とガラス越しに特設されたスタートスイッチ台の前に歩みより，704 計算機の起動ボタンを押し下げた．

図 7.15　火入れ式の 1 コマ（正面左側が和達清夫長官，右側が水品浩社長，中央に贈呈された鍵が見える）（気象庁提供）

図 7.16　IBM704 の全体機器（気象庁提供）

カードリーダーはダーッと音を立てながら，始動し，計算手順の命令が葉書のような厚紙にパンチ（鑽孔）されたカードの束を自動的に読み込み，カードリーダーの振動音は式場のガラス窓をかすかに震わせた．直径が 30 cm ほどの磁気テープが回り出し，演算の流れを監視するコンソールの緑色のランプが点滅を始めた．日本における数値予報の産声

図7.17　カードパンチ室の風景（気象庁提供）

図7.18　カードリーダーを扱う岸保予報官（気象庁提供）

である．このIBM704は，当時世界第1級の超大型電子計算機であったが，その演算速度は，およそ10キロフロップス（1秒間に1万回の演算），CPUの記憶容量は約8000語（32KB）であり，今日の普通のパソコンが持つ20ギガフロップス，CPU 1 GB，ハードディスク100 GBなどの足元にもまったく及ばなかった．図7.15は火入れ式の1コマで

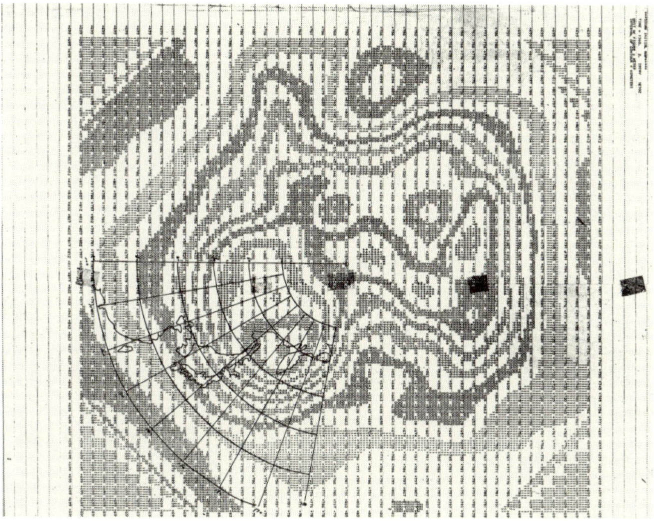

図 7.19　英文字を利用して描かれた天気図パターン（気象庁提供）

ある．

図 7.16 に電子計算室に納まった IBM704 の機器群を示す．中央に操作卓，奥にコンピュータ群が見える．

電子計算機を走らせる一連のプログラムの命令は，まずコーディング・シートと呼ばれる専用用紙に 1 行ごとに鉛筆で書かれ，それをキーパンチャーと呼ばれる女性たちがカードにパンチし，それらを数百枚も束ねて出来上がる．鑽孔テープからカードが作成される場合もある．キーの英文字の位置を見ないで高速のパンチ（ブラインド・タッチ）をする職場は，女性にとっては花形の一つであった．

図 7.17 はカードパンチ室の風景を，また図 7.18 はプログラムをカードリーダーに読み込ませている岸保を示す．

今でこそ，コンピュータグラフィックが発達し，数値予報の計算結果をグラフや分布図，さらに立体図で表すことはいとも簡単で，アニメーション画像すら容易に作成できるが，半世紀前は，まったくそうはいかなかった．等値線を描画するために，プリンターと連動しているプリントアウト用紙の上に，等値線を表すように文字を使い分けて印刷させ，たとえば，気圧パターンが表現されるように工夫していた．設計にはとてつもなく根気と時間がかかった．図 7.19 はその一例である．

IBM704 が稼動し始めた頃，プログラマーやスタッフたちの計算の手伝いなどをしていた遠藤和子は，電子計算室の雰囲気を述懐してくれた．1 つの計算（ジョブ）がうまく走った日の夜などは，スタッフは 1 階のパンチ室の隣にある休憩室のソファーの周りに集い，談笑し，ときにはテーブルにビールも並べられた．周囲の期待がかかる厳しい環境の中，同じ構内にある予報現業とは異なる小さな息抜きの場が深夜まで盛り上がった．いつの間にか東大時代からコーラスをやっていた荒川昭夫が唄い始め，他の面々も続いたという．当時は，近くの神田共立講堂で開催された「労音」と呼ばれた勤労者音楽協会の主催するコンサートにも，部屋の皆でよく行ったという．また，休憩室でレコードを聴いたオペラ歌手シャリアピンの「冬の歌」は，今も懐かしいと彼女は言った．

半世紀前に数値予報の誕生を祝福して贈られた真鍮製の鍵は，歴代の数値予報課長によって今も引き継がれている．その金色に光る鍵は，半世紀前からの数値予報の進歩に格闘した人々に喝采を送りながら，今なお，多くの謎を秘めた気象が振る舞う天空の扉を拓こうとする気象人の更なる挑戦を見守っている．その思いを込めて本書のサブタイトルに「金色の鍵」を入れた．

電子計算機が格納されているビルは，そこだけを見れば完全空調の「近代」があったが，そのすぐ周囲には，未だ戦後が色濃く残る予報部の現業作業用の木造の長い建屋とその窓からニョッキリと突き出している石炭ストーブのいくつものブリキの煙突，さらにその奥手には交代勤務者用の木造住宅が軒を連ねていた．気象庁幹部の官舎もあった [10)]．

火入れ式を取材した気象庁ニュースの編集記者は，こんな記事を残し

10） 先の図 7.7 で見ると，手前の堀側に多数の平屋が見える．

ている．

「火入れ式の準備を主宰した某課長[11]は，当日の天気について自信を持って雨は大丈夫として，テントなどの荒天準備を命じなかった．ここまでは良かったが翌朝，武士は轡《くつわ》の音に目を覚ましたならまだしも，水鳥の羽音に驚いてしまった．大粒の雨音に自信喪失，ガバと跳ね起きた．しかし，カーテンの隙間から寝ぼけ眼に飛び込んできたのは青空だったという．ハーテネ．この時，台所では飯を炊く釜の沸騰音が賑やかな交響曲を奏でていた．ヤーレヤレというところ．狭い宿舎の罪とは言いながらも笑えぬこぼれ話のひと齣であった．」

また，当時の予報課長で，その後初代の電子計算室長となった伊藤博は，気象庁ニュースの中で，完全空調装置付の電子計算機用の建物の完成を前に，次のように書いている．

「この立派な建物が気象庁の古びた庁舎群の中にできあがってみると，妙な感じもする．機械をきちんと働かせるためにはエア・コンの装置もできるのだが，一般の暖房は相変わらず黒い煙を吐いている．今のストーブ暖房は，部屋ごとに手を黒くしながら石炭を燃やし，もうもうと塵をたてて灰をかき落とす．退庁時刻になると，片付けてしまいたい仕事があっても，どうにも部屋に居残る気がしなくなる．衛生上も，事務能率上も誠に具合が悪い．近年，都市の空気は汚染がひどくなってきている．……都市の美観の上からも，衛生上からも真黒な煙をなくするのには官庁の暖房改善が先決問題のようだ．」

この時期，日本は必死に復興への道を目指していたが，大都市中心に大気汚染問題も深刻になりつつあった．

電子計算機は，空調を必要としたほか，その使用する電源についても当時の日本を考えるときわめて厳しい条件があった．容量は 125 KVA，運転中の負荷の変動が 20% くらいでも，周波数の変動幅はプラスマイナス 1/2 サイクルを超えないこと，電圧変動範囲はプラスマイナス 5% とし負荷の変動が 20% でもその範囲を超えないこと，周波数は 60 サイクルで電圧は 120 V と 208 V，電気方式は 3 相 4 線式とするなどであり，

11） 予報部田島節夫業務課長と推定される．

100W の電球 1000 個以上の電力消費に耐えられるものが要求された．このため大容量の定周波定電源装置が導入された．気象庁は近隣の神田変電所から，特別にケーブルを引いたほどである．電子計算機の導入で，この地域の電気使用量が倍増したという．

こうして IBM704 は，昭和 30 年代の東京の一角，竹平町に姿を現し，それを格納する建屋だけは，まるで租界のようであった．

なお，火入れ式に先立って，3 月 9 日に報道関係者へのレクチャー，10 日に大蔵省関係者への披露が行なわれた．稼動後は，5 月 22 日に人事院事務総長吉岡恵一，給与局長，次長課長等 7 名が見学に訪れている．

7.7 数値予報と格闘する予報官

倉島厚は電子計算機が導入された当時，予報現場のまっただ中にいた．本庁予報課で週間予報などを担当しており，部下には前述の大山勝道もいた．倉島は気象技術官養成所を卒業（第 18 回生）した後，主に予報畑を歩み，鹿児島地方気象台長のときに辞職して NHK に移り，テレビの天気キャスターとして，予報の解説に新境地を開いた．また，多数の書を著し，NHK 放送文化賞や運輸省の交通文化賞，藤原賞を受賞している．倉島は，当時の感慨を振り返る．

> 「天気予報の現場というのは，日々の天気予報はもちろん，台風が発生すればとにかく進路の予報を出さなければならないし，大雨警報や暴風警報も発表しなければならない．毎日が自然と対峙する一種の戦争である．そこに鳴り物入りで，IBM704 という数値予報のツールがやってきた．気象現象は物理の法則に支配される，したがって，その予測である天気予報も物理的な観点からなされるべきである，このことは当時の誰にも異論はなかった．悲しいかな我々が手にすることができた予測技術は，何と言っても人の智恵であり，経験が物を言い，優越した時代である．これまで天気図を何枚書いたか，どれだけ消しゴムを使ったかが勝負であり，長い間の予報の成功や失敗は，経験という器のなかで主観的に選別され濾過されて，予報官に智恵として沈潜されてきた．あちこちに予報の天皇や名人が割拠し，実際に虎の巻まがいのノートを懐に日々の勝負に臨んだ人もいた．

明治維新しかり，巨艦主義しかり，時代あるいは文明の転換期には，必ず守旧派と革新派との衝突や軋轢が起きるものだ．数値予報についてみれば，守旧派はベテラン予報官で，革新派は数値予報グループの構図となる．現場は圧倒的に守旧派であった．理屈は頭では分かっても，当たらない資料は使えない．逆に，当たる代物であれば，理屈は何であれ使う．数値予報が出現したら予報官は要らなくなるとの極論に近い暴言を吐く革新派もいた．現場では，いくら数値予報の結果を使えと言われても，頭の切り替えはそう簡単には行かなかったのである．」

全国予報技術検討会

こうして，半世紀前の1959（昭和34）年，そんな予報現場にIBM704は予想天気図を打ち出し始めたのである．振り返ると，このときから天気予報という自然科学の世界に，人の知恵と物理に基づく知能との衝突にどう立ち向かうかというきわめて根源的な課題が出現した．天気予報における革命の始まりである．ここでは数値予報がその黎明期，予報現場でどのように扱われてきたかを「全国予報技術検討会」を手がかりに見てみよう．

この技術検討会は予報部が主宰する全国レベルの地方召集会議で，今日まで続いている大きな行事である．本庁から予報部長をはじめ予報課長や業務課長，通信課長などが，地方からは札幌，仙台，大阪，福岡など11の地方予報中枢の課長や予報官，それに本庁の観測部や地球環境・海洋部，気象研究所や気象大学校などの付属機関がオブザーバーとして出席する．地方からの出席者は，脂の乗ったベテラン連中である．予報技術の検証や総括が主であり，地方にとっては，当該年度の「宿題」をどのようにこなしたかの腕前の見せ場であり，日ごろの研鑽振りを披露する機会でもある．翌年の重点目標や新しい予報技術政策などの公式のお披露目も兼ねる．会議後の懇親会は，中央と地方が互いに顔見知りとなる絶好の機会でもある．

ここでは半世紀前の検討会を振り返ってみる．IBM704導入のちょうど1年前にあたる1958（昭和33）年3月11〜12日，1957（昭和32）年度「予報技術検討会」が気象庁から程近い教育会館で開催され，100名を超える出席者で盛況を極めた．検討会の主題は，梅雨明け時期，大雨の降りそうな時期の予想，大雨時の雨量予想などであった．「数値予報」という技術は，この検討会の特別講演で初めて表に顔を出したが，岸保（当時は気象研究所の研究官）が「豪雨の数値的取り扱い」について述べたのみである．

次に導入のほぼ1年後にあたる1960（昭和35）年2月23〜24日に開催された1959（昭和34）年度の検討会は，1959年が9月に伊勢湾台風の来襲や梅雨前後に集中豪雨に見舞われた年であったことから，台風予報と集中豪雨が主題であった．伊勢湾台風の進路予報について，名古屋地方気象台の鈴木予報官は，上陸のほぼ12時間前の時点での判断を数点挙げているが，「（イ）1010の等圧線と500 mbの等高線により，東へは余り曲がらないと判断され，30度を超えてからは偏西風帯に入るので西へも行かないとみた．その結果四国東部から東海道西部の間に進むとした……（以下省略）」などの根拠が記されている．これを読むと当時の技術が端的に表されている．また，同じく名古屋地方気象台の安田春雄は，こうした経験的な進路予報がうまくいったと『天気』に報告している [7.7.1]．

この時代，依然として予報技術においては過去の統計や予報官の智恵が最大の武器であった．検討会での数値予報の出番をみると，電子計算室から，「数値予報による台風進路予報」と「順圧予報天気図の天気予報へ利用」の2題について説明および検討が行なわれている．しかしながら，種々の資料を調べた限りでは，このときは，進路予報は実際には使われていないようだ．

次に，IBM704が運用を開始してほぼ2年が経過した時点にあたる1961（昭和36）年2月23〜24日に検討会が神田の学士会館で開催され，本庁側からは，肥沼予報部長，北田予報課長，電子計算室長，長期予報管理官，業務課長，通報課長，外関係官，総務・観測・海洋気象部関係

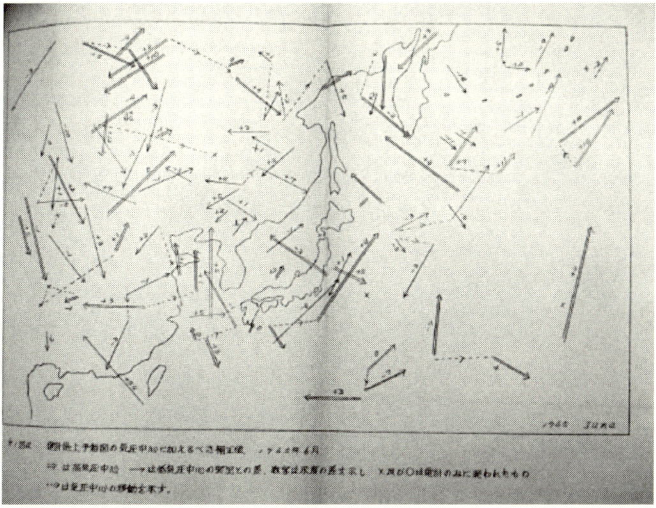

図 7.20　低気圧および高気圧中心の予想位置の修正（1965 年度全国技術検討会資料）（気象庁提供）

官ら，100 名を超える関係者が出席した．

検討議題を見ると，(1) 管区ごとの検討成果の報告，(2) 台風予報について，(3) 降水予報について，(4) 海上予報について，(5) 週間予報について，(6) 数値予報について，(7) 予報技術に関する特別講演および報告となっている．このうち，数値予報の分科会では，伊藤博電子計算室長の司会で，3 時間にわたって，電子計算機で解析および予測された FAX 資料[12] の具体的利用方法の検討，当日の予想天気図にもとづく検討が行なわれている．数値予報はこの検討会でその技術を実際に披瀝する席を得ている．なお，岸保予報官が，1960（昭和 35）年 11 月に開催された数値予報国際シンポジューム（第 8 章で触れる）の総合報告を行なっている．

時代がさらに下って，東京オリンピックが開催された翌年にあたる

12)　短波放送を利用した無線模写電送による天気図類．

1965（昭和 40）年に開催された 1965 年度の検討会になると，数値予報についての検討が比重を大きくしている．分科会では「プログノ天気図と電計資料」などが議論されている．プログノは予報，電計は電子計算機の意味である．ここで当時の数値予報を現場でどのように利用するかについて検討した資料を示したい．予報現場では，今日でもそうだが，低気圧の 24 時間および 48 時間先の位置や強度の予想は，天気分布のみならず，注意報や警報の発表のタイミングなどにとって，非常に重要である．図 7.20 は，数値予報モデルでの低気圧および高気圧の予想位置と実際の差を調べた一例である．2 重矢印（⇒）は高気圧を，単矢印（→）は低気圧を示し，それぞれ差を位置ベクトルで示している．数百 km 程度の誤差があちこちに見受けられる．当時はモデルが持つこのような誤差（くせとも呼ばれた）を人が修正する必要があった．予想位置が異なればたちまち予測が外れてしまう羽目になる．ちなみに，今日では，第 10 章でも触れるようにモデルが非常に精緻化されて，予測の精度が向上したので，このような作業は不要になっている．

引用文献および参考文献

［英 7.2.1］Studies of Atmospheric Disturbance (Theory of Vortical Waves), Part I (Introductory Discussion), (S. Syono, 1940, 18, No. 11, 354–364, Journal of Meteorological Society of Japan)

［英 7.2.2］Studies of Atmospheric Disturbance (Theory of Vortical Waves), Part II, (S. Syono, 1941, 19, No. 1, 16–22, Journal of Meteorological Society of Japan)

［英 7.2.3］Studies of Atmospheric Disturbance (Theory of Vortical Waves), Part III, (S. Syono, 1941, 19, No. 2, 44–58, Journal of Meteorological Society of Japan)

［英 7.2.4］Studies of Atmospheric Disturbance (Theory of Vortical Waves), Part IV, (S. Syono, 1941, 19, No. 7, 243–253, Journal of Meteorological Society of Japan)

［英 7.2.5］Studies of Atmospheric Disturbance (Theory of Vortical Waves), Part V, (S. Syono, 1941, 19, No. 11, 401–418, Journal of

Meteorological Society of Japan)
[英 7. 2. 6] On a physical basis for numerical prediction of large-sale motions in the atmosphere (J. G. Charney, 1949, J. Meteor. 6, 371–385)
[英 7. 2. 7] A numerical method for predicting the perturbations of middle latitude westeries (J. G. Charney and A. Eliassen, 1949, Tellus, 1, 38–54)
[英 7. 3. 1] THE BULLETIN INTERVIEWS Dr. K. Wadati (1985, 34, 3–14, WMO Bulletin)
[7. 2. 1] 電子計算機の誕生（高橋秀俊，1972 年，中公新書）
[7. 3. 1] 学会消息（1956 年，天気，Vol. 3，No. 4，p. 32），日本気象学会
[7. 7. 1] 伊勢湾台風の予報作業について（安井春雄，1960 年，天気，Vol. 7, No. 1, p. 1–57），日本気象学会

8　第1回数値予報国際シンポジューム

8.1　正野重方の晴れ舞台

1960（昭和35）年に開かれた「第1回数値予報国際シンポジューム」は，日本の気象界にとって，まさに時代を画する大イベントであった．シンポジュームは，日本気象学会が主催し，気象庁，日本学術会議，国際地理学連合の協力のもとで，11月7日から東京で開催され，国内外の気象学者約150名が参加した．気象庁の数値予報が誕生した翌年のことである．

振り返ってみると，このシンポジュームは，戦後の日本の気象界にとって，また，その後の世界における数値予報の発展と気象学者の交流にとっても計り知れない影響を与えたといっても過言ではない．戦後の日本の数値予報技術の発展ぶりを世界に披瀝する絶好のチャンスであり，と同時に気象学会理事長の職責にあって東京大学気象学教室を率いる正野重方教授にとっては，まさに晴れの舞台であったに違いない．一方，シンポジュームの企画から開催に至る種々の事務手続きやシンポジュームの運営，さらにエクスカーションと呼ばれる小旅行の企画および実施なども，ほとんどの関係者にとって初めての体験であった．正野の学生たちも，初めて来日した学者たちの空港への出迎えやエクスカーションへの随行などを手伝った．

特筆すべきことは，シンポジュームを機に相前後して「正野スクール」の学者の卵たちが米国へ渡ったこと，そして彼らの大部分は，つい十数年前までは敵国であった彼の地で，それぞれ確固たる足場を築き，米国のみならず世界の気象学の発展に足跡を残したことである．

シンポジュームには，先述のチャーニー博士をはじめ，当時の名だた

図 8.1 開会式で挨拶する正野重方（日本気象学会）

る世界の学者が東京にやってきた．多くは初めての来日であった．

シンポジュームは，千代田区平河町の新装成った日本都市センターの講堂を舞台に，11 月 7 日（月）9 時の開会式に引き続いて，12 のセッションで行なわれ，12 日（土）午前中には全講演を終えて，午後から鎌倉，箱根方面へのエクスカーションが行なわれた．初日の夕方には歓迎パーティが同センターで，また，11 日の午後 6 時から，文京区の椿山荘で気象庁長官主催のカクテル・パーティがそれぞれ開かれた．なお，会議中の午後にはデパート組と博物館組に分かれての都内見学も行なわれた．さらに，シンポジュームを機に，かなりの人が京都や奈良などに足を伸ばした．

シンポジュームの冒頭，実行委員長の正野教授は，次のように歓迎の辞を述べた（図 8.1）．なお，以下に紹介する挨拶などは「数値予報国際シンポジューム開催報告」[8.1] から引用した．

「日本気象学会が世界各国から大勢の尊敬すべき気象学者を迎えて数値予報シンポジュームを開催するのは，75 年という歴史の中で始めてのことであり，また画期的なことであります．

日本の気象学者は過去には欧米で得られた新しい考えや理論を専ら文献を通して導入してきました．ここ 10 年ばかりの間に若干の人が留学できるようになっては来ましたが，そのような機会が与えられるのは極めて僅かの人に過ぎません．今回いろいろの問題について皆さん方と直接討論できるのは，われわれにとって非常に有意義なことです．

数値予報はここ10年の間に大きく発展してきましたが，なお未解決の問題がたくさん残されております．日本の若い気象学者はこの分野で大いに貢献したいと念じております．どうか協力とご援助をお願いします．

このシンポジュームの関係者はこの会を成功させるため，また出席者の皆さんに気持ちよく滞在していただくために最善を尽してきましたが，われわれにとって国際会議は初めての経験なので不行届な点もあろうかと思われます．それらについては皆さんのご忠告を得て在日中を愉快に過ごしていただこうと思います．（以下に協力機関などに対する謝辞が述べられたが省略する）」

正野の手短な飾り気のない挨拶の中に，やっとシンポジュームの開催に漕ぎ着けた彼の思いが込められている．正野の華である．

次いで，気象庁長官の和達清夫は，日本学術会議会長の職を兼ねて，次のように挨拶を行なった．

「近年のように学術の発展が目覚しい時代には各国間の協力と学術情報の交流が極めて大切であります．数値予報という限られた分野の会合にこれだけ多くの参加者が得られたということは，上に述べたことがらを如実に示すとともに，将来数値予報の進む道が何であるかを物語るものといえましょう．

気象庁は気象学の研究と予報精度の向上のために1959年に電子計算機を設置しました．日本の多くの気象学者がこの計算機を使って研究を行っており，その成果の一部はすでに予報業務に取り入れられています．（中略）この会議が日本で開かれ，日本の科学者がこの分野における研究活動の最新の傾向に接する機会が与えられたことをとくに嬉しく思うものであります．私はこのシンポジュームが成功し，気象学の発展ひいては人類の福祉に貢献することを期待します．」

最後に，世界気象機関（WMO）の事務局長A.ディビスが以下の要旨の挨拶を行なった．当時の予報技術，数値予報に対する期待などが国際的な視点で捉えられている.

「数値予報は全世界の気象学者に大きな関心のある問題で，暫く前からWMOの仕事の中にも入っています.（中略）

数値解析や数値予報の発展は気象学の進歩の一里塚をなすものであります．これまで天気の解析や予報は主に質的，主観的な考えの下に行われて来ましたが，数値的発展とともに客観的，量的な地位を占めるようになって来ました.

気象学者は科学者で構成されていますが，気象業務の中で理論は情けないほど僅かしか実務にあてはめられないので，日常の業務は主として技術的な方法に頼らざるを得ない現状です．理論と実際との間のこのような間隙は今や数値解析と数値予報とによって埋められようとしています.（中略）

数値予報はここに出席の方々によって業務的にも成功していますが，それは国際協力の必要性を減ずるものではなく，むしろ一層その必要性を増してきました．WMOはこの点において重要な役割を果たすことができますし，また果たさなければならないと思います．WMOのCAe（高層気象委員会）の第2会期で数値予報の作業委員会が作られ，ボリーン博士がその委員長になっていますが，CAeの次の会期に提出されるこの作業委員会からの報告にはきっと有益な情報や勧告が含まれるでしょう.」

挨拶の最後の部分で，主催者に賞賛とお祝いの言葉が述べられた.

シンポジュームの概要は，この後に触れることにして，シンポジュームの閉会挨拶に飛ぶ．シカゴ大学の教授プラッツマン[1)]は米国からの参加者約40名を代表して次のように謝辞を述べた.

「このシンポジュームに出席している外国の科学者はそれぞれ遠くから日本へやって来ました.（中略）この期間中，心からなる親切ともてなしを受けたことに対して深い感謝の意を表したいと思います.

電子計算機による数値予報が始まってから，未だ10年ほどしか経っていません．この短期間に力学の原理が，天気予報という古典的な問題に対してだけでなく，大気の運動という基本的な問題に対してル

1) プラッツマンは，プリンストン時代，チャーニーの下で岸保と一緒に仕事をした．笠原彰はプラッツマンに招かれて，シカゴ大学に移り，このシンポジュームで一緒に里帰りした．プラッツマンは2008年に死去した.

ネッサンス――このルネッサンスには日本の学者が指導的な役割を果たしてきたのですが――をもたらしました．いまや数値予報の学術報告は非常な速さで集積されてきていますので，その発展の状況を把握するのに代表的な雑誌だけに目を通してゆくことも難しくなってきました．このシンポジュームの出席者は短時日のうちに各国における最新の進歩をかなり明瞭な形でとらえることができました．（中略）われわれはこのシンポジュームに出席する機会を与えられたことを非常に嬉しく思い，学問の発展に寄与された主催者と後援者に深謝の意を表します．

最後にわれわれの大部分の者は初めて日本へ来たのですが，学問以外の個人的な経験について一言付け加えたいと思います．私がとくに申し上げたいのは，主催者の皆さんが，見知らぬ土地への来訪者にあらゆる便宜を与えて下さったので，われわれはまったく気軽に愉快に過ごすことができたことであります．（中略）私たちは，近い将来何らかの形で，あなた方の海外旅行を，私たちが日本で経験したのと同じように楽しいものにしてあげたいと思います．」

引き続いて，スウェーデンのボーリン[2)]はヨーロッパからの出席者を代表して，次の要旨の謝辞を述べ，シンポジュームの全日程を無事終えた．

「このシンポジュームの講演や討論を通じて，今後発展させたいアイディアを得た．会議が世界で最も気象の影響を受けている日本で開催されたこと，日本人が献身的な貢献を行っており，これまでの成功と今後の発展を期待する．初めて日本の文化・親切・寛容・もてなしに触れたが，自分たちが開催するときには必要なことである．実に印象的な一週間であった．」

2) 気候学者で，長年IPCC（気候変動に関する政府間パネル）の議長としても活躍．2007年，アメリカの元副大統領ゴアと一緒に，人為的に起こる気候変動についての知識を広め，その変動を抑制するために必要な処置の基盤を築く努力をしたことにより，ノーベル平和賞を受賞．

8.2 数値予報シンポジューム

シンポジュームの講演内容を概観すると，1940年代に始まった数値予報の開発，1950年のチャーニーたちの成功に始まる黎明期を経て，次なる発展に向かう当時の世界的な潮流および日本の状況を見ることができる．なお，このシンポジュームには，いわゆる共産圏からの参加はなかった．またフランスなどからの出席もなかった．

シンポジュームの中心的なテーマは，次の4つに集約することができる．個別の講演については，この後に掲げた．

1つは，数日先までの短期予報とそれに関連する数値予報モデル．

2つは，台風とハリケーンの発達・予測に関する解析および数値予報モデル．

3つは，地球規模の気象を扱う大気大循環に関する解析および数値予報モデル．

4つは，数値予報の将来展望．

以下に，講演者の所属や題目を国別に記した．なお，題目は適宜和文に置き換え，日本の講演者は和名で表した．

日本（講演日時順）

- 増田善信，荒川昭夫，藤原滋水（気象庁）：地上および上層天気図の自動解析法および客観解析（増田が講演）
- 岸保勘三郎，磯野良徳（気象庁）：北半球500 mb面ワンパラメター・バロクリニック・モデル
- 斉藤直介（気象庁）：4層バロクリニック数値予報の結果
- 荒川昭夫（気象庁）：バロクリニック予報方程式における非地衡風の効果
- 河田好淳（東京大学）：大気の大規模スケールの流れに対する山岳の影響
- 正野重方（東京大学）：熱帯低気圧の発生についてのモデル研究

・柳井迪雄（東京大学）：形成期の台風における渦度および熱的場の定量的解析
・寺内栄一（気象庁）：ハリケーン Audrey1957 の移動についてのツーパラメター数値予報モデル
・伊藤宏，藤原滋水，増田善信，新田尚（気象庁）：日本における数値予報による台風の予報
・西本清吉（大阪管区気象台）：台風の移動に関するグラフィカル予報法
・栗原宜夫（気象庁）：大気中の熱と摩擦についての数値解析
・松本誠一（気象研究所）：5 層地衡風モデルを用いた数値実験
・相原正彦（気象研究所）：非発散バロトロピック大気の平行流の時間的振る舞いの数値的研究
・都田菊郎（東京大学）：500 時間バロトロピック予報の試行
・荒川秀俊（気象研究所）：極東域における台風移動と海面中心気圧の統計的予報に関するテスト
・曲田光夫（気象研究所）：気象研究所における数値予報研究の概要
・岡村存（鹿児島地方気象台）：発散場の数値予報

米国

・R. Fletcher（Air Weather Service）：（座長として）
・H. Bedient（Air Weather Service）：気象データ処理の新しい装置
・D. Martin（Air Weather Service）：数値予報における非断熱加熱と誤差の関係
・P. Wolf（U. S. Fleet Weather Central, U. S. Navy Postgraduate School）：大気中の擾乱についてのスペクトル解析
・G. Platzman（The University of Chicago）：エリー湖上の wind tide に関する数値計算；準地衡風予測方程式を用いた大気の鉛直構造のスペクトルモデル（寺内栄一と共同）
・N. Phillips（Massachusetts Institute of Technology）：バロトロ

ピック方程式を用いた北半球の計算

・F. Shuman（U. S. Weather Bureau）：原始方程式を用いた数値実験

・J. Charney（Massachusetts Institute of Technology）：バランス方程式の積分；大気中熱対流の数値モデル（小倉義光と共同）

・G. Arnason（U. S. Fleet Weather Central, U. S. Navy Post-graduate School）：1 層安定モデルの解析――低緯度地方の数値予報への応用性

・M. Holl（Stanford Research Insititute）：原始方程式系を使用する場合の変数の選択

・W. Gates（University of California）：自己決定型 2 層安定モデルの解析

・G. Morikawa（New York University）：地衡風的ポイント渦を用いたハリケーン進路の予測

・M. Wurtele（University of California）：大気擾乱の統計的理論とその証明

・E. Lorenz（Massachusetts Institute of Technology）：力学方程式の解の統計的予測

・R. Pfeffer（Columbia University）：コロンビア大学における新しい気象力学プロジェクト

・J. Smagorinsky（U. S. Weather Bureau）：凝結過程を含む原始（プリミティブ）方程式モデル

・Y. Mintz（University of California）地球および他の惑星の大循環の形成を決定づける臨界的パラメータ

・真鍋淑郎（U. S. Weather Bureau）：鉛直熱輸送の理論的モデルから得られる結果

・F. Moller（U. S. Weather Bureau）：同上

・A. Huss（University of California）：大循環の数値実験

・A. Wiin-Nielsen（U. S. Weather Bureau）and J. Brown（Air

Weather Service）：低層大気中の熱源および冷源分布とそれに対応したポテンシアル・エネルギーの生成

・W. Mount（GRID Air Force Cambridge Research Center）：密度などを関数とした 500 mb 面の予測可能性

・L. Vanderman（U. S. Air Force）：JNWP における 1960 年のハリケーンと台風予報

・小倉義光（Massachusetts Institute of Technology）：大気中熱対流の数値モデル（J. Charney と共同）

・J. Spar（New York University）：鉛直方向に積分された湿潤，非断熱モデルの実験

・M. Estoque（University of Hawaii）：海風の数値モデル

・藤田哲也（Massachusetts Institute of Technology）：短期予報における基礎的なメソ気象学研究とその潜在価値

・H. Kuo（(Massachusetts Institute of Technology）：細胞的な対流の非線型方程式の解

・L. Berkofsky（GRID Air Force Cambridge Research Center）：ハリケーン形成の予測

・笠原彰（The University of Chicago）：熱帯低気圧の発達に関する数値実験

・A. Wiin-Nielsen and J.Brown（Air Weather Service）：下部対流圏における熱源および吸収源の分布とそれに対応するポテンシャル・エネルギーの生成

英国

・E. Knighting（British Meteorological Office）：英国気象オフィスにおける数値天気（岸保が講演）

スウェーデン

・B. Bolin（University of Stockholm）：スウェーデンにおける最近

の数値予報

・B. Doos（University of Stockholm）：現業的な短期予報のレビュー

ドイツ

・G. Hollmann（Deutscher Wetterdiienst）：ドイツ数値予報グループの総括レポート
・H. Reiser（Deutscher Wetterdiienst）：原始方程式を用いたバロクリニック予報

ベルギー

・J. Isacker（Insititue Royal Meteorologique）：ベルギーにおける数値予報の理論的および実験的研究

ノルウェー

・O. Haug（Meteorogisk Institutt）：数値解析に適した観測の選択
・A. Eliasen（University of Oslo）：新しい数値予報モデル
・R. Fjørtoft（Meteorogisk Institutt）：バランス方程式の積分；大気大循環の外的要因
・H. Xkland（Meteorogisk Institutt）：オイラー流とラグランジ流でなされたバロトロピック予報の比較

シンポジュームの風景を図 8.2 に示す．最前列の左にプラッツマン，第 2 列に左から，笠原彰，真ん中に E. ローレンツ，シューマンが並び，笠原の後ろに荒川昭夫の顔が見える．

岸保とチャーニーは，プリンストン以来の再会を果たし，NP グループの仲間と共に東大近くの小料理屋で一献を傾けた（図 8.3）．第 4 章の「弥生の空」の増田の回想を参照．

図 8.2　シンポジュームの 1 コマ（日本気象学会）

図 8.3　チャーニーと談笑する岸保（相原正彦提供）

8.3　チャーニーの一般講演と大阪での椿事

数値予報シンポジュームとは別に，今日風に言えばアウトリーチに位置づけられる一般向けの気象講演会が，11 月 14 日読売新聞社の主催により東京有楽町駅前の「読売ホール」で開催され，チャーニー博士が「大気中の渦」と題して講演を行なった．ホールは約 1000 人の聴衆で満席となった[3]．気象庁研修所高等部の 2 年生となり翌春に卒業を控えて

3）読売ホールの跡地には，現在，東京国際フォーラムが立地．

いた筆者は，同級生の平野博，山川弘とともに聴衆の一部となった．チャーニーのスピーチを気象庁の半沢正雄が逐語通訳した．チャーニーの講演は，地球を巡る偏西風の仕組みや低気圧の発達論，数値予報などまさにホットなテーマであった．彼がコーヒカップを持ち上げて，グルグルとかき混ぜながら話す内容は断片的には理解できたが，日本語通訳の方に耳を傾けがちの筆者は，ときどき起きる聴衆の笑いには，とても同じタイミングでは乗れなかった．今をときめく著名な気象学者チャーニーの肉声を聞くという臨場感にただ浸っていた思い出がある．隣の山川は，チャーニーが「低気圧は北半球では必ず左巻きの渦だが，トルネードは，右巻きと左巻きの両方が存在しうる」などと英語で言ったのをはっきりと覚えていた．

ここで筆者は最初の椿事を起こしてしまった．チャーニーが講演を終えて，正野教授らと会場を引き上げるとき，とっさに周りの聴衆をかき分けて彼の正面に進み寄ると，いきなりボールペンと手帳の空白ページを広げて，ぐっと差し出した．「サイン・プリーズ」ぐらいは言ったかもしれない．取り巻きの面々は一瞬，意外な出来事に当惑さを示しかけたが，それより早く，チャーニーはにこりと笑みを浮かべて長い腕を伸ばして手帳を取り上げるや，「Jule G. Charney」とやや右上がりに一気に書きあげてくれた．

2つ目の椿事は大阪で起こった．筆者は3月に卒業すると，同期の島村泰正と大阪管区気象台に配属され，各課を巡って研修を受けていた．気象台の構内にある単身者用の木造2階建明和寮の1階の部屋に島村と一緒に住み始めて間もないある夜，その事件が起きた．夕食後，2階の先輩の部屋で話しこんだ後で部屋に戻ってみると，壁にかけてあったはずの買ったばかりの背広が盗まれていた．島村はコートをやられていた．背広の内ポケットには，上述の読売ホールでのチャーニーのサインがある手帳も入っていた．思わぬ盗難と記念の手帳を失ったことで，ひどく落胆したが，たちまち浪速の情に触れることとなった．驚いたことに早速救援カンパが取り組まれたのである．そのことは，もうとっくの昔のことで，すっかり忘れていた．

ところが，かつては一緒に大阪で研修を受けた島村が，二十数年の歳月を経て，大阪の技術部長についた．そのとき，すでにOBになっていたカンパの発起人から，島村の手元にそのカンパの趣意書とリストが届けられ，間もなく筆者にも渡った．当時の寮長の松本久以下，ベテランの熊井輝義，山岸米二郎，中島肇が発起人となっていた．趣意書は訴えている．

> 「既に皆さんもご存知の通り，去る11日夜，明和寮2号室に賊が侵入，同室の古川，島村両君の背広上着2着，コート1着が盗難にあいました．従来から，明和寮では何度か盗難事件があり，戸締りなどの点で両君の不注意も原因ではあります．しかし，希望に燃えて，去る1日，われわれの職場に来られた両君にとって，今度の事件は経済的には勿論，精神的にも大きな痛手であろうと思います．両君の失われた品物には程遠いかもしれませんが，たとえ僅かずつでもカンパを募り，両君を慰め，励ましたいと思います．以上の趣旨に御賛同を得ましたならば，特に金額は定めませんが，両君に対するカンパをお願いします．1961年4月17日．」

あらためてリストを見ると，大阪管区気象台内の全課（総務，業務，会計，観測，予報，通信）から100名に近い人々がカンパに応じてくれている．なかには1000円の大枚も記載されている．管区台長の大谷東平からも厚志をもらっていた．リストの隅に，合計19200円，6000円－島村，13000円－古川と分配の走り書きがある．こうして筆者は，再び，新品の背広を注文した．当時，公務員の初任給は月額8000円程度であった．この椿事には，さらに続編があった．数ヵ月後のある日，所轄の生野警察署から連絡が入り，質屋で背広が見つかったという．犯人が「古川」とネームの入った背広を質入していた．提出しておいた盗難届が手掛かりとなったのである．質屋には，泥棒が質入で得た金額を折半するという決まりに従って，私は1000円を払い，背広が戻って来てしまったのである．しかしながら，もはやその内ポケットにはあの手帳は入っていなかった．新参の筆者は，再び，台内で有名になってしまった．前述の岡田武松ではないが，気象一家の思いやりを肌で感じた．

その年の9月26日，室戸岬に上陸した台風，第2室戸台風が大阪方面を直撃した．気象台の中庭には，車の屋根に無線中継用のパラボラアンテナを備えたテレビ中継車が何台も乗り込んできた．NHKをはじめ関西放送などは，そこから生の台風情報を時々刻々，テレビに流し出した．筆者は，暴風雨の中を雨合羽を羽織って観測露場に通い，卒業したばかりの使命感にただひたすら浸っていた．

26日の朝，室戸岬測候所から緊急の呼び出しが入った．「気象大阪，気象大阪，こちらは気象室戸，気象室戸，感度ありましたらどうぞ」とVHF無線電話で観測課を呼んで来た．あまりの強風で風速を記録するインクのペンが記録紙の上限を超えてしまいそうだという．対応を問われた当時の鷲崎博観測課長が，風速計の回路に抵抗を入れることを指示した．10時30分に，記録器および指示器と並列に500 Ωの側路抵抗を付加し，指示風速が10/13になるように調整された．最大瞬間風速がその記録紙上65 mで目盛り外に出てしまったので，公式記録としては65×1.3＝84.5 m/sec（11時30分）となっている．

当時は，台風の位置決定および進路予報の権限は，当該の地方中枢に委ねられていた．すなわち大阪管区気象台の仕事である．前述した，若き日に中央気象台で室戸台風の事後処理に当たった大谷東平が，今度は最高責任者の台長として予報陣に助言した．2年前の1959（昭和34）年の伊勢湾台風の経験もあって，情報提供および避難が適切に行なわれ，人的被害は免れた． 当時の観測課の仲間には，後に気象庁長官となった小野俊行や気象研究所長を務めた山岸米二郎がいた．観測現業を離れた非番の日には，彼らはペッターセンが書いた気象のテキストの輪講仲間に筆者も加えてくれた．2階の予報課には後に気象研究所長を務めた原田朗がいた．鷲崎博課長は，東京に戻った後『気象百年史』の編纂の事務局長も務めた．彼らとは，筆者が1964（昭和39）年気象研究所に転勤し，さらに本庁に勤務した時期，再び顔を合わせることとなった．

話はサインに戻る．筆者が2008年にプリンストンを訪問したときに見つけたチャーニーの達筆のサイン「J. G. Charney」は，半世紀前の「数値予報国際シンポジューム」と大阪の出来事を蘇らせることとなったのである.

引用文献および参考文献

[8.1] 数値予報国際シンポジューム開催報告（シンポジューム実行委員会，1961年，天気，Vol. 8，No. 1，p. 1–13)，日本気象学会

9　天気野郎の頭脳流出

1952（昭和 27）年の岸保に対するプリンストンからの招待は，正野スクールの中核である気象学教室の羨望の的となり，否が応でも皆を鼓舞せずにはおかなかった．第 4 章の回想にも見られるように，未だ戦後の混乱期，大学を出ても就職はままにならなかった時代である．特に，正野教授の外国に負けるなという精神もあいまって，学者の卵たちが太平洋を越えて米国を目指した．それぞれが自分の道を拓き，ほとんどが頭脳流出組となって移住し，その後の世界の気象界に大きな影響を与えた．一方，再び日本に戻った連中や日本に留まった人たちも，それぞれの道を歩んだ．今なお彼らの多くに研究への情熱を垣間見るとき，大きな驚きと尊敬を禁じえない．

以下では，主に頭脳流出組の人々を対象に，その後をかけ足で辿ってみた．なお，以下の記述は，決して正野スクールの全体を見渡したものではなく，また研究業績というよりも人物に焦点を当てた．

9.1　トルネードを追って――佐々木嘉和

「Yoshi」のニックネームで呼ばれる佐々木嘉和は「正野スクール」の門下生で，頭脳流出組の 1 人である．彼はトルネードの研究で世界的な学者の 1 人であり，今でも研究に余念がない．しかしながら，彼は気象学者である一方で，これまでまったく別の顔を持つ異色の人生を歩んできた．なお，トルネードの研究では，同じく門下生の藤田哲也を挙げなければならないが，ここでは取り上げなかった．藤田は，九州工業大学から正野に見込まれて学位を取得した後，シカゴ大学に渡り，トルネードの実態を解析的に研究し，今でも彼の名を冠した F-scale がトルネードの強度階級の指標となっている．彼はまた，気象レーダーや気象衛星などを用いて，先駆的な研究を成し遂げた．マイクロバーストを発見したのも藤田である．

飛行機がオクラホマ国際空港（Will Rogers）に向かって高度を下げるにつれて，米国中西部のとてつもなく広い平原が次第に現実のものとなる．空港を出ると，どの方向を見ても見渡す限りの土地が，かすかな起伏を描いてどこまでもどこまでも広がり，地平線に消えている．オクラホマ州は，隣接するテキサス州，カンザス州，ミズリー州，アーカンソー州などとともに，トルネードの常襲地帯でもある．この途方もない地平線の広がりを前に，いつしか思わずトルネードがどす黒い漏斗雲を垂れ下げながら，まるで生き物のように振る舞う姿を重ねていた．

佐々木の拠点は，オクラホマ空港から南に車で10分ほどの小都市ノーマン（Norman）にある，NOAAの予算と民間から大学への寄付で設立された，National Weather Centerビルの中にある．歴史的には，オクラホマ大学で気象学科の基礎が始まったのは1960年で，1964年にカンサス州にあったNOAAのレーダー研究所がオクラホマ大学の構内に移転して，シビアーウェザー研究所（National Severe Storms Laboratory）となって，州立大学と米政府が協同でトルネードなどストーム予報の研究開発をやることになった．その後，学官協力の始まりの中で，1987年にオクラホマ州を担当する気象予報サービス（NWS: National Weather Service Forecast Office）が大学構内に移転し，さらにその後，米国全土の予報を現業的に毎日行う（ハリケーンを除いた）NOAAのストーム予報センター（Storm Prediction Center）が設立された．それが現在のオクラホマ大学の気象の学官協同の基礎となった．大学では南キャンパスリサーチパーク（South Campus Research Park）と広大な構内の敷地を用意して，産学官協同の観点から気象以外の分野を含め種々の協同研究や開発が進んでいる．彼はその大学の名誉教授でもある．

佐々木はすでに80歳を越えていたが，まるで青年のように目を輝かせてトルネードを追っていた．背が高く鼻高で，オールバックの銀髪，シックな背広を着こなし，黒縁のメガネの奥からこぼれる眼差しと柔らかい物腰，それらはどう見ても世界的な気象学者とは想像できない．筆者が 10 年以上も前にオクラホマで開催された自然災害の防止・軽減に関する日米会議で会ったときと，ちっとも変わらなかった．

筆者が訪ねた 2009 年，佐々木は新しいレーダーを用いたトルネードの機構解明およびその予測のためのプロジェクトを立ち上げたばかりだった．近く京都大学の連中とも共同するという．従来のドップラー気象レーダーでは，アンテナをスキャンするのに時間がかかってしまい，肝心のトルネードの発生機構の解明には限界があるという．

佐々木は，1927（昭和 2）年秋田市に生まれ，山形市内の小・中学校を卒業して，山形高校から東京帝国大学へ進み，正野が率いる気象学教室に入り，気象の道に足を踏み入れた．中学時代，そのことが彼にとって，後に理学の道に進むきっかけとなったかもしれないというある出来事があったことを，話が大げさに至って欲しくない気持ちを滲ませながら，彼は遠慮がちに語り始めた．父の友人である先生から 1 冊の洋書がプレゼントされた．茶色の表紙には，ドイツ語で「zur Electrodynamik bewegter Korper von Einstein」と書かれていた．ドイツの科学雑誌 *Annle der physik* に 1905 年に載った有名なアインシュタイン博士による『特殊相対性理論』のリプリント版である．未だ中学生で，相対性理論は言うに及ばず，もちろんドイツ語も学んでいなかった佐々木には，何か凄い宝物を手にしたような興奮を覚えたという．

佐々木がもう 1 つのエピソードを明かしてくれた．1954（昭和 29）年 9 月 26 日午前 2 時，後に「洞爺丸台風」と名づけられた台風 5415 号が鹿児島県大隅半島に上陸し，その後九州を縦断して日本海に入り，疾風のごとく北上して北海道に接近し，函館港に投錨，あるいは出航しつつあった多くの船舶が暴風と高波で遭難し，青函連絡船洞爺丸では 1139 名の尊い犠牲者を生んだ．当時，佐々木は気象学教室にいた都田菊郎たちと台風の進路予報の研究をしていた．その手法は，手短にいえば，台風を川の中の渦のように考え，渦の部分をいったん抜き取って大気の流れを予測し，その後で流れに台風の渦を埋め戻す手法である．洞爺丸台風が未だ九州の南西海上にあって，太平洋岸を進むかあるいは日本海に入るかが焦点であった．佐々木は，自分の手法を適用したところ，台風は日本海に進むことを示した．気象庁の進路予報をずっと耳にし，気にかけていた佐々木は，自分の予測結果を気象庁の担当者に伝えたい欲望に駆られ，先輩に相談したところ，色よい返事は得られなかったという．

佐々木は研究室の時代から，上述のアインシュタインの書籍のこともあり，他の門下生たちとは異なって，「解析力学」に興味を持ち，その気象学への応用にずっと関心があったという．その1つが「変分法」あるいは「変分原理」といわれる手法である．実際，彼は第7章で触れたNPグループの中で，「変分原理に基づいた数値予報」について研究を行なっていた．

近年，数値予報の世界では，予測計算開始の出発点で必要な「初期条件」の設定において，変分法を利用した「4次元変分同化」という手法が日本やヨーロッパなどで採用されている．変分法は，結果として，初期の場が支配方程式系を満足すべき値との誤差が最少になるように，逐次近似的に関係する変数を求める手法といえる．佐々木は，変分原理を数値予報に応用した最初の学者と言っても過言ではない．

ちょっとしたエピソードがある．佐々木は，東大の研究室時代に招待を受けたが結局は行かなかったシカゴ大学で，テキサスA&Mに渡米の1年後1957年に，同大学のプラッツマン教授の招きで，変分法について気象観測と数値予報モデルを同時に同化させる今で言う変分解析法についてセミナーを行なった．セミナーにはMITからフィリップス教授も参加しており，大きな評判を呼んだ．この考えはその後，3次元変分解析（3DVAR），4次元変分解析（4DVAR）とデータ同化（Data Assimilation）と数値予報の重要な分野に発展した．2005年以来，佐々木の名を冠した“Sasaki International Symposium on Atmospheric, Oceanic and Hydrologic Data Assimilation”が隔年に開催されてい

る．

さて，佐々木は，正野スクールのほかの門下生と異なって，異色の人生を歩んでいる．正野の気象学研究室時代は，台風の進路予報のほか，変分法の気象への利用を考えていた．1954（昭和 29）年 11 月 9〜12 日に東京で開催された世界気象機関（WMO）の台風シンポジュームに関する国際会議で発表した研究がきっかけで，テキサス A&M 大学からの誘いを受けて，1956 年渡米した．当時，米国への渡航では外貨の持ち出しはわずかに 25 ドルの制限であり，ビザの取得なども，現在からはとても想像もできないほどの困難さがあった．単身でも大変な時期，佐々木は新婚の妻と子を同伴しての船旅である．結局，佐々木は旅費だけ支給のフルブライト研究員として，家族については当時の根本竜太郎官房長官がフルブライト委員会に交渉しての特別の扱いで，旅費をドルでなく円貨を払込むことではじめて一緒に渡航することが実現できた．佐々木は一等の船客となれたが，妻は三等船室しか取れなかった．ところが横浜港を出航して間もなく起こった事件こそは，佐々木のその後の人生を数奇なものに導くことになった．

佐々木の妻が乗船前に蚊に刺されて，かなり腫れていたふくらはぎは，港を離れてから次第に悪化し始めてしまい，腫れはますますひどく赤くなり，とうとう高熱にも襲われた．シップドクターが対処したが一向に収まる気配はなく，一時は下船し，日本に戻ることも検討され始めた．この異変は船内にも伝わった．やがて，そこに 1 人の若い医学研究員が現れ，彼の治療でどうにか腫れが引き，熱も下がって，アメリカへの旅は続けられた．医学研究員生は，米国の大学への留学の途上にあった京都大学医学部卒の講師で，たまたま佐々木と同じ船に乗り合わせたのである．彼こそは，ずっと後の 1973（昭和 48）年に，京都大学の第 19 代の学長を務めた若き日の岡本道雄であった．佐々木は，妻の病気がきっかけで始まった岡本との縁で，その後，本業の気象学者と日本の企業をオクラホマに誘致するなどのアドバイザーを担うオクラホマ州の政治・経済界の名士という 2 足の草鞋を履くことになった．日立製作所や山之

図 9.1 佐々木の研究チームとフェーズドアレイレーダーチーム（佐々木嘉和提供）

内製薬がオクラホマに進出したのは佐々木の貢献による．彼は今でもその草鞋を履き，さらにその分野を広めている．通常の姉妹都市の概念とは異なって，京都府とオクラホマ州の間に姉妹府州を立ち上げたのも，この2人のアイディアである．オクラホマ州では，佐々木の功績を記念した佐々木の日がこれまで2回宣言されている．さらに佐々木は2004年5月に瑞宝中綬章を受賞し，また同10月オクラホマ州の高等教育の殿堂に名を連ねる栄誉に浴している．2011年アメリカ気象学会の名誉会員となった．

佐々木は最近トルネードの研究に，フェーズドアレイ・レーダーという，アンテナを固定したままで上空の風の場を観測できるシステムを利用して，急速に発生するメカニズム，さらにその予測モデルの開発に未だ眼を輝かしている．トルネードを支配しているメカニズムの手がかりは，今や古典となっているラム（H. Lamb）の著書 *Hydrodynamics*（1932年）の中にあるという．確かに，その第7章には流体の渦を扱う

“VORTEX MOTION”がある．彼は再び解析力学を紐解き，その眼差しはあのアインシュタインの本に接した遠き日を懐かしんでいるようであった．

図9.1はフェーズドアレイレーダーのドームを前にした研究チーム（中央は佐々木）である．

9.2 ハリケーンの謎に――大山勝道，柳井迪雄

大山勝道は，世界に先駆けて熱帯低気圧の発達のメカニズムを明らかにした気象学者である．すでに第7章で触れたように，気象庁に導入された電子計算機の機種選択に際してIBMへと導いた立役者でもある．また，IBM704のベンチマーク・テストでは岸保を手伝った男である．

大山は1927（昭和2）年生まれで，1951（昭和26）年東京大学理学部物理学科を卒業した後，中央気象台に就職し定点観測課で観測船に乗ることとなった．奇しくも次に触れる荒川昭夫と同じ職場が出発点で荒川の1年後輩である．観測船を降りて予報部予報課に席を置き，シカゴ大学に留学したが，結局，1955（昭和30）年，ニューヨーク大学の招きを受けて米国に移住し，そのまま頭脳流出組となった．1958年までに修士，博士号を同大学の気象海洋学部で取得した後，同大学の教授となった．1973年には，GATE（全球大気実験）のプロジェクトに参加するためNCAR（米国大気研究センター）に移った．その後，1980年，フロリダにあるハリケーン研究部に移った．この間，大山は，熱帯低気圧の予測に，特に数値予報の手法をその3次元モデルに応用すべく研究を重ね，熱帯低気圧の数値モデルに関してランドマークとなる論文を発表し，多数の賞を受けている．日本国内では，1972（昭和47）年，数値実験による台風の発達メカニズムの解明など台風の力学的研究の発展の基礎を築いた功績により，山岬正紀[1]とともに日本気象学会賞を受

1）正野の門下生で，大学院生時代から今日まで，台風（熱帯低気圧）一筋に取り組んでいる根っからの学者である．大山に招かれてニューヨーク大学にも留学した．気象研究所に勤務した後，東大の教授となり，退官後は海洋開発研究機構

賞した．大山は物理が専攻であり，NP グループに属してはいたが，正野スクールの気象学教室の卒業ではない．この点も荒川昭夫と同じである．

大山は，寸暇を惜しんで生涯を研究に没頭し続けた．自宅のベッド脇のパソコン端末に大型コンピュータを遠隔で制御する回線を引き込んで，プログラムを手直ししては計算を繰り返すという作業を最期の時が訪れる瞬間まで続けながら，ついに 2006 年 12 月，壮烈な死を遂げた．大山は，筆者がこれまで接した気象学者の中でも，間違いなく熱血漢の部類に入る，また非常に個性の強いキャラクターを持つ男である．2008 年 9 月 10 日，筆者はプリンストンを訪問した後，彼の足跡を訪ねるべくニューヨーク州の北部にある小都市，ローチェスターに住む大山勝道のご夫人と令嬢を訪ねた．約 35 年ぶりの再会である．

大山を知ったのは，1975 年 2 月，筆者が科学技術庁の長期在外研究員派遣制度の下，前述の笠原彰博士の世話で，NCAR（米国大気研究センター）に滞在し，山脈を越える気流の振る舞いを研究していたときである．そのとき，1 歳そこそこの長男のベビーシッターをしてもらった大山の長女はすでに 2 児の母になっていたが，父の話の輪に喜んで加わってくれた．大山夫人は語りだした．

大山は「だいたい体を動かすということは，頭を使わないという証拠だ」と，ダンス好きの夫人をしょっちゅう揶揄したという．また，大山は，無類の音楽好きで，しかも徹底していた．自分を鎮めるときも，また鼓舞するときも，大きな音量が部屋中に響くのをものともせず，ただクラシックに聞き入った．それだけではない．彼は電子計算機のプログラム命令文を書き下す際にも，音楽性を追求したのである．一般に，プログラムの作成は，上から下へと順次計算を進めるのが普通で，たまに使う部分や頻繁に使う部分などは別途サブルーチン・プログラムとして独立させ，必要な場面でそこに飛び込んで計算を行ない，また元に戻る．

（JAMSTEC）で研究に余念がない．

しかしながら，大山は，一気に進めるべき計算をあえて分割したり，計算の途中にわざと判断回路を設けて，計算をプログラムのある箇所にバックさせたり，またはジャンプさせるようなことをして，まるでクラシックの演奏の流れのようにプログラムに凝ったという．また，通常は，その内容がわかるような文字で名づけるサブルーチンの名前にも，好んでクラシックの作曲者や曲名を選んだ．大山は，このようにひたすら気象学に携わることを生きがいとし，また仕事とともに音楽をトコトン楽しんだ，熱血のそして変わり者の学者として記憶されるに違いない．

もう1人，熱帯の気象の研究に生涯を捧げた男に柳井迪雄がいる．気象庁の職員や大学の教官などのなかには，中学や高校時代からすでに気象に興味を持った，いわゆる「気象少年」がかなり見受けられるが，柳井こそは典型的な「気象少年」である．湘南中学時代に気象に興味を持ち，実際に気象クラブで継続的に観測を行ない，天気図も描いていた．近くの横浜地方気象台にも研究の成果を持って訪ねている．柳井は湘南高校を経て1952（昭和27）年に東大に進み，正野スクールの門下生として博士課程を終了後，1961（昭和36）年に気象庁気象研究所台風研究部に就職した．その間，熱帯低気圧の発生に係わる海水温や風系などの気候学的な研究を行なっていたリール（H. Reihl）教授に招かれてコロラド州立大学に留学した後，1965（昭和40）年には東京大学理学部の助教授として古巣の正野の気象学教室に戻った．しかしながら，間もなく正野が現職のまま病で倒れてからは，後任の岸保勘三郎が来るまでの間，教鞭をとりながら，大学院の学生の面倒を見るのみならず，気象学教室の教授に課せられた役割を，正野に代わって実質的に負わされてしまった．

1966（昭和41）年，柳井と弟子の丸山健人は熱帯地方の上空の観測データを綿密に解析することによって，そこに存在する台風の発生や発達に関与する波動（成層圏波動擾乱）を発見し，世界的に“Yanai-Maruyama Wave”と呼ばれている．1970（昭和45）年に，荒川昭夫がいるUCLAの気象学科の教授に招かれて日本を後にし，頭脳流出組となった．柳井は，東大時代およびUCLA時代を通じて，観測データを綿密に解析し，事実を抽出するという手法を開発し，また熱帯気象に係わる数多くの世界的に著名な研究者を輩出させたことでも有名である．1993年には「熱帯大気の力学に関する研究」で藤原賞を受賞した．

筆者は，2008年9月12日UCLAの研究室に柳井を訪ねた．すでに名誉教授で実質的な研究指導は行なっていなかった．間もなくオフィスの書籍類も自宅に引き上げると言った．柳井と個別に話をし，さらに2人で食事までしたのはこのときが初めてで，実に40年ぶりの再会であった．実は，柳井が留学先のコロラド州立大学から台風研究部に戻ったとき，筆者は潮岬測候所から同部へ転勤してきたばかりで，研究にはまったくのど素人に過ぎなかった．柳井の帰国のお祝い会の席で，当時，お土産の定番であった「ジョニクロ」の水割りを口にしながら，白衣をまとった端正な顔立ちの柳井が発するアメリカ便りの数々に，いささかの羨望をもって耳を傾けていた記憶がある．それからほぼ半世紀の時が流れてしまっていた．

柳井は，この度の筆者の訪問に際して，UCLAのゲストハウスの予約から，荒川昭夫との面会まで，快く気配りをしてくれた．サンタモニカのビーチに近い行きつけのチャイニーズレストランに案内してくれた柳井は，かつて正野教授の代行を務めたときの苦労話やUCLAに招聘されたときの感慨などを，ときに笑みを浮かべながら，とつとつと話した．話は，半世紀前のNPグループや数値予報の研究にも及んだ．前述のIBM704を動かすために必要なFORTRAN言語の講習会に出席し，そのときIBMが発行した「認定書」を今でも持っているという．筆者が帰国した後すぐに，数値予報の開発に関わる多数の興味ある資料を送ってくれた．実は第6章に示したNPグループのスナップ写真などは，その一部である．

残念なことに，柳井は2010年10月急逝し，還らぬ人となってしまった．日本気象学会では，2011年5月の春季大会において，柳井を追悼する特別セッション「熱帯気象学の明日へ向けて」を開催した．その折，スピーカーの1人廣田勇は，柳井についてのエピソードを明かしている．柳井は廣田に向かって，「自分はここを出てUCLAに移る．あなたも自分で新天地を探しなさいと」と厳しく言ったと．ちなみに廣田はその後，京都大学の助教授となって東大を辞し，再び古巣に戻ることはなかった．

9.3 雲を摑む——荒川昭夫

荒川昭夫の名は数値予報や地球規模の流れを扱う大気大循環モデルと呼ばれる分野で世界的につとに有名である．「頭脳流出組」であるが正野重方の直接の門下生ではない．荒川はUCLAに招かれて，数値予報モデルを長時間にわたって物理量を保存しながら安定して計算を続行させることができる「荒川スキーム」を考案し，現在でも多くの数値予報モデルなどで採用されている．地衡風調節[2)]の観点から検討された「荒川グリッド」は1000回以上も引用されるほどよく知られ，特に「荒川C-グリッド」は，大気や海洋の数値モデルで広く使われている．また，特に大循環モデルでは，積雲対流活動に伴う水蒸気や熱の鉛直輸送を的確に定式化して組み込まないと現象がうまく再現されないが，荒川は数値予報の世界でこの雲の振る舞いを物理的に捉えたという意味で，雲を摑んだ科学者と言える．彼は鋭い洞察の末に「Arakawa-Schubertのパラメタリゼーション」と呼ばれる概念を導出し，その手法は日本のみならず世界でも広く採用されている．

2008年9月12日，カリフォルニア大学の研究室に彼を訪ねたとき，教授としての任務からはすでに解放されていたが，部屋のあちこちに無造作に積み上げられた書籍や文献，ホワイトボードを埋めるように無秩序に書かれている数式の断片は，彼が未だ研究に勤しんでいることを目の当たりに感じさせた．

荒川が生まれたのは福井市で，父は福井県庁の官吏であった．その後，しばらく武生に住んだが，父の仕事の都合で東京の中野区野方に越して

2) 高気圧や低気圧などの大規模な空間スケールを持つ現象における圧力勾配とコリオリカの釣り合いに関するメカニズム．

小学校に通い，中学旧制高校7年の一貫校である東京高校に進み，1947（昭和22）年に東京大学理学部物理学科に入った．専攻は高分子化学．彼が大学を卒業したのは，終戦からそんなに遠くない1950（昭和25）年である．当時は大学卒業者の就職も容易ではなかった．物理学科には約30人が在籍していたが，求人の申し込みは，マツダ電気（後の東芝），神戸製鋼，中央気象台のたった3件のみであったという．彼には大学院に進みたいという思いがあったが，教授の坂井卓三に相談したところ，気象台に行けば研究的な仕事もできるとの助言で中央気象台を受験した．当時は，人事院から試験を委任された中央気象台が独自に採用試験を行なっていた．大学時代に気象学を学ばなかった荒川は，泥縄で気象のテキストのいくつかを読んで試験に臨み1次をパスした．2次試験での幹部による口頭試問の席で荒川は「気象力学などの幾つかの問題のヤマを想定して勉強しましたが，その狙いは見事に外れました」と述べた．気象の代わりに物理の問題が出たことが高得点に幸いしたという．口頭試問には和達清夫長官以下の部長の外，後に接点を持つことになる気象研究所の荒川秀俊もいた．

気象台に入るときに配属先の希望を聞かれた荒川は，物事の本質に携われるような部局と答えたが結局は海洋気象部の定点観測課に配属された．半年間の陸上勤務の後，定点観測船に乗ることとなった．定点観測の使命は，太平洋上の定点にとことん近く留まるよう漂流しながら，気象と海洋の観測を行ない東京の本庁に無線電信で通報することである．海流や風に流されて船が定点から離れると，再びエンジンをかけて定点に戻る，その繰り返しである．当時，定点観測は，北方定点（北点と呼ばれた）と南方定点（南点）の2つがあり，北点は本州のはるか東の北緯39度，東経153度で通年の観測，南点は四国沖の北緯29度，東経135度で台風監視が目的で夏場だけである．

荒川は定点観測船を1つの測候所と考えたという．毎日，決められた観測のかたわら，短波放送で受信された気象通報のデータを自分で天気図上にプロットし，そして天気図を描画することを楽しんで過ごした．

南方定点では，台風の進路予想が外れて，目の中に入ってしまい，やっとのことで脱出できた経験を持つ．しかし何といっても怖かったのは北方定点だったと彼は述懐する．特に，シベリヤから寒気が吹き出すときの船の揺れ方は尋常ではなかった．「最大で 50 度傾いた」と鮮明に記憶していた．この角度に傾くと，壁に立った方がより鉛直に近くなる．吹き出し時，物凄い積乱雲が立ち昇り，大気が乾燥しているせいか星空を背景に雲の峰が鮮明に見えたという．また，東大時代コーラス部に属していた彼は，乗船中に船員や観測員を集めてコーラス部を作り士官室で合唱していた．船の生活を楽しんだのである．水深 500 m までのワイヤーに温度計を吊り下げて行なう海洋観測の際には，その下はどうなっているのだろうと自分の独断で 2000 m 近くまでワイヤーを降ろしてしまい，ワイヤーが切れて測器も失ったが，始末書 1 枚で済んだという．ちなみに荒川は，先の大山について「私の 1 年後輩であるが病的なほど船には合わなかったようで早く船を下りたいと思っていた」と語った．

横道にそれるが筆者にも苦い船酔いの体験がある．高等部の学生の夏休み，同級生の清水喜允，森秀雄と観測のアルバイトで気象庁の定期的な本州東方海域の航海観測に乗船し，観測船「(初代) 凌風丸」に 20 日間ほど乗った経験がある．初めての乗船，士官食堂の末席で朝食を平らげて，穏やかな東京湾から浦賀水道を南下する．船では早めに出る夕飯も美味しく平らげ，館山沖で外洋に出た．次第に遠ざかる房総の山蔭を楽しんだ，というのも束の間，船は外洋からのウネリを受けて，緩慢に上下方向に揺れだした．途端に船酔いが始まりベッドへ駆け込む．数時間後に食堂からの夜食を知らせる鐘がカランカランと聞こえてきたが，普段なら夜食と聞けば飛んでいくような若さなのに，ひたすら吐き気をこらえるのみであった．その後は船酔いにも慣れてきたが，航海の終わり頃に，台風の接近で逃げるつもりが不幸にもその中に入ってしまったのである．荒天準備が命令されて台風の可航半円の西に向かって退避したが，あいにく台風も通常とは異なり西進し始めた．船はまさに木の葉のように揺れながら，大きな横波による沈没を避けるためただ舳先が波に向かうように舵を切り，低速で進むしか手がなかった．船酔いどころの騒ぎではない．恐怖を感じるようなピッチング（縦揺れ）である．ブリッジから見下ろすと，船首がまるで海を割るように浪頭に突っ込み，甲板の上を洗うように海水が覆う．やがてまるで潜水艦が浮上するときのように船首がどおっと顔を出す．また次の波が来る．その繰り返しである．ベテランの気象長が「おい，古川，沈没するかもしれんぞ」と笑いながら言ったがとても冗談とは思えなかった．

話を本筋に戻す．荒川の数値予報への転機は意外なことで訪れた．上司の斉藤錬一課長が定期異動で統計課長に代わることになり，荒川には統計課と海洋課の2つの選択があった．定点観測のベテラン気象長の星為蔵の助言で気象研究所の荒川秀俊へ相談することを勧められた．すでに口頭試問で面識があった荒川秀俊に来ないかと言われて，杉並区の予報研究部に転勤した．そこではすでにNPグループの動きがあったのである．荒川は，もし，あのときに統計課に移っていたら，おそらく現在とは異なった道へ進んだだろうと述懐した．

当時の気象界では偏西風が何故存在し，高・低気圧がどのような役割を果たしているかなどという「大気大循環論」についての系統的な理解がほとんどなかったことから，NPグループのミッションとは別に，荒川は大循環の本質の理解に向けて研究のスタートを切った．そこには先述の岸保もおり，第7章の岸保の言う思い出につながる．

荒川は1960年の数値予報国際シンポジュームでUCLAのミンツ（Y. Mintz）教授に初対面し，そこで招聘を受けたように言われているが，実際はその前年に正野重方がシンポジュームの宣伝の一環でUCLAを訪れた際に，正野の推薦もあって，しばらく渡米する話がまとまっていたと述べた．ミンツはUCLAで大循環モデルを立ち上げるべく広く人材を求めていたのである．荒川は，最初は公務出張で渡米した後一旦日本に戻り，次は休職して渡った．米国にパーマネントに留まるか帰国するか大きな葛藤に直面したが，結局は「頭脳流出組」となった．

図 9.2 荒川昭夫の記念シンポジューム（1998 年）にて（荒川昭夫提供）

荒川は，上述のパラメタリゼーションの考え方を 1968 年の数値予報国際シンポジュームで発表し，その後詳細を 1972 年に講演した際，チャーニーは批判的なコメントを呈したが，直後のコーヒーブレーク時の面談ではすっかりその本質を理解してもらい，以来，チャーニーはあちこちでこの方式を宣伝してくれ，また荒川のもとにも頻繁に訪れたという．荒川はチャーニーをその洞察力・判断力，理論家および観測に対する考え方のいずれにおいても一番尊敬している人物であると，かつてのチャーニーとの交流を懐かしんで見せた．

別れ際，現在のパラメタリゼーションの仮定から，1 つ 1 つの個々の雲を解像（表現）できる物理モデルの構築を通して，ライフワークである大気大循環の本質にさらに迫りたいと目を細めた．

図 9.2 は，1998 年にカリフォルニア大学で開催された「General Circulation Modeling: Past, Present, and Future: A Symposium in Honor of Akio Arakawa」と題する荒川を記念するシンポジュームに参加した日本人の写真である．左より松野太郎（北海道大学），柳井迪雄（UCLA），木本昌秀（東京大学気候システム研究センター），住明正（同左），真鍋淑郎（海洋開発研究機構），河口敦（東京大学気候システ

ム研究センター)，荒川昭夫 (UCLA)，Roger Wakimoto (UCLA)，David Randall (コロラド州立大学)，鬼頭昭雄 (気象研究所)，井出加世 (UCLA)，笠原彰 (アメリカ大気研究センター)，時岡達志 (気象研究所)，岩崎俊樹 (気象庁)，都田菊郎 (ジョージ・メイソン大学)．( ) 内は当時の所属を表す．

なお，荒川は岸保勘三郎の死去 (2011 年 9 月) の報に接して，最近次のような趣旨の思い出を寄せてくれた．「私は，チャーニーとともに，岸保さんから非常に大きな影響を受けた．まだ大気の大規模な力学の本質が見えない駆け出しのまま気象研究所にいたときに，岸保さんがプリンストンの高等研究所からの帰国早々に赴任してこられたのは，私にとって大きな転機となった．初期の数値予報の基礎になるチャーニーたちによる新しい気象力学への息吹にじかに接することができ，目から鱗が落ちる思いがしました．岸保さんは，お酒がお好きで二人で薬缶酒をくみかわしながら，夜が更けるのを忘れて語り合ったことや，小田原の富士フイルムにあった計算機を使いに，小田急のロマンスカーで何回も通い，仕事が終わって箱根の温泉でくつろいだりしたのも楽しい思い出です．その後も，新しくできた気象庁の電子計算室で，岸保さんの数値予報への情熱に引きずられるようにして，いろいろな経験をさせてもらった．私が UCLA に移るとき，私自身は仲間に対して，何か後ろめたい感じがしていましたが，岸保さんは暖かく理解と励ましで送り出してくれました．私の気象学者としての個性を形成する大事な時期に，岸保さんの身近にいられたことは本当に幸せでありました．」

9.4 気候を予測する——真鍋淑郎

真鍋は，正野スクールを卒業後米国に渡り，今日まで半世紀以上にわたって研究を続けている頭脳流出組の 1 人である．真鍋は，第 4 章で見たようにあまりにも度を越したレポートの提出ぶりで，研究室で助手をしていた都田菊郎を悩ませた男である．

真鍋の仕事場は，プリンストン大学の一角にある米国大気海洋庁地球流体力学研究所（GFDL）である．彼は「ねー，そうではないですか，古川さん」と伊予弁交じりで話しながら，数十年の間慣れ親しんだ大学の広い構内を，まるで自分の庭のように，研究室まで案内してくれた．真鍋にも佐々木たちのように精気が満ちていた．彼はまるで自分の若さを誇示しているかのように，実際はもちろんそうではなかったが，筆者を置き去りにするほどの速さで，樹木の間の小道を抜け，赤レンガ色のキャンパスのビルの周りを巡って，研究室に導いた．

真鍋は正野研究室時代，偏西風のエネルギー機構などを研究しており，前述の数値予報（中間報告）では，「偏西風波動の発達とそのエネルギー論（Trough の鉛直軸に対する傾きについて）」を発表しており，その結果を1955年の気象集誌に「On the Development and the Energetics of the Westerly Waves (Model Research on the Tilt of Trough)：偏西風波動の発達とエネルギー論，トラフの傾きについてのモデル研究」として発表している．この論文が，1958年の博士課程終了直前に，当時の米国気象局のJ. スマゴリンスキー博士の目に留まり，「渡米して，一緒に研究しないか」との招請につながって，太平洋を渡った．岸保はワシントンで真鍋に会ったとき，彼が寸暇を惜しんで英会話を習得しようと涙ぐましい努力をしている姿を垣間見て，ひどく感心したという．真鍋がレストランで，普通は話をしないような一見労働者風の人を相手に会話をやっていたという．

真鍋は，自分にはつい物事に没頭してしまう癖があるという．大学3年のとき，高橋秀俊による物理学の授業の最中に，ふと頭に浮かんだ面白いことに没頭して耳が全部ふさがってしまい，ふと気がつくと高橋教授が黒板一杯に白墨を走らせ，どこが初めで，どうつながっているのかがまったくわからなくなった．そんなわけで物理学の試験を落としてしまった．しかし授業に出るのをやめた代わりに，図書館に通う，本を買ってきて片っ端から問題を解く，解けなかったらまた図書館に通い，自分の頭で納得するまで，徹底的に時間をかけて追究した．翌年の試験では全部パッパパッパと解けた．したがって，最初の物理の試験で落ちたことは，その後の自分にとって非常によいことであったという．そんなふうにして問題解決の経験をし，物事を解決することができるようなセルフトレーニングをする機会に出会ったことは，大変大きな成果だったと述べている．

真鍋の米国での研究テーマは，一貫して大気大循環である．今日世界的な課題となっている地球温暖化問題における二酸化炭素の温室効果について，すでに1967年には，放射対流平衡モデルを使った温暖化予測に初めて成功した [9.4.1]．その後，1975年には，真鍋とウェテラルドは，CO_2増加の影響について3次元大気大循環モデルを用いて温暖化予測の結果を発表 [9.4.2]，1985年には，同僚のブライアンたちと共同で，大気と海洋の循環の両者を同時的に扱う「大気海洋結合大循環モデル」を用いてCO_2の増加に起因する温暖化予測を初めて行なった [9.4.3]．これらの成果を背景に，1988年米国上院公聴会で，真鍋とハンセンは，温暖化に関する証言を行なった．さらに翌年の1989年には，真鍋のグループは，それまで四半世紀にわたって開発し続けてきた大気・海洋結合モデルを用いた地球温暖化予測の結果を科学雑誌*Nature*で発表し [9.4.4]，その成果は第1回IPCC（気候変動政府間パネル）報告書を通じて，一躍，世界の注目を集めた．真鍋はこれまで150を超える論文を著し，引用された回数は合計1万回を優に超している．

真鍋は，気候モデルを組み立てるためには，気候をコントロールしている最もエッセンシャルな運動方程式，熱力学の式，放射伝達の式などの物理法則をきちんと忠実に組み込むことが一番重要であるという．一方，湿潤対流，雲物理，地面過程などは，その巨視的振る舞いをうまくパラメタライズする[3] 必要がある．真鍋のパラメタリゼーションに対する基本的スタンスは，“シンプル・イズ・ベスト”である．現象の本質をよくつかみ，できるだけ簡単化することが大事だという．モデルにあれもこれもと細工を施すことは可能であるが，かえって本質が見えな

3) 数値予報モデルで格子点より細かい現象の振る舞いを，格子点の値を用いて表現すること．

い恐れがあるという．真鍋は，簡単なモデルでも，それが気候をうまく再現することができれば，それで良いのではという立場だ．

真鍋は自分のことを「あいつはシーラカンスだ．昔からいつまでもずっと同じモデルを用いている」と言われることを，むしろ誇りに思っているように筆者には思える．

真鍋は，スマゴリンスキーに招かれてアメリカに渡った当時を振り返っている［9. 4. 5］．このたびの筆者とのインタビューでもほとんど同じことを述べた．

「研究所は行ってみるとまるで天国であった．いろいろの国から来ているバックグラウンドの異なる若い精鋭が集い，互いに競争心をそそられながら，しかし自由闊達に研究が行える．給料と言えば，当時は 1 ドルが 360 円の時代．月額 600 ドルの気象局の給料は，当時の大学卒の公務員の初任給（月額約 8000 円）と比べて，実に 30 倍近かった」という．また，スマゴリンスキーは「私が研究費を調達するから，雑用はいっさいやらなくてもよろしい」と言い，その時々で可能な最高速の電子計算機を次々に導入した．研究者冥利に尽きる喜びと同時に，成果が上がらないと無言の圧力を感じたという．

真鍋は，気候という多数の分野が影響するテーマに挑み，その扉を自分の知恵で拓いてきた経験を踏まえて，日本の若い研究者に次のような言葉を発信している．「自分で境界領域を拓けば，自分自身で絵を描いていける．境界領域といわれるところに，いちばん将来性がある」．

真鍋は，日本では，1992 年に旭硝子の第 1 回ブループラネット賞，1995 年に朝日賞を受賞している．日本に一時帰国して，海洋開発研究機構（JAMSTEC）で後進の指導に当たったが，古巣を忘れられず，2002 年，プリンストンに戻った．真鍋はプリンストン大学のすぐ近くに住んでいる．食事をご一緒した際，夫人は真鍋のことを「淑郎さんは」「淑郎先生は」と呼んで話が始まる．尊敬というよりは，夫でありながら，子供のように可愛がっているようにも感じた．プリンストンの街では，Manabe といえば，本人より，Mrs. Manabe の方が有名であるという．早くから“suki”とのファーストネームで呼ばれている真鍋は米国流の内助の功に支えられながら，未だ研究に意欲を持っている．

9.5 予報期間の延長を目指して――笠原彰，都田菊郎

笠原彰は正野スクールの1人で，頭脳流出組のトップバッターとなった男である．彼は第4章で述懐しているように，岸保がプリンストンから東大の助手ポストに戻ったとき，押し出されるように米国に渡った．1954（昭和29）年6月，テキサスA&M大学の海洋学部にポストを得て，日本郵船の貨物船でアメリカに渡った．その後，シカゴ大学のプラッツマン教授のもとで研究を続けた後，ニューヨーク大学のクーラン研究所を経て，1963（昭和38）年，コロラド州都デンバーの近郊ボールダにある米国大気研究センター（NCAR）に招かれて移った．以来今日まで，ロッキー山脈の東麓に立地するこのNCARを研究拠点に活動し，自宅も同センターのある丘の麓に構えている．これまで何度も里帰りして，各地で講演のほか，大学で集中講義を行なっている．NCARは全米の大気科学研究分野を持つ大学の共同利用施設で，米国内はもちろん，外国から研究者が頻繁に訪れ，また，多くのシンポジュームやワークショップが開催される交流の場でもある．

笠原は，アメリカでの第一歩を以下のように述懐している［9.5.1］．時に28歳独身，彼の積極性は既に始まっていた．ロサンゼルスに着いてテキサスの大学に向かう前の2日間，友人の案内で事前のアポイントもなくUCLAのJ.ビヤークネス教授を訪ねたところ，面談に成功した．「気象学を勉強している私に，何か高名な先生から教えを頂きたい」という意味の自己紹介をしたら，教授はニコニコ笑ったまま「私は君が思っているような者ではない」というようなことを言って，そのまま黙っていた．さて大変，こちらは会話はできないし，ほうほうの態で引き下がった．ところがそれにも懲りずに無謀にも，他の部屋に回り，J.ホルンボー教授を訪ねた．笠原は，彼が「気象力学」の教科書を書いていたことを知っていたので，そのことを述べ，先と同じ口上で自己紹介を

したところ，あにはからんや，教授はすっかり乗り気になって，まず部屋のドアを閉め，黒板に向かってノートも見ずに，数式を書き下した．初対面にもかかわらず内容も理解でき，質問も交わしたことから，テキサスの後には，こちらに来ないかとの誘いを受けたという．

笠原は，熱帯低気圧から地球規模の循環まで，NCAR に導入されていた世界でも最高速のスーパーコンピュータを利用して，数値予報というシミュレーション技術を駆使して多彩な研究を行なった．特に，予報期間を延ばすためにはグローバルなシミュレーション技術は欠かせない．住明正は，1987 年，笠原とのインタビューの中で彼を「数値予報の司祭」と評している［9. 5. 2］．笠原はまた，日本から訪れた多くの研究者たちの世話や面倒を快くみた人物でもある．たとえば，浅井富雄[4] は笠原と一緒に，長続きする積雲対流の数値実験を行なっており，廣田勇は，上空に伝播する地表からの大規模な波動の振る舞いの研究を行なっている．

筆者は，笠原たちが行なっていた障害物を越える流体の精密な数値シミュレーションを学ぶべく，1974 年から 1 年間 NCAR に滞在したが，笠原はスウェーデンのストックホルム大学ロスビー研究所での研究を終えて船便で持ち帰ったという黄色のボルボで，真冬の粉雪が地面を這うように降りつける中を，デンバー空港まで出迎えてくれた．長女のキンダーガーデンへの入学から病院通いまで，家族ぐるみで世話になった．彼はセンターへの通勤に車を使わず，いつもリュックを背に丘を上り下りしていた．筆者が研究目的を彼に説明したとき，「それがわかったら，その先はどうなるんですか」「その研究はどのように役立つのですか」などと，次々と日本では気づかなかった質問を投げられ，アメリカの研究社会における緊張を感じた記憶がある．

笠原は上述のインタビューで，若い人たちに対するアドバイスとして，次の要旨を述べている．

4）気象研究所の後，東京大学海洋研究所長，気象学会理事長などを務めた．

図 9.3　笠原の防衛大学校での数値予報の講義（2002 年 10 月）（板野稔久氏提供）

「現代の気象学は自分の大学時代とは比較できないほど進歩がある．したがって，今後の研究課題は限られている，あるいは残っているのは難しい問題ばかりだと考えがちである．研究には流行もあるが，問題の設定やそれに伴う困難性はいつの時代でも変わらない．世の中の進歩で研究対象も変わるが，どこが山頂というわけではない．大切なことは，いつの時代でも自然の解明をあくまでも自分自身で確かめるという素朴な態度である．基礎研究はまったく新しいことをするだけに，その研究の結果がどういう意味を持つかは初めからわからないことが多い．逆に言えば，成果がどういう意味を持っているかがわかるものは基礎研究ではなく，応用研究となる．しかし 100% 基礎研究というのも危険で，応用研究も適当に混ぜてするように勧めている．」

また，日本に言いたいこととして述べている．

「ロンドン郊外にある ECMWF（European Centre for Medium-Range Weather Forecasts）は，予報事業ばかりではなく研究方面でも指導的な立場にあることはよく知られている．欧州の諸国がそれぞれ中期予報を出すよりは，1 つにまとまってより良いものを出した方が良いことは当然である．最近，南アメリカ諸国でもその機運が出ている．

一方アジアではインド，中国，台湾などでも高速計算機を導入して数値予報の充実を計画している．梅雨やモンスーンの 10 日予報が夢ではなくなりつつあることから，数値予報が国家経済にますます重要となろう．したがって将来アジア地域にもまとまって数値予報センターを作るという大きな意義が出てくる．ECMWF の成功は我々日本人にも種々考えさせられるところがある．日本の気象衛星のアジア諸国に対する貢献は大きく，気象学の国際性の良い例だ．もし，アジア地域に共同の大気物理研究所なり数値予報センターを作ろうという動きがあれば，そうした日本の努力に自分も微力ながら援助したい．」

笠原の予想通り，その後，アジア地域でも高速計算機の導入による数値予報の導入・充実が図られたが，センター構想の方は，20 年を経た現在でも，未だその機運は見られない．

日本気象学会は笠原に対して，1961 年「台風及びハリケーンの研究」で気象学会賞を，また 1996 年「数値予報並びに大気大循環に関する研究」で藤原賞を授けた．

都田菊郎も頭脳流出組の 1 人である．第 4 章の駒林誠の回顧に触れられているように，真鍋のレポート問題のとき，助手であった．時は流れて，スマゴリンスキーの GFDL に招かれ，その真鍋と同じオフィスで仕事を続けた．1953（昭和 28）年米国に移住した都田は，天気予報の期間を 1 日でも，2 日でも先に延ばすというきわめて実学的な研究——延長予報——の世界に取り組んだ学者である．1983 年，「延長予報モデルの開発に尽くした貢献」により藤原賞を受賞した．都田は受賞記念講演を，来日して行なうのではなく，録音テープで気象学会誌『天気』に寄せた [9. 5. 3]．これを読むと都田の哲学や渡米後の生き様がよく表れており，また含蓄がある．以下に抜粋する．

> 「私の仕事は，ほとんど天気予報に関することで，恐縮ながら大変プラグマチックな問題です．しかし，プラグマチックといっても，それを実現するためには，まず天気や気象を理解しなくてはならず，それには，ケンブリッジ大学の数学者や，コロラド・ステイトユニバシ

ティの天気屋も一様に貢献するわけです．ですから，私は前から思うのですが，天気や気象は人間社会のみんなが賞味できるように神様が与えたのではないか，道を行く人は天気が悪いと文句をいいますが，これはおかみさんが悪口をいうのとはちがって文句をいっても誰も傷つかない，オックスフォード大学の数学者は，精密な数学の論理を適用して面白がったりする具合です．

さて，前に私は，気象学の研究態度，あるいは秘訣のようなものをきかれたことがある．（中略）ともかくもこの問題についてどう考えるか．大体日本には理学界に，寺田寅彦流の自然観や，坪井忠二の率直に考えてすんなりとしゃべる，という伝統があります．私が日本にいたときに，中谷宇吉郎のエッフェル塔から紙を落とす話を聞いたことがあります．つまり，エッフェル塔のてっぺんから紙を落とす，紙はひらひらと舞って下りる，その運動は大変優雅ですが，物理的に理解するのは若干むずかしい．さてこのむずかしい問題を解決して，はたして意味があるかどうか．そこで私は，この問題をこういう風に考えます．この問題をばらばらにして，いったい，A：このメカニズムは気象学の体系からいってエッセンシャルか，B：この研究をして何が役立つか．この第二の点は 19 世紀から 20 世紀の半ばにかけて科学万能時代にはあまり重視されなかった．ところが，1969 年ごろから人間社会の科学観が変わってきたように思えるのです．私の態度はどちらかというと B の方ですが，しかし，理想的には B を 65%，A を 35% ぐらいミックスしてやりたい気持ちです．もっとも年をとるにしたがって A の要素が多くなって来るかもしれません．こっちの方が遊びの要素が多いですからね．

研究には 2 つ重要なことがあるのではないでしょうか．それは，好きで熱中すること，それからねばるということ．つまり，頭がいいかどうかは，第二，第三の問題なのではないですか．ですから，東大を出ても出てなくてもよろしい．世界では，ロスビー，ストンメル，ナマイアスなど第一級の人物は，Ph. D ではない．しかし，こういう人はそこの知れない根性を持っています．（中略）好きこそ物の上手なれ，ということが日本にありますが，それとねばり，英語ではねばりのことを intellectual stamina というんではないですか．このスタミナを持続するには，孤独に耐えて，そして体をきたえねばならない．……私は山本義一先生からジョギングということを教わった，それ以

図9.4　GFDLの玄関先に立つ都田菊郎（左）と真鍋淑郎（右）

来これを続けているんですが大変よろしい．これをするとまず精神上よろしい．それにsexual appetiteも向上するんではないですか．まあ，だんだん，私の話も精神訓話めいてまいりましたが，これは激励のつもりです．私は，役に立つことばかりやって恐縮ですが，ひとつ，日本のみなさん，がんばってください．」

図9.4は，GFDLの玄関先に立つ都田菊郎と真鍋淑郎を示す．撮影は2008年9月10日．

栗原宜夫は東大を卒業後，1953（昭和28）年気象庁に就職し前述のNPグループにも参加していたが，1959年気象研究所予報研究部に移った．その後，一時GFDLに招かれて1年間出張したが，結局，1967（昭和42）年に気象庁を退職して，2人の子供を連れてGFDLに渡った．そこにはかつての仲間の真鍋と都田がいた．

栗原は，台風（米国ではハリケーン）の進路予報を実現するために研究を一歩一歩積み上げ，1990年代の初めには精緻なGFDL台風予報システムを完成させた．栗原も，都田と同じように実学を志向した．彼の業績は，1994年の藤原賞で「数値モデルを用いた熱帯低気圧の理解及び予報についての研究」として評価を受けた．この台風予報システムは，栗原の受賞講演［9.5.4］によると「この一連の作業，すなわち，全球解析の資料や台風情報の取り寄せに始まって，モデルへの数値の取り込み，台風モデルの初期値化，モデルの時間積分，そして予報結果の送り出しまでの全過程を一貫して自動化し，GFDL 台風予報システムが出来上がりました．人間が関与するところは唯一，どの台風を予報するのか，台風の名前と予報時刻を計算機に指示するのみです」という．また，「アメリカの東海岸に向かって進んでいたハリケーンが，上陸直前に急に転向して陸地から遠ざかった．GFDL の予報システムはこのことを転向の 2 日前から予測していたが，実際のハリケーンが予報どおりに動いたときには胸をなでおろした」という．

GFDL の台風予報システムは，通常の天気予報の数値予報モデルで用いられる解像度の格子系の中に，台風の周辺により細かい格子系を埋め込み，その格子系を台風の移動に合わせて移動させてゆく「移動多重格子」という，非常に手の込んだモデルである．それにしても，このモデル作りに見られるように栗原の緻密さには驚嘆させられる．

栗原は，上述の記念講演で「私がこの仕事を続けていくうえで，家族の支援も欠かすことができなかったと思っております」と述べるほど家族を大切にしていた．栗原が渡米した当時，そこには日本人学校はなかったが子供には日本語も話せるように意を用い，家の中では英語でなく日本語で生活したという．藤原賞の 5 年後，GFDL における約 30 年間の研究生活を辞し，1999 年文科省が所管する海洋開発研究機構（JAMS-TEC）のスタッフとなって日本に戻った．彼の帰国は，米国での研究という自分の意思を長年支えてくれた夫人や子への恩返しでもあったと，彼をよく知る後輩は語った．栗原はまったくの頭脳流出組ではないが，帰国後も米国での経験を生かして，後進の指導に当たった．

栗原は，2005 年 8 月に開催した気象学会の夏季大学では，「台風のメカニズムと予測」についての講演依頼にほんとうに快く応じてくれた．栗原氏にはいつでもインタビューができる機会があると思っていた矢先，残念なことに，2007 年 3 月 21 日還らぬ人となり，76 歳の生涯を閉じた．

9.6 モンスーンに魅せられて——村上多喜雄

村上多喜雄は，季節に応じて大陸から海洋へ，海洋から大陸へと風向きが変化する風，モンスーンをライフワークとした研究者である．モンスーンは季節風とも呼ばれる．

村上は，40年以上も前にハワイ大学に招かれて気象研究所を辞して以来，90歳を超えた今，ハワイのダイヤモンドヘッドがすぐ近くに望めるホノルルの地で，東南アジアなどのモンスーン天気図を眺めるのを日課にしている．彼が海を渡ったのは，ハワイ大学のラメージ（C. S. Ramage）教授の招待を受けた1969（昭和44）年だが，紛れもなく頭脳流出組の一人である．家族と一緒に日本を後にした．2011年11月，数十年ぶりに国際電話に出てくれた村上は，もう半世紀近く前に一緒に気象研究所で接した時と変わらぬ張りのある声で，遠き日々を振り返ってくれた．

出身地が金沢の村上は，大学への進学がままならならず，生きる術としての職探しのなか，将来は俸給がもらえる気象技術官養成所への道も開かれているとの宣伝文句に誘われて，1940（昭和15）年東京杉並区にあった陸軍気象部へ入った．1年後には養成所本科に進み，1943年に卒業すると兵役で仙台航空幹部候補生少尉となったが，復員して1945年に故郷の金沢測候所の予報官に採用された．そのわずか1年後には養成所研究科に合格し，研究への道が開けた．同窓には第4章で触れた増田善信もいた．当時研究科の教官はほとんどが東京大学の教授で，正野重方が彼の指導教官，笠原彰とも知り合った．卒業後，中央気象台測候課を経て，1953年気象研究所予報研究部に移り，ハワイに渡るまでの約15年間ずっと研究所に席を置いた．

村上は，研究はもちろんだが，昼休み時間のソフトボールやバレーボールにさえも血を熱くし，勝負にこだわった．昭和40年代初期の頃である．彼には，どこかあの007映画でジェームス・ボンド役を演じたショーン・コネリーに似た風貌と雰囲気を持ち合わせていた．筆者が

1976年に米国のNCARからの帰りにハワイを訪ねたとき，明るい青紫に黄色が混じったアロハを羽織って，広いリビングルームのソファーに素足でくつろぐ姿は，彼のオールバックの髪と濃い眉毛とともに，まさにジェームスのようであった．明るい性格と直入的な弁舌，負けず嫌いと自信が彼の周りに漂っていたのを今でもよく覚えている．村上は「天気野郎」という言葉がぴったりとあてはまる，ひたすら研究の道を歩んだ気象人であるといっても過言ではない．

村上の興味は最初から梅雨やモンスーンである．1968年にはWMO（世界気象機関）の専門家としてインドの研究機関にも滞在し，その後アメリカの衛星研究所に招待されたが，目的はいずれもモンスーン研究の指導であった．1年もしないうちにハワイ大学のラメージ教授に勧誘されてハワイ大学の教授となった．村上が赴いた当時のハワイ大学は，アメリカにおけるモンスーン研究の中心を果たしていた．彼がハワイで傾注した最大の仕事は，MONEX[5)]と呼ばれるプロジェクトである．MONEXの最初のWMO委員に任命され，そのデザインから実施，報告の取り纏めまでのマネージメントを負わされた．余りにも政治的な問題が多く，次はフロリダ州立大学のクリシュナムルティ（T. Krishunamurti）教授と交代した．村上は，関係国との調整を進めるなか，重要な地位を占めるべき日本の気象学会の協力が必ずしも十分に得られない時期，当時気象庁企画課長の関口理郎のほか新田尚たちが，陰に陽に支援してくれたことは，非常に有り難かったとしみじみ述懐した．

話は少し遡るが，村上がモンスーンに足を踏み入れたのには，きっかけがあった．彼は養成所研究科卒業と同時に観測部測候課に入り，そこで気球を飛ばして上空の風を観測していたところ，ある日，今まで吹いていた西風が突然東風に変わった．その東風は実は梅雨明けと連動して

5）　MONEXは，1970年代にチャーニー博士が主導した国際的な研究プロジェクトであるGARP（地球大気研究計画）のMonsoon Subprogramで，地球規模のモンスーン循環や農業に影響を与えるモンスーンに伴う降水の年々サイクルなどの研究を目的にしている．

いたのである．そのことが彼の研究生活の一生を支配したという．東風の発現が，当時話題となっていた偏西風のジェット気流がヒマラヤ山塊を越えて，南から北へジャンプするのと同時であることを，毎晩の夜なべの末に見つけたのである．このような研究は測候課の本来の仕事には馴染まないので，昼間はできなかった．この発見と梅雨あけについての機構が研究科で指導教授であった正野の注目を引き，後の博士論文や気象学会賞への道につながった．さらに梅雨とベンガル湾付近のインドモンスーンとの関連に気づき，次第にモンスーンにのめり込んだ．測候課長であった吉武素二の推薦で気象研究所に転勤し，1960年にはMITへ招待され，第6章で触れたチャーニーやフィリップスの間接的な指導も受けたという．

村上は，NPグループや当時の数値予報モデルには，直接的にはあまり係わらなかったが，頭脳流出組として世界に羽ばたいた．村上は「梅雨あけの機構に関する研究」で1955年度気象学会賞を，また「モンスーンの研究とその発展に尽くした功績」で1986年度の藤原賞を受けている．

なお，村上は長い電話の後で，「岸保さんからある年の1月4日の朝，電話で呼びだされ，オメデトウとも言わずに，いきなり黒板に初期値問題の式を書き並べて，私に討論をもちかけられ，驚いた記憶がある．岸保さんにとっては正月も休みもなく，毎日が研究の連続であった．また，松野太郎（前出）さんが，熱帯域を東向きに地球を一周するマッデン・ジュリアン振動（MJO）と呼ばれる気象擾乱のシミュレーションに成功した業績は特筆される．」との趣旨をメールで寄せた．松野は既述のように，栄誉あるIMO賞に浴した．

9.7 米国と日本で――小倉義光，金光正郎

頭脳流出組ではないが小倉義光に触れておく必要がある．小倉は1922年生まれの正野スクールの門下生で，岸保より2つ年上である．1964年に東京大学海洋研究所教授，翌年同所長となり，その後1971

(昭和 46) 年にイリノイ大学教授として渡米した．この間，チャーニーとも一緒に研究を行ない，共著論文を著している［英 9.6.1］．何といっても日本では小倉の名は『一般気象学』(東京大学出版会) の著者として知られている．1984 年の初版以来，重版に重版を重ねる気象学関係のベストセラーで，1999 年には改訂版を著している．気象や環境の講座を持つ大学での教科書のほか，気象予報士試験受験者の定番の参考書として他の追随を許さぬ地位を占めている．他にも多数の権威を持つ著書がある．小倉は気象庁の所管する (財) 気象業務支援センターにおかれた「気象予報士試験委員会」の初代の委員長を務めた．

小倉は，その書にしろ，語りにしろ，非常にわかりやすく率直で，説得力に富む．気象学会のある研究会で，「ゲリラ豪雨という言い方は止めにしましょう．集中豪雨だってちゃんと理屈があり，それを正体がわからないゲリラという言葉で片付けてしまうのは，気象学ではおかしいことで，また，世間に誤解も与える」との趣旨を述べたことがある．筆者も務めた上記の試験委員会でも，設問では，その趣旨や気象学的な論拠の明快さにこだわった．

小倉の研究分野は，正野教室時代における，大気乱流から，積雲対流，台風などに至る幅広い研究を行ない，1954 年に大気乱流の研究で井上栄一と一緒に気象学会賞，また 1980 年に気象力学の発展および教育普及に尽くした功績によって藤原賞を受賞している．

もう 1 人，年齢からみれば本書で対象とした時間軸には入っていないが，頭脳流出組として金光正郎に触れたい．彼は北海道大学を卒業後，熱帯気象学の有力な研究拠点であるフロリダ州立大学のクリシュナムルチ教授に師事して海を渡り，そこで博士号を取得し，研究生活に入った．彼がポスドクで前述の NCAR にいたとき，たまたま筆者の滞在と重なった．その後，一時期帰国して気象庁の数値予報課に就職したが，結局，1988 年に米国に転じた．以来，米国気象局で長年数値予報の研究に携わった後，カリフォルニア州南部のサンディエゴに近いラホーラにあるスクリップス海洋研究所で研究を続けている．金光は，「次世代に伝えたいこと」に，「日米欧の数値予報センターと大学における体験からの私見」と題して，『気象研究ノート』に原稿を寄せている．その中で数値予報モデルについて，モデルを走らせることで研究とする風潮が見られるが，中身をちゃんと理解して走らせることが大切だと，自分の過去を振り返りながら語っている．金光は，次章でも触れるスペクトルモデルの専門家で，1978年に気象庁の数値予報課に着任し，わずか数ヵ月のうちに全球スペクトルの原型を作り上げて，周囲を驚かした．また，過去の観測データに最新の解析技術を適用して過去数十年分の高精度の気候データを作成する「長期再解析」の世界的な権威である．米国やヨーロッパで長期的解析を実施した後，「JRA25」と呼ばれる日本の長期雨解析に寄与した．気象庁のモデルも彼の貢献によっている．金光は1983年「熱帯域における東西循環・準定常超長波の実態解明と熱帯域数値予報の試み」の功績で，気象学会賞を受賞している．

引用文献および参考文献

[9.4.1] Thermal Equilibrium of the Atmosphere with a Given Distribution of relative Humidity (Manabe, S. and R. T. Wetherled, 1967, J. Atmos, Sci, 24, 241–259)

[9.4.2] The Effect of Doubling the CO_2 Concentration on the Climate of a General Circulation Model (Manabe, S. an R. T. Wetherled, 1975, J. Atmos, Sci, 32, 1, 3–15)

[9.4.3] CO_2-Induced Change in a Coupled Ocean-Atmosphere Model and Its Paleoclimatic Implications (Manabe, S. and K. Bryan, Jr, 1985, Journal Geophysical Research, 90 (C11), 689–707)

[9.4.4] Interhemispheric Asymetry in Climate Response to a Gradual Increase of Atmospheric Carbon Dioxide (Stouffer, R. J., S. Manabe and K. Bryan (1989, Nature 342, 660–662)

[9.5.1] 気象学教授との出会い (Encounter with the Meteorologica Professors) (笠原彰，2007年，「次世代へ伝えたいこと――あの人からの助言」，気象研究ノート，第213号，45–48)，日本気象学会

[9.5.2] 数値予報の司祭 (住明正，1987年，天気，Vol. 34, No. 12, p. 758–760)，日本気象学会

[9. 5. 3] 1983年度藤原賞受賞記念講演（都田菊郎，1984年，天気，Vol. 31, No. 1, p. 5），日本気象学会
[9. 5. 4] 台風予報と数値モデル（1994年度藤原賞受賞記念講演，栗原宜夫，1995年，天気，Vol. 42, No. 3，p. 141–146），日本気象学会
[9. 6. 1] A Numerical Model of Thermal Convection in the Atmosphere (1962, In Proc. Intl. Symp. Num. Wea. Pred., Tokyo.)

10　21世紀の天気予報

天気予報の発展を時代区分として顧みれば，観天望気と経験に基づく「経験的時代」，天気図が作成され始めた明治10年代から数値予報が実用化をみるまでの天気図と経験に基づく「天気図時代」，そして現在の数値予報を基礎にシステム的に行なわれる「数値予報時代」へと変化を遂げてきた．こうした技術の遷移は長い時間を通じて行なわれ，現在も未だ進化の途上にある．

今日の天気予報は，1959（昭和34）年の数値予報の誕生以来，半世紀以上にわたる数値予報モデルの精緻化，電子計算機の驚異的な発展，地球規模での大気および海洋の観測の充実，気象衛星の実用化，インターネットの出現などに支えられて，「数値予報時代」へとすっかり変貌を遂げた．一方，数値予報技術という大気の運動を予測するツールは，今では天気予報のみならず，気候変動の予測，風力発電の適地選定や種々のプラント設置に伴う環境への影響評価（アセスメント）など，社会の種々の分野で広く応用されるに至っている．他方，国際社会でみれば，数値予報の技術は気象情報の商業化や国境を越えた天気予報などの新たな課題に直面しつつある．

最後のこの章では，過去半世紀にわたる数値予報技術の発展の成果である今日の天気予報の姿を概観する．

10.1　今日の天気予報の姿

今日の天気予報は，気象観測に始まり，データの通報・入手・解読を経て，数値予報モデルでの予測計算，計算結果の後処理，最後の予報の作成まで，各コンポーネントが有機的に連携する巨大なシステムの中で生産されているといっても過言ではない．また，一連のプロセスが一定

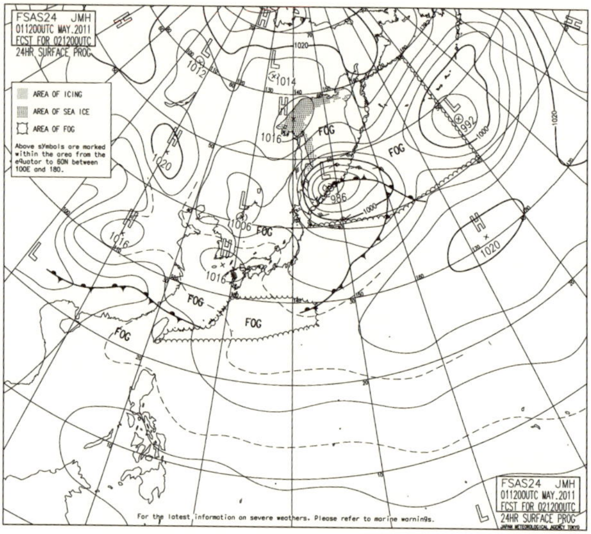

図 10.1　MSM による予想天気図例（気象庁資料）

のタイムテーブルに乗って，ほとんど自動的に行なわれている．予報官が天気図と睨めっこしながら，予報や警報を書き上げた時代はもはや過去のものとなった．

ここで最新の天気予報の仕組みを，地元の気象台から毎日発表される予報を例に見てみよう．毎日，午前 1 時頃には，前夜の午後 9 時の世界一斉の観測に基づく気圧や気温，風，水蒸気などの気象要素を初期値とした「全球モデル（GSM）」の計算によって，216 時間先までの予測が約 20 km の水平間隔の格子点で，また別途「領域モデル（MSM）」による 15 時間あるいは 33 時間予測が 5 km の水平間隔の格子点で，それぞれ得られる．格子点での値は GPV（グリッド・ポイント・バリュー）と呼ばれる．格子点値から描画ソフトを用いて，予想天気図が描かれる．図 10.1 に MSM による，「FSAS24」と呼ばれる 24 時間予想図の例を示す．かつてはこのような予想天気図は手書きで作成されていた．数値予報が導入されて以降も，かなりの期間は主任予報官級のベテランが数値予報の予測図を下敷きに，マン・マシン会話型の作業を通じて，必要な修正・加筆を行なっていたが，今日ではモデルの精度が非常によくなったことから，コンピュータの打ち出す予想天気図に，担当者が前線の位置や霧などの領域を付加するところまで進歩している．

ついでGPVを用いて，「ガイダンス」とよばれる予報作業の支援資料が自動的に計算される．ガイダンスは，数値予報結果の具体的な天気への翻訳資料である．天気・降水量・風・気温・降水確率・発雷確率などのガイダンスが20 kmメッシュの地域あるいは多数の特定地点などを対象に，また時間的にも細かく計算される．パソコン画面上に1コマが3時間単位の各種ガイダンスが表示され，その時系列に対して予報担当者が必要な修正を施すと，「今日，日中北よりの風晴れ，昼過ぎ一時雨，最高気温27度」のような天気予報文が自動的に組み立てられる．大雨のような気象状況の場合には「大雨警報」などの気象注意・警報文も同様に表示される．予報担当者はそれまでの実況の経過と数値予報モデルの経過などを総合的に判断して，必要な修正を行なう．確認のボタンをクリックすれば気象庁の公式の予報や警報として，気象庁本庁に届く．通常，午前5時までにはすべての作業が完了する．これが午前5時発表の天気予報として気象庁から，(財) 気象業務支援センターを通じてメディアに配信され，朝のテレビやラジオなどで報道される．新聞の場合は，発表時間の都合でその日の夕刊になる．警報が発表される場合は，法律に基づいて気象台から直接，都道府県に送達される．

ガイダンスの一例を表10.1に示す．NERIMA（東京の練馬），HACHIOJI（同じく八王子）などの地点ごとに，気温，風向，風速，天気，降水量，降水確率が，3時間ごとに表示されている．

同様にして，夕方には，その日の午前9時の初期値に基づくモデルの結果を利用して，午後5時の予報が行なわれ，夜間および明日の予報をカバーする．これらは翌日の朝刊に掲載される．

なお，これらのガイダンスは，気象庁部内での利用に留まらず，一般にも公開されており，民間の気象事業者などは，気象業務支援センター

表 10.1 ガイダンス例（気象庁資料）

2008 781	3 日 時	10 10 18	4 10 21	11 0	11 3	11 6	11 9
NERIMA	気温	13.6	12.3	10.2	8.7	6.5	8.5
	風向	南南西	南南西	西南西	西南西	北東	東北東
	風速	1.3	1.3	0.6	0.2	0.4	0.7
	天気	晴	晴	晴	晴	曇	雨
	降水量	0	0	0	0	0	2
	降水確率	0	0	0	20	20	60
HACHIOJI	気温	12.5	10.6	7.1	5.9	5.4	8.5
	風向	南南西	西南西	西	西南西	南	東
	風速	6.5	3	1.3	0.6	1	1.7
	天気	晴	晴	晴	晴	曇	雨
	降水量	0	0	0	0	0	2
	降水確率	0	0	0	20	20	60
FUCHU	気温	12.6	10.6	8.3	7.1	4.7	8.7
	風向	南南西	南南西	西南西	南西	南南西	東北東
	風速	6.1	2.2	1.3	0.8	0.4	0.7
	天気	晴	晴	晴	晴	曇	雨
	降水量	0	0	0	0	0	2
	降水確率	0	0	0	20	20	60
SHIMKIBA	気温	12.2	12.4	11.1	10.3	8.4	10
	風向	南南西	南西	南西	南西	南南東	南東
	風速	7.4	8.2	2.9	1.4	1	2.6
	天気	晴	晴	晴	晴	曇	雨
	降水量	0	0	0	0	0	4
	降水確率	0	0	0	10	10	70

を通じて，有料で入手が可能である．

ここでガイダンスという聞きなれない言葉について説明しておく必要がある．数値予報モデル（以下，モデルと略称する）の計算結果（GPV）が即「天気予報」じゃないかとの疑問が湧くが，決してそうではない．なぜならモデルは，「低気圧が四国沖に発達しながらやって来る」ことを予想してくれるが，それはあくまでもモデルが計算（時間積分）を行なうために必要十分な要素（気圧，気温，密度，風向・風速，水蒸気，降水量など）の予測値から得られるものである．ところが，モデルは，日々の天気予報の要素として必須な，晴れ具合（雲量など）や霧，最高・最低気温，雨が降るか否か，降るとしたらその量，降水確率，風向きなどの情報を，予報対象である細かい地域や都市ごとに割り振って与えるものではない．また，モデルで表現されている山岳地形などは実際とは異なる．さらに，モデルそのものが往々にして系統的な誤差を持つ場合がある．このためモデルの結果を「後処理」して，必要な計算や修正を行ない，天気予報に必要な要素へ「翻訳」する過程がどうしても不可欠であり，その翻訳資料が「ガイダンス」に他ならない．

ガイダンスの一般的な考え方では，「基本場（広域的な場など）」が同じであれば，その環境下で出現する「局所的な場や事象（天気予報の要素)」もまた同じであると仮定する．すなわち，予測される基本場が過去と似ていれば，局所的な天気もまた過去と同じく似ると見なす．

ガイダンス作成の一般的な手法は，前もって過去のある期間を対象に，上空の風系や温度場などの基本場（説明変数と呼ばれる）と実際に起きた天気要素（目的変数と呼ばれる）との関係を統計的に求めておき，その関係式（重回帰式）に，今度は予想された基本場（GPV で表現される）の値を代入して，天気要素を求める．両者の関係式の係数の導出には，最小自乗法を用いている．したがって，このようなガイダンスは，最大公約数的な性質を持っているため，普段よく起きるような場（低気圧が通常の形態で日本列島にやって来るなど）に対しては良い成績を持つが，ときどき，あるいはたまにしか起きないような場は表現しにくい．実際は，広域場がほんの少し異なるだけで，地上の天気がまったく異なる場合が多々ある．

なお，ガイダンスの手法には，重回帰式による方法の他に，予測のたびに誤差を求め，それが最小になるように重回帰式の係数を逐次修正する「カルマン・フィルター」と呼ばれる技術があり，さらに予測と実況の誤差が最小になるように両者の関係を逐次学習する「ニューラルネット」と呼ばれる方法も用いられている．このような数値予報モデルの出力（output）と実況との関係を統計的に求める方式は，一般に MOS（Model Output Statistics）と呼ばれている．

詰まるところ，「数値予報時代」といえども，数値予報モデルは決して万能ではなく，天気予報は，数値予報モデル，ガイダンス，予報技術者のスキルの相乗に支配される「三位一体」の産物である．それらの向上の努力は将来も続く．

10.2 今日の数値予報

ここでは今日の天気予報の基盤となっている数値予報モデルの現状について概観する．数値予報が導入された半世紀前の当初の予測モデルである「北半球バランス・バロトロピックモデル」から今日まで，バージョンアップとよばれる予報モデル自体の精緻化，より細域を対象としたモデルや台風専用の予報モデルの開発，さらにアンサンブル予報などの導入が行なわれてきた．数値予報モデルの世代的な発展の経過を系統樹的に表した図を巻末の付図に示す．

数値予報は，当初は定時的な観測データに基づいて初期条件を作成し，

表 10.2 主な数値予報モデルの概要（気象庁資料）

数値予報モデル（略称）	解像度		予報領域	予報期間（初期値の時刻）	主な利用目的
	水平方向	鉛直方向			
全球モデル（GSM）	TL959	60 層（地上～0.1 hPa）	全球	84 時間（00, 06, 18 UTC） 216 時間（12 UTC）	今日及び明日の天気予報 明後日及び週間天気予報 台風進路・強度予報支援 メソ数値予報モデルの側面境界条件 波浪モデルの大気境界条件
メソ数値予報モデル（MSM）	5 km（721×577）	50 層（地上～ 21800 m）	日本周辺	15 時間（00, 06, 12, 18 UTC） 33 時間（03, 09, 15, 21 UTC）	防災気象情報 降水短時間予報 航空予報
週間アンサンブル予報モデル（1W-EPS）	TL319	60 層（地上～0.1 hPa）	全球	216 時間×51 メンバー（12 UTC）	週間天気予報
台風アンサンブル予報モデル	TL319	60 層（地上～0.1 hPa）	全球	132 時間×11 メンバー（00, 06, 12, 18 UTC）	台風進路予報支援 確率情報の提供

＊ 2009 年 4 月時点の数値解析予報システム．

表 10.3　初期条件の作成方法（気象庁資料）

解析システム	解像度		解析領域	解析時刻	解析手法と第一推定値	主な利用目的
	水平方向	鉛直方向				
全球解析	TL959 インナー T159	60 層 （地上〜0.1 hPa）	全球	サイクル解析 00, 06, 12, 18 UTC 速報解析 00, 06, 12, 18 UTC	4 次元変分法 全球モデル 6 時間予報値	全球モデル・週間アンサンブル予報モデル・台風アンサンブル予報モデルの初期値 海洋データ同化システムの大気境界条件
メソ解析	5 km （721 × 577） インナー 15 km	50 層 （地上〜21800 m）	日本周辺	00, 03, 06, 09, 12, 15, 18, 21 UTC	4 次元変分法 メソモデル 3 時間予報値	メソ数値予報モデルの初期値
積雪深解析	1° （360 × 181）	1 層	全球	18 UTC	最適内挿法 気候値と前日平年差	全球モデル・週間アンサンブル予報モデルの下部境界条件

* 2009 年 4 月時点の数値解析予報システム

それをモデルにインプットして計算を行なうというやり方であったが，現在の数値予報は，観測と予報が一体としてつながった「数値解析・予報システム」と呼ばれるシステムを通じて行なわれている．このシステムでは，定時および非定時のしかも種々の観測資源（地上，船舶，気象レーダー，高層，気象衛星，航空機）と数値予報モデル自体による予測値を総合的に解析した初期条件を用いて，予測計算が行なわれている．このような初期条件の解析（作成）手法は，一般に「データ同化」と呼ばれる．さらに変分原理を取り入れて時間軸を考慮した同化法は「4 次元変分同化」と呼ばれる．「数値解析・予報システム」では，一定の時間割に沿って自動的に一連の処理が進行し，前節で述べた天気予報作業はこのシステムのプロダクトと連動して行なわれる．

現在，気象庁で運用されている主な数値予報モデルは，「全球モデル（GSM）」，「メソ数値予報モデル（MSM）」，「週間アンサンブル予報モデル」，「台風アンサンブル予報モデル」の 4 つである．表 10.2 にそれぞれの数値予報モデルの概要を示す．

表 10.4　GSM の仕様（気象庁資料）

支配方程式系	プリミティブ方程式系
予報変数	地上気圧，水平風（南北・東西），温度，比湿，雲水量
数値計算法	スペクトル法（水平），有限差分法（鉛直），2 タイムレベル・セミラグランジュ・セミインプリシット法（時間）
計算領域	全球（水平），地上から 0.1 hPa まで（鉛直）
水平解像度	TL959（スペクトル法三角切断），適合ガウス格子
鉛直解像度	60 層，非等間隔
時間積分間隔	10 分
地形	GTOPO30 データセットから作成
重力波抵抗	長波スキーム（波長 100 km 以上，主に成層圏）
	短波スキーム（波長約 10 km，対流圏）
水平拡散	線形，4 次
鉛直拡散	リチャードソン数による安定性に依存
惑星境界層	1 次の乱流クロージャ（局所スキーム）
海面	海面水温・海氷気候値に解析偏差・季節変化を考慮
陸面過程	土壌温度（表層＋深層）を予報，土壌水分（3 層）を予報
	積雪・融雪を計算，植生効果を考慮（生物圏モデル）
表面特性	水面（氷なし），海氷，植生別（12 種）の陸面（陸面は雪被覆の場合あり）
表面フラックス	放射フラックス（短波・長波），乱流フラックス（相似理論）
放射効果気体	水蒸気，二酸化炭素，オゾン，酸素，メタン，一酸化二窒素，ハロカーボン類（エーロゾルの効果を考慮）
短波放射	2 方向近似法（22 バンド）（予報 1 時間ごとに計算）
長波放射	k-分布法＋テーブル参照法（9 バンド）（予報 3 時間ごとに計算）
対流	マスフラックス・スキーム
雲形成	予報変数型スキーム（確率的雲水分布）
降水	対流過程（対流性降水），雲形成過程（層状性降水）

GSM は短期的および中期的予報（今日・明日・明後日，週間）が主であるが，MSM の側面境界条件などにも用いられている．水平方向の解像度は約 20 km で，予測時間は 84 時間または 216 時間である．予測計算は，文字通り，地球規模のすべての格子点で実行される．したがって，必要であれば，地球の裏側の予測も出力することが可能である．

MSM（Meso-scale Spectral Model）は，主として注意報・警報などの防災情報や飛行場予報などの作成を支援するモデルであり，「降水短時

表 10.5 MSM の仕様（気象庁資料）

支配方程式系	完全圧縮方程式系
予報変数	運動量（南北・東西，鉛直），温位，気圧，各種雲物理量
数値計算法	Arakawa C 格子による有限差分法（水平・鉛直），リープフロッグ（タイムフィルタ併用）とスプリットイクスプリシット法（時間）
計算領域	日本（水平，721×577），地上から 21.8 km まで（鉛直）
投影法	ランベルト（北緯 60 度と 30 度で 5 km 格子）
鉛直解像度	50 層，非等間隔
時間積分間隔	24 秒（長い時間間隔）
側面境界条件	高解像度全球モデルから作成
地形	GTOPO30 データセットから作成
重力波抵抗	なし
水平拡散	線形 4 次，非線形ダンピング，適合水蒸気拡散
湿潤過程	バルク法雲物理（3-ice），KF 対流スキーム
惑星境界層	改良 Mellor Yamada レベル 3 スキーム
海面	海面水温・海氷気候値に解析偏差を考慮
陸面過程	土壌温度を予報
表面フラックス	放射フラックス（短波・長波），乱流フラックス（相似理論）
短波放射	2 方向近似法（22 バンド）（予報 15 分ごとに計算）
長波放射	k-分布法＋テーブル参照法（9 バンド）（予報 15 分ごとに計算）
雲形成	部分凝結スキームにより雲水と雲量を診断

間予報」と呼ばれる降水の 6 時間先までの予測にも用いられている．水平方向の解像度は 5 km で，15 時間または 33 時間先までの予測を行なっている．前述したガイダンスは，GSM あるいは MSM の GPV を用いて計算される．「週間アンサンブル予報モデル」および「台風アンサンブル予報モデル」は，それぞれ週間予報および台風の進路予報が目的で，計算は地球規模で行なわれるが，GSM および MSM と異なって，アンサンブル予報という技術が用いられている．なお，数値予報モデルの呼称に S が付いているのは，スペクトル（spectral）モデルの意味で，格子点の値をフーリエ級数などの波の形で表現して，予測を進める手法である．

これらの予測モデルに必要な初期条件の作成手法を，表 10.3 に掲げ

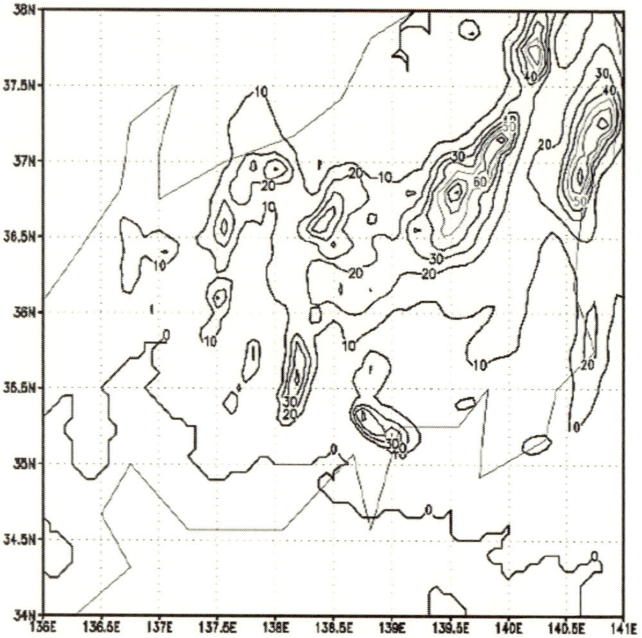

図 10. 2　MSM による 6 時間積算降水予測図（中部日本域，単位ミリメートル）（気象庁資料）

る．さらに GSM および MSM の仕様をそれぞれ表 10. 4，表 10. 5 に示す．GSM と MSM の根本的な相違は，予測の計算領域以外に，大気の運動を取り扱う際に，鉛直方向の加速度を考慮するか否かである．前者を非静力学，後者を静力学近似と呼ぶ．予測の対象が，浮力が重要である雲などの対流活動や内部重力波などの現象を含む場合は，非静力学の取り扱いが必須であり，MSM に採用されている．なお，MSM の仕様中，数値計算法に記されている Arakawa は，すでに述べた荒川昭夫のことである．

数値予報モデルでは，種々の予想天気図以外に降水量だけをモデルから出力することも当然可能である．図 10. 2 は，MSM による中部日本域の降水量の 6 時間積算予想の一例で，大雨や洪水警報などに利用され

る．

10.3 突発的強雨（ゲリラ豪雨）

図10.3は，2010年7月に関東地方を中心に発生した一連のにわか雨の気象レーダーによる観測を，1時間おきに，合計6時間分示したものである．上段左が12時（a），右が13時（b），中段左が14時（c），右が15時（d），下段左が16時（e），右が17時35分（f）を示す．夏季にときどき現れる広範囲のにわか雨の典型例である．このような雨の領域がある地域に出現すると，山間部では鉄砲水，平地では突然の出水をもたらす．雨域が長く留まれば集中豪雨と報じられる．7月25日12時（a）には，秩父地方にごく小さな雨雲が見られるが，3時間後の15時（d）には，北関東，甲信地方に広がって激しくなり，その2時間半後の17時35分（f）には関東北部のあちこちに，雨量強度が1時間に60 mmを超えるような強雨をもたらした．

こうした雨はメディアでは，しばしば「ゲリラ豪雨」という言葉で報道されるが，数値予報がこれだけ進んだ現在でも，確かにその予測はゲリラの攻撃のようで難しいことは否めない．しかしながら気象学は，このような雨といえども原理的には予測可能であるとの立場に立つ．この言葉が予報技術に対する揶揄であれば，まだ容認できるが，人々の間に，このような雨は本来的に予測しがたい正体不明のものとの誤解を植え付けてしまうのは避けねばならない．ゲリラ豪雨に対する研究は目下途上にある．

他方，気象庁では，気象レーダーによる降水量とアメダスなどによる地上の観測，さらに空のアメダスと呼ばれる「ウインドプロファイラ」，雷監視システムを総合化して，「レーダー・ナウキャスト（降水・雷・竜巻）」を作成し，インターネットにも公開している．たとえば，降水ナウキャストについて言えば，雨域の現況と今後の推移について5分刻みで1時間先までの予測が行なわれている．予測原理は，雨域の直前までの移動の性質（強度，速さと方向）が数時間先まで保存されると仮定

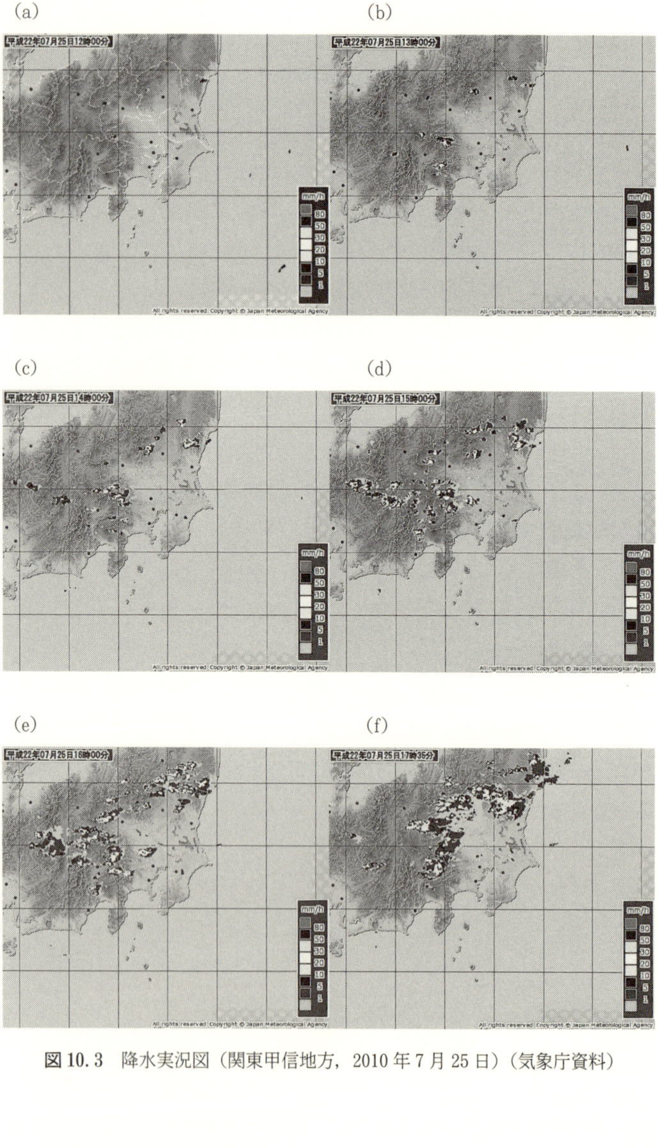

図 10.3　降水実況図（関東甲信地方，2010 年 7 月 25 日）（気象庁資料）

する，いわゆる運動学的な手法である．ナウキャストと同様な手法で6時間先までの「降水短時間予報」も行なわれている．なおこの予報では，前半のほぼ3時間は運動学的な手法で，後半はMSMモデルの風の予測などを用いている．

数値予報モデルと言えば，その黎明期から最近に至るまで，「静力学近似」の方程式系を用いている．大気の運動では，雲の発達などを見てわかるように，一般に浮力（気圧傾度力による上向きの力と重力による下向きの力の差）が介在しているが，低気圧や台風などの大規模な現象に関しては，このような浮力の効果を無視して，両者が釣り合い，鉛直方向の加速度はないと近似した「静力学近似」の方程式を採用してきた．したがって，このような静力学近似のモデルでは，ゲリラ豪雨を構成しているような個々の雲の振る舞いを予測することは原理的に不可能である．もちろん，研究レベルでは，個々の雲の振る舞いを表現する数値モデルの開発は，かなり以前から行なわれている．

気象庁では，こうした局地的な降水や前線などの振る舞いをより精緻に予測するために，2006年から，「非静力学モデル」を運用しており，前述のようにMSMと呼ばれる．このモデルでは，表10.5に示したように，雲物理過程とよばれる水蒸気の凝結に伴う雲粒や氷晶の生成，雨粒の落下などを考慮している．それでもこのモデルは決して，個々の雲の消長を陽に表現するものではないが，雲の中で起こっている自然の像を5kmという水平解像度で表現したものである．

このようにゲリラ豪雨といえども，ドップラー気象レーダーやウィンドプロファイラなどによる観測，ナウキャストや降水短時間予報，それにMSMにより，その素性の解明と予測が着実に進んでいる．

10.4　バタフライ効果とアンサンブル予報

バタフライ効果

週間予報では日替わり予報と呼ばれることがときどき起きる．台風の接近時などにも現れる．予測に使われる数値予報モデルは毎回同じであるにもかかわらず，ある特定の日の天気に注目すると，予報の発表日ごとに「晴」,「雨」,「晴」などと天気が日替わりに異なってしまうことを意味する．

数値予報モデルが依拠している方程式系は，数学的にみれば非線形の多元連立偏微分方程式である．よく知られているように，このような系では初期条件を正確に与えても，その解を解析的に解く（積分する）ことは原理的に不可能であるため，初期条件を数値的に与えて，一歩一歩，数値的に積分するしか手がない．このため数値予報の実行には，積分のための道具として，高速の計算機が不可欠であった．

非線形系に支配される現象の特徴として，初期条件がわずかに異なるだけで，将来の道筋がとんでもなく異なるという性質を原理的に有している．別の言葉で言えば，予測モデルが初期値敏感性を持っているということである．実現する予測の像は，実際に初期条件を与えて積分を実行してみて初めて得られるが，それすらも初期条件がわずかに異なると，結果もまた大いに異なる可能性があることを意味する．結果は得られるが，やってみないとよくわからないということである．

非線形系で支配される大気の運動が持つこのような初期値敏感性は，カオス（混沌）とも呼ばれ，シカゴ大学にいたローレンツが，1963年に対流を表す非線形方程式を用いた数値実験によって発見した[1)] [英10.4.1]．「バタフライ効果」という言葉がある．ささいな出来事がきっかけで，大事に発展することの比喩に使われている．この言葉の始まりは，ローレンツがその後，大気の予測可能性に関して「ブラジルで1匹のバタフライ（蝶）が羽ばたくとテキサスで大竜巻が起こるか」というタイトルで行なった研究発表に起因しているようだと，本人が述べている [10.4.1]．

図10.4は，ある初期値に対応する対流の軌跡図で，ローレンツ・ア

1）ローレンツは第8章で触れた「数値予報国際シンポジューム」で来日した．

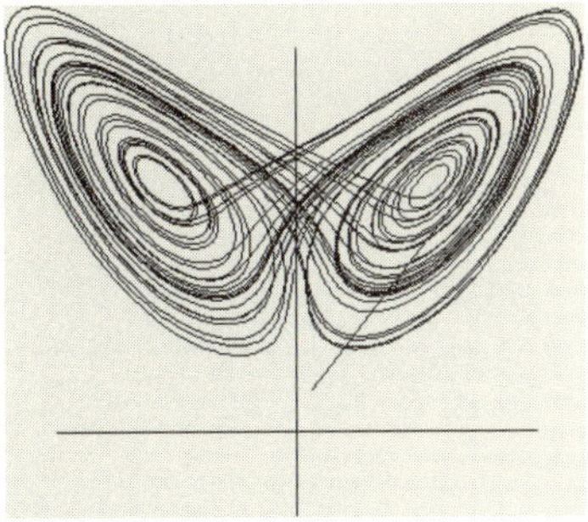

図 10.4 ローレンツのアトラクターの例（佐藤元氏の厚意による）

トラクター（吸引領域）とよばれ，対流に伴う循環が 2 つのアトラクターの周りを準周期的に行き来している様子を表している．しばらく同じ方向の循環が続くかと思うと，逆の循環に変わってしまい，また，元の循環に戻る対流の様子を意味している．この図は，決して同じ循環は繰り返さないが，最初の循環（出発点）が少し異なるだけで，別の循環に遷移する過程が異なることを意味している．この軌跡図はまさにバタフライにそっくりである．バタフライ効果という言葉の始まりは先に述べたとおりであるが，彼が対流に関して用いた非線形方程式系は，初期値の選択によって，奇しくもこの図のようにバタフライによく似た軌跡（位相変化）を辿る．

アンサンブル予報

アンサンブル予報は，初期値敏感性を克服して，なるべく予報期間を延長するべく開発された近年の技術である．基本的な考え方は，もっとも確からしい初期条件（具体的には，各格子点で与えられる初期値）の周りに，それとわずかに異なる多数の初期条件の組を人為的に用意して，それぞれの初期条件について，独立に通常の数値予報を行なう．各々の初期条件をメンバーと呼び，メンバーの数だけ予測が得られる．そのときの場の初期値敏感性に依存して，メンバーにバラツキが生じる．我々は真の初期値を知ることはできないが，多数のメンバーで構成される初

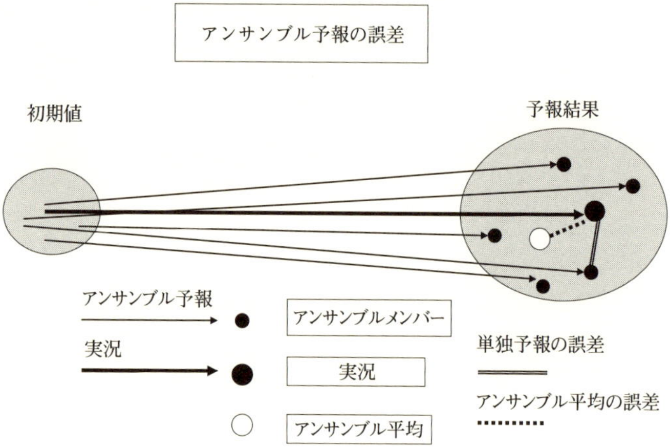

図 10.5　アンサンブル予報の概念図

期値集団のどこかに真の初期値が存在し，それに対応して真の予測が存在すると期待するのである．ちなみに，アンサンブルは ensemble と綴り，合奏曲や調和のとれた揃いの婦人服などを意味する言葉である．

アンサンブル予報のメンバー数はモデルによって異なり，表 10.2 に示したように「週間アンサンブル予報モデル」や「1ヵ月アンサンブル予報」では約 50 メンバー，「台風アンサンブル予報」では 11 メンバーが，それぞれ用意される．メンバー間のバラツキが大きいほど，初期値の敏感性が大きいと考えられるので，予測の信頼度は低いと見なされ，逆にバラツキが小さければ，信頼性は高いと考える．週間予報で，たとえば 5 日目の雨に着目したとき，50 メンバーのうち 35 メンバーが雨を，他のメンバーが雨なしを予測していれば，その日の降水確率は 70% となる．同様に，最高気温などについても，温度の予測のバラツキ具合から求められる．また，台風の進路予報においても，アンサンブル予報によるバラツキが考慮されている．図 10.5 はアンサンブル予報の初期値と予測の関係を示したものである．

結局，アンサンブル予報は，通常の数値予報のように 1 組の初期値に

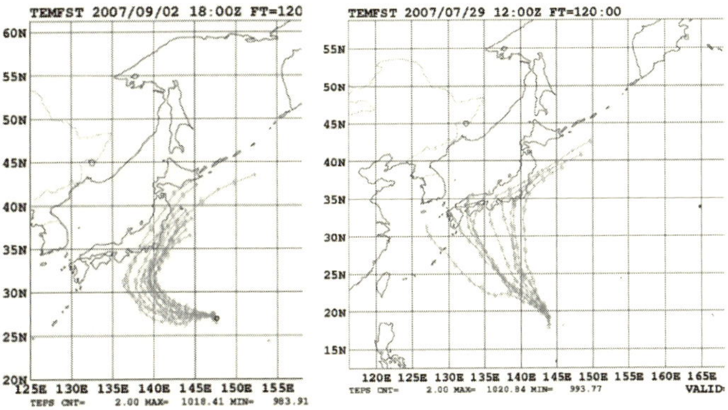

図 10.6 台風アンサンブル予報の予測図

対応する1組の予測を予報として断定的に扱うのではなく，初期条件値および予測のいずれもを確率として捉える．確率の高いアンサンブルメンバーの予測グループが実現しやすいと考える．この手法は，週間予報や1ヵ月予報，台風進路予報など，予報期間の長いモデルで初期値敏感性が顕在化しやすい予報に適用されている．台風アンサンブル予報の予測例を図 10.6 に示す．左は初期値敏感性が小さくて進路がほぼ定まっているが，右は敏感性が大きく，進路にバラツキが見られる．

アンサンブル予報は，メンバーの数に比例して計算時間が増加することから，近年のスーパーコンピュータの出現によって初めて可能になった技術である．日本のほか，先進国で採用されている．

10.5 天気予報とインターネット

現代の天気予報技術は，コンピュータとインターネットなどの通信技術が融合した IT の塊と言っても過言ではない．天気予報および数値予報の世界では，国際的に技術資料が全面的に公開されており，特許による独占が馴染まない．したがって，天気予報技術は国境の壁を越えることが可能であり，すでにかなり進行している．筆者は 2007 年に，これらの動きを「国境を越える天気予報」としてまとめた［10.5.1］．以下の記述は，これに適宜加筆したものである．

世界各国の天気予報は国際的な協調や援助のもとに成り立っている．気象に関する国際的な組織は国連の下部機関であるWMO（世界気象機関，本部はスイスのジュネーブ）と，航空との関連ではICAO（国際民間航空機関）の2つである．WMOは種々の機能を持っているが，天気予報に絞れば，観測および通報方法などの国際的な統一を定めた「技術規則」や「国際気象通報式」の採択の他，「国際気象専用回線網」の構築，さらに「世界気象センター（WMC）」や「特別地域責任センター（RSMC）」とよばれる目的を特化した支援センターの設置等である．統一的な観測・通報と国際回線のお陰で，日本でも日々の数値予報モデルの運用に必須の観測データ（初期値）の迅速な入手が可能である．一方，途上国などはRSMCが提供する数値予報モデルのデータを国際回線やインターネットを通じて入手し，独自にガイダンスなどを作成し，自国の天気に役立てている．

世界規模の支援では，たとえば米国とイギリスがそれぞれ「世界空域予報センター」を分担して，国際線の飛行計画や運航に不可欠な上空の風や気温の24時間予測図を作成し各国に提供している．気象庁は数多くの支援センターを引き受けて，東アジアに対する支援を行なっている．東京の「太平洋台風センター」が提供する進路予測などを手がかりに，フィリピンやベトナムなどの関係国は自国の台風情報を作成している．国境を越えた天気予報である．ちなみに日本はWMOに対して毎年約7億円の分担金を支払っており，第1位の米国（22%）に次ぐ第2位（約12%）の分担率である．ジュネーブの本部では課長などを含めて10名近いスタッフが気象や水文分野で働いている．

気象における国際的な援助のチャンネルには，WMOおよび2国政府間の援助プログラムがあるが，ここで強調したいのはODA（海外開発援助）とよばれる政府の財政的支援を受けた民間レベルによる援助である．日本ではJICA（日本国際協力機構）がこれに該当し，隣の韓国ではKOICA（Korea International Corporation Agency），その他米国，ドイツ，フランスなども同様の機構を持っている．気象分野の日本に対する期待は大きく，JICA は技術者を招聘した研修のほか，短期および長期の気象専門家の派遣，さらに観測システムの無償供与や気象局の人材強化プログラムなどの援助を行なっている．これらのプロジェクトには，気象庁の職員をはじめ少なからぬ数の OB や民間コンサルタントが係わっている．

今，こうした天気予報の世界に 2 つの波が押し寄せている．第 1 は国際テレビ放送およびインターネットによる「天気予報のグローバル化」である．すでに大手の民間気象会社は，世界の気象機関や自社の観測データおよび数値予測モデルなどを用いて，あらゆる国の天気予報を作成し，インターネットあるいはメディアと共同して，公衆や個別ユーザーに届けることが可能になっている．ちなみに現時点では米国の大手気象情報会社である AccuWeather 社は，驚くなかれ，世界主要都市の詳細な 15 日予報を毎日更新している．たとえば，東京の日ごとの天気や最高・最低気温などがインターネットを通じて見ることができる．ちなみに日本では気象庁は現時点では 8 日以上先の日別の天気予報は行なっておらず，民間に対しても制限されている．このようなグローバルな天気予報は，情報源や予報技術，信頼性などが非常に見えにくい．特に，災害をもたらすような現象の場合，民間気象事業者やメディア，責任国家機関の予報が異なっていれば受け手に混乱を及ぼす．国境を越えたグローバルな天気予報の出現は，その利便性や商業性とは裏腹に，天気予報に対する人々の関心や国家による天気予報サービスの信頼性や存続を脅かしかねない両刃の剣となりつつある．WMO では，インターネットのウェブサイト上で，全世界の主要都市の短期予報および災害を起こしうるような顕著現象について，世界各地における公式の予報・防災情報を提供している．

第 2 の波は，今のところそう大きくはないが国家による気象サービスの有料化，すなわち「気象業務の商業化」の流れであり，財政当局の公共サービスの見直しや緊縮に対応して，気象機関がコストを回収しようとする政策である．商業化の極端な国がニュージーランドであり，気象情報は，日々の天気予報や気象警報などを除いて，政府が株式を保有する政府系企業が独占的に有料で情報を提供している．毎年黒字を出しているのは驚きである．イギリスも同様で，国の気象機関は従来からMet Office（前出）であるが，組織の実態は独立採算的な組織であり，相手が省庁の場合でも気象情報は有料で扱われている．Met Officeはホームページで天気予報などを一部公開しているが，個別のユーザーは情報の入手に当たって対価を払わなければならず，情報ごとに料金表が設定されている．また，西ヨーロッパではEC諸国がECOMET（気象に関する欧州経済団体）を結成して，民間気象会社に有料で情報を提供している．

このような商業化の対極にあるのが米国や日本であり，いずれも情報に対する対価を払わず通信料などを負担するだけで入手できる．米国ではNOAA（米国大気海洋庁）の機関にコンピュータを接続することにより，日本では（財）気象業務支援センターを通じて同様に可能である．ちなみに民間気象ビジネスの年間の規模（売上高）をEU全体と米国で比較してみると，EUの50億円規模に対して米国では700億円規模と言われている．また，日本は約300億円規模と推定される．

10.6 民間気象サービス

最後に民間の天気予報について触れたい．天気予報はその開始以来，気象庁の専管的業務として続いてきたが，平成時代の初期に始まった規制緩和による自由化の流れと，民間で気象予報を行なう場合に必要な技術やデータの提供体制などの条件が整ったことから，1993年「気象予報士」，「民間気象業務支援センター」などの創設を中心とする法律改正が行なわれた．民間事業者は予報業務を行なう事業所ごとに気象予報士をおき，気象現象の予想については気象予報士に行なわせなければならないと規定され，予報士活躍の場が公式に認められた．現在，民間気象事業者は約60に上っている．気象予報士試験の実務は，気象業務法に基づいて（財）気象業務支援センターが委任を受けている．1994 年の第 1 回以来，2011 年 1 月まで通算 35 回の試験が行なわれ，これまでの受験者総数は約 14 万人，合格者は約 8300 人，平均合格率は 5.9％となっている．また，気象庁は国内外の観測データや GPV などを全面的に公開しており，それらの提供サービスを同センターに担わせている．民間気象事業者のほか個人でも，通信経費（情報料は無料）さえ負担すれば必要なデータを購入できる．前述した天気予報ガイダンスも同様に入手可能である．

気象予報士制度が生まれたが，一般のテレビなどで見る限り，その予報が民間独自のものか，気象庁のものか，あるいは気象庁の予報の解説かなどが必ずしも明らかではなく，また，予報の検証もあいまいである．民間では，たとえ気象庁のガイダンスは入手していても，気象庁と異なる独自予報の工夫があるはずである．この制度創設の精神に照らしても，また一般への気象の啓発の観点からも，関係者間のさらなる連携と説明責任の向上が期待されるところである．

引用文献および参考文献

［英 10.4.1］“Deterministic Nonperiodic Flow”（E. N. Lorenz, 1963, J. Atmos. Sci. 20, p. 130–141）

［10.4.1］ローレンツ・カオスのエッセンス（E. N. Lorenz 著，杉山勝・杉山智子訳，1997，共立出版）

［10.5.1］国境を越える天気予報（古川武彦，2007，天気，Vol. 54，No. 5，p. 17–20），日本気象学会

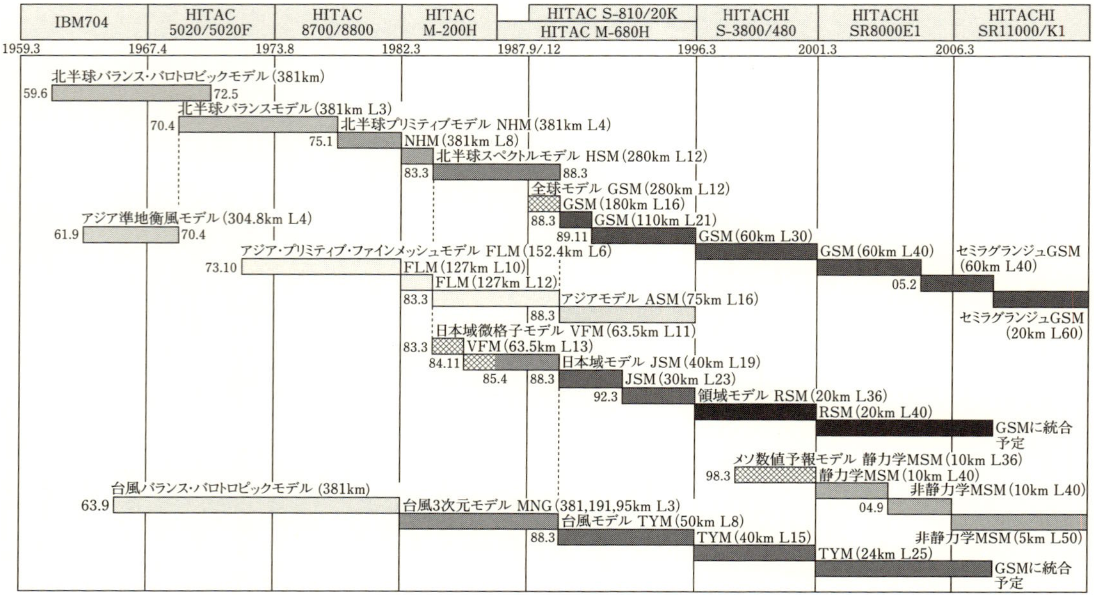

付図　数値予報モデルの変遷

おわりに

東京都杉並区にあるJR高円寺駅の北口から線路沿いの商店街を10分も行くと，気象研究所があった．今は馬橋公園となっている．気象研究所は，太平洋戦争前に馬橋の地に設立された陸軍気象部が戦後に解体され，その跡地に1946（昭和21）年中央気象台の付属機関として誕生した．その後，三十有余年を経て1979（昭和54）年政府の筑波研究学園都市構想に応じて，現在の地，茨城県のつくば市に移転した．

以来毎年，気象研究所OBによる「高円寺会」が開かれ，通いなれた商店街の中ほどにある半世紀以上も同じ看板を上げ続けている「幸寿司」に30人ほどの常連が顔を揃える．筆者も気象庁を辞した後，その一員となった．OB会のどこにでもある昔話に花が咲くなか，会長の松本誠一氏と半世紀前のIBM704の話になった．松本氏曰く，「何とかしてあの画期的な事業であったIBM704の導入と数値予報誕生の記録を後世に残したいが，資料を持っている筈の同期の伊藤宏君も亡くなり，同じく岸保君もいるが彼はまったくの当事者であるし，実現はなかなか難しいな……」，このときである，筆者が数値予報の黎明期に携わった人々の記録を辿りたいと思い立ったのは．その理由はIBM704の導入は奇しくも筆者の気象庁への就職と同じ時期で，以来，歩んだ分野は数値予報畑とは異なったが，常に数値予報の発展やITの進歩を肌に感じながら，40年にわたり気象庁に席を置いたからである．

かくして2006年頃から，半世紀前の日本における数値予報の黎明を主題とするべく種々と調べ始めた．興味が自然と遠く明治時代にまで遡り，また世界にも及び，逆に現代の天気予報の姿までと間口が広がり，脱稿までに多くの月日を費やしてしまった．しかしながら，はるか1世紀を超える時空の気象学や気象事業の足跡を辿るうち，先達が与えられた資源と時間の制約のもとで，未知の課題や任務に立ち向かう使命感とその息吹を今更ながら肌で感じた．

数値予報は，半世紀前のIBM704の火入れ式で気象庁に贈られた「金色の鍵」の期待に応えて大輪の花を咲かせ，現代の天気予報に確固たる地位を占めるに到った．今も前進を続けている．本書がいまなお多くの謎を秘めた気象の扉に立ち向かおうとする21世紀を担う天気野郎たちにとって，温故知新のよすがとなれば幸いである．

最後に，本書の主人公の一人であり，日本の数値予報の父とも称せられる岸保勘三郎氏は，この原稿をほとんど書き終えた2011年9月19日，ついに還らぬ人となってしまった．また，3年前にサンディエゴの海を見下ろす研究室で30年ぶりの旧交を温め，歓談したばかりのスクリップ海洋研究所の金光正郎氏は，2011年8月17日67歳の若さで惜しまれながら急逝した．心より冥福を祈るばかりである．

2011年11月

古川武彦

事項索引

［た行］

［な行］

［は行］

［ま行］

人名索引

著者略歴
1940年滋賀県生まれ．気象庁研修所高等部（現気象大学校）および東京理科大学物理学科卒業．理学博士．気象研究所主任研究官，気象庁予報課長，札幌管区気象台長，日本気象学会理事などを経て，現在「気象コンパス」主催．これまで中央大学兼任講師，東邦大学講師，早稲田大学エクステンションセンター講師などを歴任．日本気象学会・日本海洋学会・日本地震学会・日本航海学会会員．

主要著訳書
『わかりやすい天気予報の知識と技術』（オーム社，1998）
『アンサンブル予報――新しい中・長期予報と利用法』（共著，東京堂出版，2004）
『最新気象百科』（共訳，丸善，2008）
『図解　気象学入門』（共著，講談社，2011）

人と技術で語る天気予報史
数値予報を開いた〈金色の鍵〉

2012年1月20日　初　版

［検印廃止］

著　者　古川《ふるかわ》　武彦《たけひこ》

発行所　財団法人　東京大学出版会
代表者　渡辺　浩
113-8654 東京都文京区本郷 7-3-1 東大構内
URL http://www.utp.or.jp/
電話　03-3811-8814　Fax 03-3812-6958
振替　00160-6-59964

印刷所　株式会社理想社
製本所　矢嶋製本株式会社

ISBN 978-4-13-063709-1　Printed in Japan